LA VIE SOCIALE DES PLANTES

DU MÊME AUTEUR

Les Médicaments, collection « Microcosme », Seuil, 1969.

Évolution et Sexualité des plantes, Horizons de France, 2ᵉ éd., 1975 (épuisé).

L'Homme renaturé, Seuil, 1977 (Grand Prix des lectrices de *Elle.* Prix européen d'Écologie. Prix de l'académie de Grammont) (réédition 1991).

Les Plantes : amours et civilisations végétales, Fayard, 1980 (nouvelle édition revue et remise à jour, 1986).

La Vie sociale des plantes, Fayard, 1984 (réédition 1985).

La Médecine par les plantes, Fayard, 1981 (nouvelle édition revue et augmentée, 1986).

Drogues et Plantes magiques, Fayard, 1983 (nouvelle édition).

La Prodigieuse Aventure des plantes (avec J.-P. Cuny), Fayard, 1981.

Mes plus belles histoires de plantes, Fayard, 1986.

Le Piéton de Metz (avec Christian Legay), éd. Serpenoise, Presses universitaires de Nancy, Dominique Balland, 1988.

Fleurs, Fêtes et Saisons, Fayard, 1988.

Le Tour du monde d'un écologiste, Fayard, 1990.

Au fond de mon jardin, Fayard, 1992.

Le Monde des plantes, collection « Petit Point », Seuil, 1993.

Une leçon de nature, l'Esprit du temps, diffusion PUF, 1993.

Des légumes, Fayard, 1993.

Des fruits, Fayard, 1994.

JEAN-MARIE PELT

LA VIE SOCIALE DES PLANTES

(2ᵉ édition)

FAYARD

Je tiens à exprimer mes plus vifs remercie-
ments à M. Jean-Marie Gehu, professeur à
la faculté de pharmacie de Paris, et à son
épouse Mme Gehu-Franck, professeur à la
faculté de pharmacie de Lille, pour leurs
conseils et leurs avis éclairés en ce qui touche
la sociologie des plantes. Leur concours m'a
été précieux et je dédie ce livre à notre
amitié.

J.-M. P.

« *L'univers est un, et son origine ne peut être que l'éternelle unité. C'est un vaste organisme dans lequel les choses s'harmonisent et sympathisent réciproquement.* »

PARACELSE

« *Voici bien des années, mon esprit s'efforçait de découvrir et d'apprendre comment la nature vit et crée. C'est l'éternelle unité qui se révèle dans la diversité.* »

GOETHE

« *L'homme qui s'est assis sur le sol... pour méditer sur la vie et son sens, en acceptant une filiation commune à toutes les créatures, a reconnu l'unité de l'univers.* »

UN CHEF INDIEN

INTRODUCTION

Cet ouvrage, consacré à la vie sociale des plantes, est le complément naturel et nécessaire de son prédécesseur, *Les Plantes : Amours et Civilisations végétales*, paru dans cette même collection en 1980. Ce dernier retraçait la grande épopée du monde végétal, son histoire, et plus spécifiquement l'histoire de ses amours ; car le perfectionnement continu de l'appareil sexuel constitue l'axe de l'évolution du monde des plantes.

Mais s'il n'y a pas de société sans amours, il n'est pas non plus de société sans guerres. « Faites l'amour, pas la guerre » fut un généreux slogan des années soixante. Slogan assurément utopiste, car ce n'est point là pratique courante dans le monde vivant, sempiternel adepte d'un « double jeu » : besoin de s'affirmer mais aussi de nouer des liens avec autrui, de lutte et de solidarité, de compétition et de coopération. Entre ces pôles en perpétuelle tension, la vie fait et défait ses équilibres, dans l'alternance de phases de stabilité et d'harmonie et de phases de bouleversement et de rupture. Telle est la vie : la nôtre comme celle des plantes !

Car dans leur vie sociale, les plantes manifestent des « mœurs » et des « comportements » qui sont aussi les nôtres ; et, de ce point de vue, plagiant un auteur célèbre, cet ouvrage aurait pu aussi bien s'intituler *Guerre et Paix* : chez les plantes, s'entend... On découvrira en effet les nombreuses et subtiles formes de coopération et de compétition mises en œuvre par le règne végétal où, contrairement aux dogmes marxistes ou darwiniens aujourd'hui dépassés, les plantes ne pratiquent pas seulement le fameux *struggle for life*, la lutte pour la vie, mais l'autre terme de l'alternative : la solidarité. Dès l'origine de la vie, en effet, des mécanismes de coopération manifestent leur pouvoir créatif de sorte qu'inventions et novations se succèdent d'étape en étape à travers toute l'histoire du monde végétal. Ces mécanismes seront illustrés par des exemples empruntés aux plantes de tous les temps, de tous les continents et de tous les groupes botaniques.

Les champignons, par leur grande ingéniosité et leur surprenant pouvoir d'invention, mériteraient un ouvrage à part : il reste à écrire et enrichira peut-être un jour cette série.

Parmi les partenaires des végétaux figurent naturellement les animaux : cet aspect particulier, mais immensément vaste, de la vie sociale des plantes n'a pas été traité ici. Chaque jour apporte des informations nouvelles en ce domaine encore mal connu, sauf en ce qui concerne la pollinisation dont il a longuement été question dans *Les Plantes : Amours et Civilisations végétales*. Pour le reste, qu'il s'agisse des attractions et répulsions mutuelles des plantes et des insectes, des choix, mœurs et régimes alimentaires des herbivores, des rapports mutuels de commensalisme, de parasitisme ou de symbiose, de l'élevage des larves, voire même de... contraception, ces thèmes feront l'objet d'un autre ouvrage à paraître, que l'insuffisance des documents et sources scientifiques disponibles rendrait pour l'heure encore prématuré. Nous nous contenterons donc d'analyser ici comment les plantes s'organisent pour former entre elles des sociétés où s'agencent, dans des relations de types multiples, les individus les plus divers.

Le but de ce livre sera atteint s'il permet de mieux faire comprendre et sentir l'extraordinaire harmonie du monde vivant, dont les lois universelles s'appliquent de la plus modeste bactérie jusqu'à l'homme. Si l'homme inaugure par l'émergence à la conscience un nouveau règne, c'est par cette même conscience qu'il apprend à se découvrir et à se comprendre ; à découvrir et à comprendre aussi les êtres qui l'entourent, mais que son orgueil le conduit trop souvent à ne point regarder, et même à ne point voir. Si aimer, c'est d'abord connaître, cet ouvrage, en révélant les mœurs et comportements de nos amies les plantes, contribuera peut-être à les faire considérer d'un œil moins indifférent.

Le succès international de notre série télévisée *L'Aventure des Plantes* montre assez combien un autre regard sur le monde végétal s'imposait : c'est ce même regard que l'on porte ici sur la forêt, la lande ou la prairie, les parasites et les envahisseurs, les plantes « déplacées » et les plantes en péril. Ce succès, et l'unanimité de la critique et du public, sont la seule réponse qui vaille aux quelques rares critiques qui ont cru devoir mettre en cause notre manière de voir en y dénonçant tour à tour quelque excès de finalisme, d'anthropomorphisme ou d'anthropocentrisme...

La préface à la deuxième édition des *Plantes : Amours et Civilisations végétales* traite abondamment de ces questions : aussi ne nous a-t-il point paru nécessaire de reprendre cette argumentation. Tout a été dit sur le sujet, et le public a rendu son verdict.

L'auteur s'exprime ici dans une totale liberté et l'on ne saurait lui reprocher de s'être caché derrière son discours. Mais ce serait faire injure au lecteur que de le croire incapable de faire le partage entre les faits rapportés, les réflexions personnelles qu'ils suscitent ou les intuitions qu'ils inspirent. C'est à lui, et à lui seul, qu'il appartient ou non d'« entrer dans le jeu » ; un jeu dont le propos est d'ouvrir la botanique, discipline encore si souvent poussiéreuse, sur les vastes perspectives d'une vie dont l'Unité, la Majesté et la Transcendance ont saisi l'auteur et continuent de l'émerveiller, comme beaucoup, depuis cet âge de la plus tendre enfance où la « leçon de choses » n'a pas encore eu raison de la *leçon des choses*...

Suite à un volumineux courrier des lecteurs, riche de pertinentes suggestions, la présentation de cette seconde édition a été quelque peu modifiée : le chapitre consacré aux mécanismes de l'évolution, qui ouvrait l'ouvrage, a été reporté ici à la fin du livre. D'inspiration originale, voire même quelque peu audacieuse, il suppose en effet, pour être bien compris, que le lecteur ait pu se familiariser avec le mode d'approche et la sensibilité de l'auteur.

Le développement général de l'œuvre devient ainsi plus simplement chronologique et didactique : le livre s'ouvre par une mise en scène des êtres vivants successivement « inventés » par la nature et s'achève sur une vaste fresque, où, dans un essai de synthèse, sont présentées les lois fondamentales ayant régi, précisément cette évolution.

Que les mêmes processus évolutifs s'appliquent aussi bien aux sociétés végétales qu'aux sociétés humaines, atteste, s'il en était besoin, de l'Unité et de l'Universalité des lois de la Vie.

Première Partie

LE PEUPLEMENT

Où l'on met en place le décor et les acteurs, et où l'on voit que les plantes ont aussi leurs problèmes d'aménagement et d'occupation du territoire...

CHAPITRE 1

L'« invention » de la nature

Et Dieu dit : « Que la lumière soit, et la lumière fut... » Ainsi débuta l'univers selon la Bible. A l'origine, une boule d'énergie pure, intensément lumineuse, infiniment concentrée. Puis, il y a environ quinze milliards d'années, une explosion : le fameux Bang, qui donna naissance à la matière et à l'énergie de tous les astres et galaxies du cosmos.

L'écrémage cosmique

Il y a en gros dix milliards d'années se forme le système solaire ; un vaste nuage de poussière et de gaz tourbillonne, se fragmente, s'organise. Les éléments les plus lourds, par une sorte d'écrémage cosmique, se concentrent pour constituer les planètes « dures » : Mercure, Vénus, la Terre et Mars. La croûte terrestre n'apparaît qu'il y a 4,5 milliards d'années, par lent refroidissement. En même temps, les minéraux qui la composent « dégazent » : les bulles emprisonnées dans le magma s'échappent, entourant la planète d'un épais manteau de brumes grises, toxiques et suffocantes, où entrent de la vapeur d'eau, mais aussi du gaz ammoniac, du méthane, du gaz carbonique ; bref, une atmosphère qui évoque celle des lointaines planètes qui n'ont pas inventé la vie : Jupiter, Saturne, Uranus, Neptune, dont la masse est telle qu'elle a empêché l'évasion de ces gaz, de sorte que leur atmosphère évoque, aujourd'hui encore, ce que fut jadis celle de la Terre.

Cette Terre juvénile est le siège d'une forte activité. L'éruption des volcans, l'intense radio-activité des roches, le grondement furieux des orages, l'apport massif de rayons ultraviolets du soleil, chargent l'atmosphère primitive d'intenses flux énergétiques. L'impact de ces fortes charges d'énergie sur les gaz chimiquement simples déclenche une série de réactions chimiques, parfaitement reproductibles en laboratoire lorsqu'on simule les conditions qui prévalaient au sein de cette première atmosphère terrestre [1]. Ainsi se forment et s'accumulent les toutes premières molécules, matériaux élémentaires du colossal édifice de la Vie et premiers maillons de la longue chaîne d'êtres vivants qui allaient suivre... Cette intense génération de molécules entraînées par les pluies enrichit peu à peu les mers chaudes qui s'épaississent à la manière d'un potage... d'où le nom de « soupe chaude primitive » que leur attribua le grand biologiste Haldane. Dans cette soupe s'effectuent au hasard des rencontres, voire des télescopages entre molécules, de nouvelles réactions chimiques, conduisant à des molécules plus complexes qui président à l'élaboration des tout premiers êtres vivants. Le processus de complexification croissante, qui est au cœur même de la Vie, était amorcé : il n'a plus cessé, depuis lors, de produire des êtres de plus en plus élaborés, des systèmes vivants de plus en plus sophistiqués.

---

1. Plusieurs Prix Nobel ont couronné de telles expériences, menées pour la plupart dans les centres de recherches de la NASA aux États-Unis.

*Quatre grandes inventions
dans la chimie de la vie*

On s'accorde à reconnaître quatre étapes dans le parcours qui a conduit de la chimie de l'atmosphère primitive à la Vie :

– La première correspond à la synthèse des molécules les plus simples, tels les 20 acides aminés qui sont à l'origine de toute vie (même si, dans les expériences pratiquées en laboratoire, d'autres souvent se forment aussi, que la vie n'a pas conservés). Ces 20 fameux acides aminés sont comme des briques à partir desquelles s'édifie la matière vivante. Ils sont les constituant principaux de la viande, du poisson, du blanc d'œuf, du soja, etc.

– La deuxième étape correspond à l'enchaînement de ces molécules les unes aux autres, comme on enfilerait les perles d'un collier ; on aboutit alors à de grosses molécules : les protéines, par exemple, obtenues par assemblage d'acides aminés. Ces protéines figurent parmi les matériaux de base dont sont constitués tous les êtres vivants. Mais certaines détiennent aussi le pouvoir de provoquer et de diriger certaines synthèses : ce sont les enzymes. Plus perfectionné encore est le système qui combine un sucre [1], une base et une molécule de phosphate. Il en résulte une chaînette à trois maillons appelée « nucléotide ». En s'unissant les uns aux autres en longues chaînes, ces nucléotides forment les fameux acides nucléiques ou ADN [2], qui possèdent la remarquable capacité de se reproduire dans les noyaux cellulaires en se dupliquant par autocopie, exactement comme on reproduit un texte sur une photocopieuse.

– La troisième étape est décisive : c'est le vrai coup de génie de la Vie, qui invente un système appelé « code génétique ». Ce système consiste à

1. Le Désoxyribose.
2. Acide DésoxyriboNucléique.

utiliser les acides nucléiques comme modèles, ou mieux encore comme matrices pour la synthèse des protéines, lesquelles assurent la maintenance et le fonctionnement des êtres vivants, par leur masse, leur volume et leur pouvoir enzymatique. Arrivée à ce stade, la vie couple donc les ADN aux protéines : chaque acide aminé correspond à une séquence bien définie de nucléotides, de sorte que l'enchaînement de ces séquences dans la longue chaîne d'ADN détermine l'enchaînement des acides aminés dans la protéine correspondant à cet ADN ! L'ADN, c'est l'information mise dans l'ordinateur : et l'ordinateur, ce sont les gènes où toutes ces informations sont stockées, une banque de données en quelque sorte. Et les protéines assument les fonctions conformes aux instructions que les ADN qui ont déterminé leur structure leur imposent. Bref, les ADN sont le programme, le plan que conçoit l'architecte ; les protéines forment l'édifice, le corps de la construction. Ce couplage ADN-protéines n'a pu être réussi en laboratoire. Ruffié [1], dans son *Traité du Vivant*, estime que l'apparition de ce fameux code génétique est à coup sûr l'événement le plus mystérieux de l'histoire de la Vie. Il évoque à ce propos les premiers versets du prologue de l'Évangile selon saint Jean : « Au début était le verbe – lire ADN, c'est-à-dire information –, et le verbe s'est fait chair – lire protéine, c'est-à-dire matière –, et il a demeuré parmi nous » – la vie s'est alors perpétuée sans fin, à l'issue de cette « incarnation » continue de son programme !

– La quatrième étape est l'apparition d'une membrane séparant protéines, ADN et autres constituants ainsi synthétisés du milieu ambiant : les premières unités prévivantes s'individualisent. Ainsi naquirent sans doute les premières cellules, proches des bactéries, et dont les plus anciennes

---

1. Jacques RUFFIÉ, *Traité du Vivant,* coll. « Le Temps des Sciences », Fayard, 1982.

ont été identifiées au Groenland par les chercheurs de l'université du Maryland dans des couches géologiques ayant 3,8 milliards d'années. En Australie, William Schopf en date d'autres de 3,5 milliards d'années. La phase prévivante s'achevait avec des êtres qui évoquaient déjà de fort près nos bactéries actuelles, et qui s'étaient formés par génération spontanée dans des conditions que la vie allait ensuite profondément modifier.

Aux origines : la génération spontanée

La vie commence ainsi par une génération spontanée : en l'occurrence, par éclosion de molécules. Aristote n'avait donc pas tout à fait tort lorsqu'il attribuait les origines de la vie à la rencontre d'un principe passif : la matière, et d'un principe actif : la forme. La matière est neutre, inerte, inanimée. La forme lui imprime son énergie, son dynamisme, sa vitalité. Encore faut-il des conditions favorables pour que la rencontre des deux principes produise correctement son effet.

Un célèbre médecin du XVIIe siècle, Van Helmont, nous explique par exemple avec force détails quelles sont les conditions requises pour que soient engendrées des souris par génération spontanée : il suffisait, selon lui, de remplir une caisse de grains de blé, en ayant soin d'ajouter une chemise sale imprégnée de sueur humaine qui apportait le principe vital. La caisse, au bout d'une vingtaine de jours, ne manquait jamais de se peupler de souris !... On reste pantois devant cette incroyable absence d'esprit d'observation ; mais, à cette époque encore, le dogme de la « génération spontanée » était à ce point ancré dans les esprits qu'il dispensait de toute observation et de toute expérimentation. Pourquoi remettre en question une vérité vieille de plus de 2 000 ans et jamais contestée ? Comment oser nier que les mouches naissent du fumier et les mollusques de la vase ou des algues en décomposition ? Il fallut attendre les célèbres expériences de Pasteur pour que soit enfin anéantie l'antique croyance en la génération spontanée de la Vie ; dogme déjà ébréché, il est vrai, par Harvey, autre célèbre médecin du XVIIe siècle, « inventeur » de la circulation du sang, à qui l'on doit l'aphorisme célèbre : *« omne vivum ex ovo »* – chaque vivant naît d'un œuf ! D'où découla plus tard l'histoire célèbre de la poule et de l'œuf [1].

En revanche, si génération spontanée il y eut, ce fut bien aux origines mêmes de la Vie, lorsque s'édifièrent les premières molécules qui forment aujourd'hui encore les bases de la matière vivante. Il fallut pour cela de la matière passive (l'atmosphère épaisse grisâtre, dense et suffocante des origines n'en manquait pas, même si cette matière s'y trouvait à l'état gazeux), et une source active d'énergie (en l'occurrence le rayonnement radio-actif, l'arc électrique des éclairs, l'énergie du soleil ou la chaleur des volcans). Le grand Aristote n'avait donc pas tout à fait tort... Et, pour lui donner raison, il suffit de remettre la génération spontanée à sa place, non pas aux origines des vies individuelles, mais aux origines de la Vie même, c'est-à-dire la repousser bien plus loin, très loin en arrière dans l'épaisseur du temps.

Il est d'ailleurs probable que la génération moléculaire produisit d'autant plus de substances diverses que les conditions étaient plus favorables... un peu comme dans le mode d'emploi prescrit par Van Helmont pour fabriquer des souris : ainsi, par exemple, la lave chaude et pâteuse des volcans, en faisant évaporer l'eau des mers peu profondes, contribuait à épaissir la soupe, donc à accroître les chances de contacts entre molécules, et, du même

---

1. Antoine DANCHIN, *L'Œuf et la Poule*, coll. « Le Temps des Sciences », Fayard, 1983.

coup, les réactions chimiques qu'elle contribuait en outre à catalyser. Dans ces lagunes privilégiées où s'affrontaient les éléments : le feu, l'eau et la terre, régnait une intense activité chimique, sorte de vaste bouillonnement moléculaire d'où naquirent sans doute les molécules les plus complexes et les plus performantes que sélectionna la Vie.

L'amour moléculaire

Ainsi, dès l'origine du monde, les matériaux de la Vie résultèrent d'un processus de coopération chimique, d'« amour moléculaire » en quelque sorte ; et ces premières synthèses s'effectuèrent en des lieux privilégiés où s'affrontaient avec vigueur les éléments. Le jeu de la coopération et du conflit, si caractéristique du mouvement de la Vie, s'amorça donc avant même que la Vie n'émergeât de la matière. Relayant les mécanismes d'attraction et de répulsion déjà à l'œuvre dans le monde minéral, il débouchera bien plus tard sur ces concepts d'amour et de haine, de paix et de guerre qui fondent toutes sociétés : bactériennes, végétales, animales et humaines.

Mais l'amour est premier. Lui seul est créateur. Ici – et par extension peut-être illégitime du sens d'un mot trop dévoyé dans notre langue –, l'amour crée : c'est sa force positive qui unit les acides aminés pour former des protéines ; c'est elle qui forme la triple alliance du sucre, de la base et du phosphate, élément fondamental des acides nucléiques. Et c'est elle surtout qui réussit ce couplage, ce mariage génial entre protéines et acides nucléiques, base du code intouchable et immuable depuis les origines, sur lequel toute la Vie s'est construite.

Bien d'autres molécules virent sans doute le jour en ces temps reculés des origines de la Vie ; moins performantes, elles furent éliminées par le jeu de

la sélection naturelle. Car les « enfants de l'amour »
ne sont pas tous viables, et la nature élimine
durement les moins adaptés. Encore faut-il pour
cela que l'amour ait d'abord produit ses œuvres.
En cela, il est premier ; et les processus de sélection, de tri et d'élimination n'interviennent qu'en
second.

Des molécules biologiques aux premiers êtres
vivants, il n'y avait, comme les expériences de Fox
l'ont montré, qu'un pas à franchir. Il suffit en effet
de renverser dans de l'eau les molécules produites
dans des ballons simulant les conditions de l'atmosphère primitive de la terre pour voir se former dans
l'instant de minuscules gouttelettes, des « micro-
sphères », des « coacervats », comme les appelait le
célèbre biologiste russe Oparine, auteur de la
première théorie cohérente sur les origines de la
Vie. Une membrane se forme ainsi, séparant un
dedans et un dehors ; à travers ce filtre, certaines
substances pénètrent et le milieu intérieur ainsi
« nourri » acquiert une composition différente du
milieu extérieur, c'est-à-dire de l'environnement ;
celui-ci recueillera en revanche les sous-produits,
les déchets de l'activité cellulaire.

Une cellule bien nourrie, aux activités chimiques
bien régulées (on dira qu'elle a un bon métabo-
lisme) finit par grossir, puis par se diviser selon
l'adage bien connu qu'une cellule « n'a qu'une
idée : c'est d'en faire deux » ! La division entraîne
ainsi la multiplication, voire la prolifération des
cellules dans la soupe ! Pour alimenter ce batail-
lon prolifique et proliférant de cellules, la soupe
se désépaissit peu à peu, car les synthèses par
génération spontanée ne suffisent plus à alimenter les processus déjà galopants de la vie : le
potage s'éclaircit, devient consommé, puis bouillon
clair ! Un bouillon d'onze heures, en vérité, car
il contient beaucoup d'acide cyanhydrique, toxique violent qui servait jadis aux exécutions
capitales en Californie...

Dès l'origine, des problèmes énergétiques

On ne sait à peu près rien de ces tout premiers êtres vivants qui devaient vaguement s'apparenter aux bactéries actuelles. Ce que l'on sait, en revanche, c'est que la Vie, une fois inventée, mit un temps infiniment long – au moins trois milliards d'années – pour mettre au point des mécanismes énergétiques à haut rendement, capables de fournir aux cellules de fortes quantités d'énergie. C'est la longue aventure de l'évolution biochimique qui nous rappelle que les problèmes d'énergie qui nous préoccupent tant ne datent pas d'hier ! Comment s'étonner, dès lors, qu'il faille au moins deux décennies à l'humanité pour maîtriser telle nouvelle ressource énergétique, quand on voit les délais que la Vie a exigés pour atteindre ce même objectif...

Le premier matériau énergétique exploité par la Vie – et qu'elle exploite d'ailleurs toujours – est l'ATP, molécule relativement complexe qui s'élaborait spontanément dans la soupe chaude de Haldane, en même temps que les protéines et les ADN. Cet ATP ou adénosine-triphosphate possède dans sa structure, comme son nom l'indique, trois acides phosphoriques. Il présente la particularité absolument unique de pouvoir libérer d'importantes quantités d'énergie en perdant l'un de ces acides, pour donner l'ADP ou adénosine-diphosphate. Ainsi, les tout premiers vivants puisaient dans la soupe l'ATP et le cassaient en ADP pour se procurer l'énergie dont ils avaient besoin. Et leurs descendants, aujourd'hui, en font toujours autant. L'ATP est en quelque sorte l'équivalent biologique de l'atome d'uranium utilisé dans les centrales nucléaires : en cassant cet atome, on libère d'importantes quantités d'énergie ensuite transformées en électricité.

Les êtres vivants se multipliant, la demande d'ATP augmenta rapidement, ce qui appauvrit la soupe en ce précieux carburant : ce fut la première crise de l'énergie. Et la vie répliqua en régénérant l'ADP en ATP, par fixation d'un acide phosphorique puisé dans la soupe. Mais, pour recharger ainsi l'ADP, un peu comme on recharge une batterie, il fallait une nouvelle source d'énergie : la Vie utilisa pour ce faire un sucre banal et abondant dans la soupe, le glucose. Mais, comme à l'époque l'oxygène n'existait pas encore, il n'était pas question de « brûler » ce glucose pour fournir l'énergie nécessaire ; il ne peut en effet y avoir combustion sans oxygène. La vie s'y prit donc autrement, et décomposa le glucose par fermentation. La fermentation est le processus bien connu qui consiste à produire de l'alcool à partir de n'importe quelle matière première sucrée. D'un point de vue chimique, cela consiste à casser la molécule de glucose, à faire en quelque sorte « de la petite monnaie » avec les six atomes de carbone qui la composent. Cette molécule se transforme alors en deux molécules d'alcool, formées de deux atomes de carbone chacune, tandis que les deux autres atomes de carbone s'échappent dans l'atmosphère sous forme de deux molécules de gaz carbonique : ces opérations chimiques dégagent de l'énergie, chaque molécule de glucose ainsi transformée fournissant l'énergie nécessaire pour recharger deux ADP en deux ATP.

Le gaz carbonique commença alors à s'accumuler dans l'atmosphère, se dégageant de la soupe, comme on le voit encore se dégager en bulles et en mousse sur un tonneau de fruits en cours de fermentation pour donner de l'eau-de-vie.

Mais, les mêmes causes produisant les mêmes effets, c'est le glucose qui finit par s'appauvrir dans la soupe à force de fermenter ! C'est alors que la Vie réussit son deuxième coup de génie : l'invention de la photosynthèse, c'est-à-dire d'une source désormais intarissable et inépuisable de glucose, à laquelle tous les processus vivants pourraient indéfiniment s'alimenter.

La révolution photosynthétique

La photosynthèse est la réponse de la Vie au plus grand défi qu'elle dut affronter : la famine. Car le bilan était devenu négatif, entre la quantité de molécules de glucose produites par génération spontanée et recueillies dans la soupe, et la voracité des milliards de cellules proliférant par divisions successives. Pour rétablir l'équilibre, la Vie se devait d'inventer un nouveau procédé : elle allait désormais faire effectuer ses synthèses par les êtres vivants eux-mêmes, plus exactement par ceux d'entre eux qui avaient acquis la capacité de faire de la chlorophylle.

La première trace d'un être chlorophyllien remonte, si l'on en croit les fossiles calcaires de Bulawayo en Rhodésie, à 3 100 000 000 d'années. Puis la Vie a traîné pendant près d'un milliard d'années encore avant que des communautés d'algues bleues, ces premiers êtres chlorophylliens, se développent puissamment et laissent cette fois des traces abondantes dans les fossiles.

La chlorophylle, pigment vert des plantes, est une des molécules essentielles de la vie ; sorte de pile solaire, elle capte l'énergie des rayons lumineux et s'en sert pour synthétiser – à partir des molécules les plus simples et les plus abondantes : l'eau et le gaz carbonique omniprésents – les sucres qui sont les matériaux indispensables à la vie : c'est la photosynthèse. Les êtres chlorophylliens, algues microscopiques ou plantes vertes, sont donc des usines productrices de matière vivante ; tel est le rôle premier d'une prairie ou d'une forêt. Et comme toute usine, celle-ci produit des déchets, en l'occurrence l'émission d'un gaz « polluant » : l'oxygène.

Cet oxygène, sous-produit de la photosynthèse, se fixa sur les roches, oxydant le fer, la silice et précipitant ces sels dans les fonds marins. Quand cette sédimentation fut achevée, il y a 1 800 000 000 d'années environ, l'oxygène commença à s'accumuler dans l'atmosphère. Cette transformation eut des conséquences immenses, car certaines bactéries, s'adaptant à ces conditions nouvelles, réussirent à mettre au point un nouveau mode de combustion des sucres en les brûlant à l'oxygène : c'est la respiration qui, pour une même quantité de glucose, fournit vingt fois plus d'énergie que la fermentation. En fait, la respiration réutilise les deux molécules d'alcool, résidus de la fermentation, et pousse plus loin leur combustion puisqu'elle ne produit plus que du gaz carbonique. Avec un glucose, ça n'est plus deux, mais trente-six ATP que l'on recharge ! La combustion du glucose en milieu oxygéné présente donc un rendement dix-huit fois plus élevé que la voie fermentaire.

L'invention de la respiration s'inscrit donc dans une continuité évolutive parfaitement logique ; elle pousse plus avant les mécanismes de dégradation du glucose, et va beaucoup plus loin que la fermentation en augmentant les rendements énergétiques dans des proportions impressionnantes. On verra comment le monde animal, le moment venu, développera puissamment cette possibilité.

L'oxygène dégagé par la photosynthèse des algues marines modifia radicalement l'atmosphère : il permit la formation autour de la Terre d'une couche d'ozone filtrant les rayons solaires et provoquant ce bleuissement du ciel si caractéristique de notre planète. De la prolifération dans la mer de cellules vertes naquit donc le ciel bleu. Son éclat se reflète, aujourd'hui encore, d'autant plus puissamment dans la mer que celle-ci comporte moins d'algues susceptibles d'atténuer sa transparence : une mer très bleue est une mer qui reflète très fortement le ciel, c'est-à-dire une mer pauvre en plancton, donc en poisson, et plus attractive pour les touristes que pour les pêcheurs. A preuve la localisation des marins-pêcheurs sur le littoral de la Manche et de l'Atlantique, et l'agglutinement des touristes sur la Côte d'Azur...

La prolifération des premières cellules chlorophylliennes entraîna sans doute la diminution de celles qui n'étaient pas aptes à réussir cette synthèse ; moins aptes à la compétition, puisque incapables de se nourrir par elles-mêmes, elles durent vivre en marge, se nourrissant exclusivement de déchets. Beaucoup s'enfuirent, s'enterrant dans la vase des fonds, où elles demeurent éloignées de toute concurrence dans ces milieux sans oxygène. L'irruption massive de l'oxygène dans l'atmosphère précipita leur fuite et n'épargna que celles qui surent se terrer dans les grands fonds, un peu comme un cataclysme nucléaire qui n'épargnerait que les rares privilégiés ayant eu accès aux abris antiatomiques...

Le libre-échange des gènes

Dans cet univers de bactéries vertes ou non vertes, aucune cellule encore ne possède de noyau. Toutes sont minuscules, et la rencontre d'une amibe serait pour elles une confrontation infiniment plus effrayante que celle d'un mammouth géant pour un homme de l'âge de pierre ! Pourtant, comme tout être vivant, si minuscule et si primitif soit-il, chacune de ces cellules possède son savoir-faire : toute sa science est inscrite dans un livre, dont les pages sont les séquences de nucléotides du fameux ADN, constitutif des gènes. Les gènes emmagasinent l'information nécessaire à la cellule pour se nourrir, se reproduire, résister à la concurrence, aux parasites éventuels, etc. Dans les cellules évoluées, modernes, ils sont tous contenus dans le noyau, qui est la bibliothèque, ou, mieux encore, l'ordinateur central de la machinerie cellulaire. Mais dans les cellules des premiers âges, ils sont disséminés dans le corps même de la cellule, comme des livres qu'on aurait omis de ranger et qui traîneraient un peu partout dans l'appartement. Qu'un visiteur passe et il emporte à son gré l'ouvrage dont il a besoin, sans qu'il soit nécessaire de procéder à l'effraction de la bibliothèque ! Et, de fait, ces êtres unicellulaires sans noyau – ces bactéries (car c'est bien de bactéries qu'il s'agit) – pratiquent couramment entre eux le captage des gènes. Que le milieu change et les contraigne subitement à de nouvelles conditions de vie encore inconnues d'elles, et voici nos bactéries condamnées à mort, à moins de se procurer auprès de bactéries voisines le code de bonne conduite en usage dans ce monde nouveau, bref, le mode d'emploi pour y survivre. Étrange politique de « libre-échange des gènes », permettant aux bactéries de s'adapter, par captage de gènes d'autres bactéries, aux conditions toujours mouvantes et changeantes de la Vie. Nouvelle forme d'amour, mais cette fois d'amour libre, où des bactéries se rencontrent, se choisissent et « se fécondent » en échangeant leurs gènes par pur opportunisme, uniquement en fonction des nécessités de l'heure et du lieu ; d'amour, cependant, porteur de vie : car faute de réussir ces échanges, d'accéder à cette « charité », une bactérie soumise à des conditions nouvelles d'existence aurait bien peu de chances de survivre.

Ainsi faut-il se représenter le monde bactérien primitif comme une immense foire aux gènes. Chaque bactérie est en quelque sorte l'avant-garde d'une armée ou l'ambassade d'un grand pays, susceptible de puiser dans ses arrières, c'est-à-dire dans les réserves du monde bactérien tout entier, les gènes qui lui sont nécessaires pour faire face à un brusque changement de conditions ou de milieu. Encore faut-il qu'elle se trouve à proximité d'une bactérie capable de lui fournir les gènes dont elle a besoin et que l'échange s'avère possible, ce qui n'est pas toujours le cas. On comprend mieux l'immense capacité adaptative des bactéries, leur aptitude à coloniser les milieux les plus divers, et surtout leur permanence à côté d'êtres vivants infiniment plus évolués et qui, pourtant, ne les ont point éliminées. Bien au contraire, les bactéries se portent bien et les épidémies qu'elles provoquent tendraient même à montrer que ce sont elles qui menacent les autres...

Cet avantage, elles le doivent à leur aptitude à ne s'encombrer que du strict minimum nécessaire de gènes : à quoi bon posséder ce qu'on peut se procurer chez les autres sans difficulté en cas de besoin ! Aussi, une bactérie n'utilise-t-elle en moyenne qu'un million d'unités d'information, soit l'équivalent de 100 pages imprimées d'un livre où chaque lettre représenterait une information. Mais une amibe est un être infiniment plus complexe, bien que toujours unicellulaire : compte tenu des 400 millions d'unités d'information que contient son ADN, il faudrait environ 80 volumes de 500 pages chacun pour fabriquer une amibe identique et viable... Une baleine, un homme en exigent 5 milliards : de quoi remplir une bibliothèque de 1 000 volumes !

L'invention de la cellule à noyau

Mais comment la vie sauta-t-elle de la bactérie à l'amibe, puis à l'homme ? Sans doute par un acte de désobéissance ou de rébellion. On peut imaginer qu'un jour, une bactérie transgressa les lois fondamentales qui caractérisent l'univers bactérien : la taille minuscule et le patrimoine génétique réduit au minimum, mais interchangeable. Et c'est sans doute de ce « péché originel » que naquirent les premières cellules à noyau. Une bactérie serait devenue si obèse et sa membrane si épaisse que le libre-échange des gènes, désormais emprisonnés dans ce corps géant, serait devenu impossible ; d'où la nécessité d'accumuler un plus grand nombre de gènes afin de faire face aux multiples situations susceptibles de se produire au cours d'une vie, fût-ce une brève vie bactérienne. Selon des hypothèses qu'on ne pourra sans doute jamais vérifier, mais de plus en plus couramment admises depuis les recherches de Margulis, cette bactérie géante aurait ensuite capté, puis enclavé une petite bactérie à forte capacité énergétique, appelée à devenir le générateur d'énergie de la cellule, puis une autre petite bactérie porteuse de chlorophylle, destinée à faire la photosynthèse. C'est ce même mécanisme d'enclavement qui aurait également joué pour les gènes captés dans le milieu extérieur, puis enfermés dans ce qui devait devenir le noyau. Au fur et à mesure que des gènes toujours plus nombreux s'accumulaient dans des cellules de grosse taille qui, de surcroît, les enfermaient dans leurs noyaux, les possibilités d'échange de gènes entre grosses cellules diminuaient. Comme dans les sociétés humaines primitives, la pratique de la thésaurisation se substitua ainsi au troc.

Il y a donc, une fois encore, mise en œuvre d'un mécanisme coopératif, pour aboutir à quelque chose d'absolument nouveau : après l'amour moléculaire de l'ADN et l'amour libre des bactéries, voici que se contracte une union solide et durable entre trois bactéries, union dont la descendance sera au moins aussi féconde que celle d'Abraham... Car de cette union découlent toutes les cellules à noyaux. Mais tout progrès comporte sa part d'inconvénients : ici, c'est la perte de la capacité d'échange propre aux bactéries. Désormais, plus d'amour libre, plus de libre-échange des gènes. On comprend pourquoi l'amibe, malgré sa taille modeste, est contrainte de stocker une si grande quantité d'informations dans son noyau. C'est parce qu'elle ne peut pas, comme le ferait une bactérie, aller en emprunter à une autre amibe en cas de besoin.

Où la sexualité apparaît

Le sort des cellules à noyaux eût sans doute été tragique, les vouant à l'obésité physique et génétique, si une invention capitale ne leur avait permis de mettre en œuvre un nouveau moyen d'échange et de mise en commun de leurs gènes : la sexualité.

Les premières cellules à noyaux se divisaient sans doute en deux, comme le font aujourd'hui encore les amibes. Une cellule se divisait, et chaque cellule fille en faisait autant, indéfiniment. Mais, dans ce processus automatique, chacune des cellules issues de la simple division de la cellule mère lui était rigoureusement identique. Elle était sa copie conforme et possédait donc exactement le même patrimoine héréditaire, le même lot de gènes soigneusement enfermés dans son noyau. Pas question, en cas de difficulté adaptative, d'aller emprunter à telle ou telle consœur tel ou tel gène nécessaire pour vivre dans des conditions différentes : la consœur, étant une sœur jumelle, possède rigoureusement le même patrimoine et ne peut donc rien donner de plus que chaque cellule n'a déjà. Voilà que la Vie semble de nouveau dans une impasse : dès lors que demeure l'impératif de devoir s'adapter à des conditions sans cesse changeantes, quiconque ne possède pas les gènes nécessaires et ne peut plus, comme les bactéries, les emprunter à d'autres, est condamné.

La mort était infailliblement au bout du chemin, et les cellules à noyaux eussent été rapidement éliminées pour cause de monstruosité, comme le furent les dinosaures, si les plus anciens processus de diversification du patrimoine génétique, déjà en vigueur chez les bactéries, n'avaient fonctionné au plus grand bénéfice des cellules à noyau : les mutations. Survenant brusquement et de manière imprévisible sous l'effet des rayonnements ou de tout autre facteur physique ou écologique, les mutations modifient le programme génétique des cellules et induisent dans l'homogénéité des lignées de générations successives et toujours identiques, produites par simple division cellulaire, une importante cause de variations. Ainsi, par mutation, une cellule peut acquérir des capacités nouvelles, dès lors que ladite mutation est favorable et donc sélectionnée, conservée et transmise à la descendance. Or l'on sait aujourd'hui que les mutations favorables ne constituent qu'une infime minorité des innombrables mutations dont les dégâts entraînent généralement la mort cellulaire. Car la Vie n'a jamais été avare de ses échecs et sait faire payer très cher, au prix d'effrayantes hécatombes, un succès décisif assurant la pérennité de la descendance. Dès lors que certains mutants, mieux adaptés à des conditions de vie particulières, étaient sélectionnés, les processus de diversification et de complexification, si caractéristiques de la Vie, étaient amorcés, et cela dès l'apparition des tout premiers organismes vivants. Par le jeu des mutations, la Vie, comme chacun peut voir, se manifeste dès l'origine par une incroyable diversité de formes qui fait sa richesse et son mystère.

Mais la vie est subtile et a l'art de combiner les contraires. Tandis qu'elle diversifiait le patrimoine génétique des cellules par mutations, elle engendrait dans le même temps un processus d'addition et de recombinaison comme si elle regrettait déjà l'unité perdue. Le raisonnement, si l'on peut risquer cette comparaison, est simple : dès lors qu'une cellule, en se divisant, en donne deux, il est parfaitement possible d'imaginer le mécanisme inverse par lequel deux cellules, en fusionnant, en donnent une. Tel est le principe fondamental de la sexualité telle qu'elle apparut il y a, pense-t-on, deux milliards d'années. Il n'est pas interdit d'imaginer qu'au départ, cette rencontre fortuite ait pu rassembler deux cellules rigoureusement identiques provenant d'une même lignée. Homosexualité primordiale et stérile qui ne pouvait rien engendrer de vraiment neuf, puisque le processus sexuel combinait des patrimoines génétiques identiques. Mais qu'une cellule mutée rencontre une cellule initiale de sa lignée, et voici que le contact s'établit entre deux êtres légèrement différents, bien que d'origine commune. Deux patrimoines génétiques dissemblables s'additionnent et produisent alors un être unique et nouveau. Encore fallait-il pour cela que les deux cellules fussent encore très proches. Tout acte sexuel restait impossible entre cellules de lignées trop éloignées, comme aujourd'hui entre individus d'espèces différentes. Pas de croisement possible entre un âne et un éléphant.

Voici donc qu'entre deux cellules différentes, mystérieusement attirées l'une par l'autre, un acte créateur et fécond se produit, engendrant une cellule nouvelle, différente de sa mère et de son père, dont l'addition des patrimoines et des gènes aboutit à un être entièrement original. Bel exemple du caractère éminemment créatif de cet acte évident de coopération qu'est l'acte d'amour, fût-il, comme ici, l'« amour cellulaire ». La sexualité apparaît ainsi comme une source féconde de variations et d'innovations. L'individu né de ses parents ne se reproduira pas, lui non plus, identique à lui-même, pour cette simple et bonne raison qu'il n'a aucune chance de rencontrer un être qui lui soit rigoureusement semblable. Ainsi, de génération en génération, le patrimoine génétique est-il sans cesse brassé et redistribué, puisque au moment de la formation des cellules sexuelles, les gènes parentaux se répartissent selon les lois du hasard entre « ovules » et spermato- zoïdes ; telle est l'une des grandes loteries de la vie, celle de l'hérédité. On a pu calculer que pour un couple humain, le hasard des rencontres entre cellules sexuelles permet d'imaginer soixante- quatre mille milliards de combinaisons possibles pour chaque œuf, donc pour chaque enfant produit. Nous n'avons donc chacun qu'une chance sur soixante-quatre-mille milliards d'être qui nous sommes, c'est-à-dire tel fils ou telle fille de nos parents ; et il en est de même pour chaque couple humain et pour chaque enfant. Autant dire que chacun est un exemplaire unique issu d'un œuf unique, suivant l'heureuse formule empruntée à Langaney : « Qui fait un œuf fait du neuf [1]. »

Le jeu combiné des mutations et des recombinaisons entre mutants par la sexualité confère ainsi dès l'origine aux cellules à noyau un formidable pouvoir d'innovation et de variation. Qui dit variation, dit différence dans les capacités d'adaptation aux changements permanents du milieu, et, par conséquent, capacité pour la Vie de surmonter les obstacles qu'elle rencontre en chemin, en éliminant les individus les moins adaptés et en favorisant les autres. Elle conserve en effet sans cesse les fruits des mutations les plus favorables et des unions les plus heureuses, assurant la permanence des espèces et sa propre permanence par-delà les changements qui perpétuellement la menacent.

Ainsi, les cellules à noyau, échappant au risque mortel de stagnation et de pétrification qui eût entraîné tôt ou tard leur mort par inadaptation, relevaient, en se reproduisant par voie sexuée, le défi que leur avait posé l'enclavement dans le noyau du patrimoine héréditaire. Elles mettaient au point un nouveau système de brassage des gènes, différent, certes, de celui des bactéries, mais suffisamment efficace pour leur permettre de s'adapter elles aussi aux inévitables variations des milieux et des conditions de vie. Avec l'invention de la sexualité, la Vie est non seulement possible, mais encore performante pour sa nouvelle invention que sont les cellules à noyau. A partir du moment où la reproduction n'emprunte plus que

---

1. LANGANEY, *Le Sexe et l'Innovation*, Seuil, 1979.

la voie sexuée, le brassage des gènes et des patrimoines génétiques s'accentue et les poussées évolutives changent de rythme. En l'espace de 3 milliards d'années, les bactéries changent à peine quant à leur structure et à leur morphologie. Mais l'évolution végétale et animale qui va des monocellulaires aux orchidées ou à l'homme s'effectue entièrement au cours du dernier milliard d'années, dans ce monde des cellules à noyau toutes adaptées à l'oxygène et toutes capables de reproduction sexuée ; les grandes inventions étant faites, les bases de l'édifice étant posées, l'évolution atteint un rythme et une efficacité jamais connus jusqu'alors !

La nécessaire redistribution des rôles

La prolifération des cellules à noyau, ces nouvelles venues sur la scène de la Vie, allait rapidement poser le problème de leur coexistence et de leur place dans le monde des cellules sans noyau. Ces dernières avaient jusqu'alors assuré en exclusivité le fonctionnement de tous les métabolismes existant sur la Terre ; elles étaient, à elles seules, toute la Vie. Un équilibre universel s'était instauré entre les capacités des multiples souches assumant les fonctions les plus diverses : les êtres chlorophylliens synthétisaient la matière organique, les autres la détruisaient et recyclaient ses éléments. La multiplication des cellules à noyau entraîna une redistribution générale des forces et des rôles au sein de l'organisation du travail biologique à la surface de la Terre. Les premières cellules végétales à noyau, en se multipliant dans la mer, assurèrent la fonction chlorophyllienne avec une efficacité accrue, réduisant les algues bleues au rôle modeste qu'on leur voit jouer encore aujourd'hui : par exemple, sur les plaques d'ardoise des urinoirs ou sur les murs des vieilles églises obscures et humides. La plupart des bactéries, au contraire, s'engagèrent résolument dans le rôle de décomposeurs de la matière vivante, recherchant souvent, comme leurs ancêtres lointains, des milieux sans oxygène. Marginalisation des algues bleues, devenues les parents pauvres dans la vaste famille des êtres chlorophylliens, spécialisation des bactéries, confirmées en quelque sorte dans leurs tâches de décomposeurs et de recycleurs, telle fut sans doute la conséquence de la prolifération des algues cellulaires : à elles, désormais, le soin de créer le vivant grâce à la lumière solaire captée par leur chlorophylle, à l'eau et au gaz carbonique, avec en contrepartie un dégagement d'oxygène ; et aux bactéries le soin de recycler cette matière vivante en ses éléments minéraux : gaz carbonique notamment et eau, par le jeu de la fermentation.

Un nouvel équilibre s'établissait entre les êtres chlorophylliens, pour la plupart cellulaires, comme les algues, dégageant de l'oxygène et absorbant du gaz carbonique par photosynthèse, et les bactéries sans chlorophylle, dégageant du gaz carbonique par fermentation, sans consommer d'oxygène. Équilibre provisoire, cependant, car rien n'était encore prévu pour recycler l'oxygène, déchet massif de la photosynthèse qui, après s'être fixé sur les roches de la Terre et s'être accumulé dans l'atmosphère, devenait, on l'a vu, dangereusement envahissant. Pour répondre à ce nouveau défi, la Vie dut inventer un système de recyclage de l'oxygène : ce fut la respiration. Celle-ci inaugurait une nouvelle « manière de vivre », s'ajoutant à la fermentation et à la photosynthèse. La Vie passait d'un équilibre binaire à un équilibre « inspiré » du modèle trinitaire... Car les équilibres à deux aboutissent souvent à quelque perturbation par enfermement, que doit réguler l'arrivée d'un troisième : c'est l'enfant dans le couple, et c'est, avec la respiration, l'irruption de l'animal dans l'univers. Tel est aussi, sans doute, le sens profond du dogme de la Trinité qui enrichit et qualifie singulièrement le monothéisme : Dieu, c'est la Vie en plénitude saisie dans son essence ; mais les trois personnes symbolisent son fonctionnement, fait d'échange, de partage et de communion.

La naissance des animaux

L'« invention » de la vie animale marque une étape capitale dans la grande épopée du vivant. Comme si elles s'inquiétaient de leur rapide prolifération, l'on vit en effet les cellules végétales dériver lentement vers l'animalisation par un processus que l'on observe aisément, aujourd'hui encore, chez certaines algues brunes microscopiques et unicellulaires.

Certaines Euglènes, notamment, peuvent se décolorer, provisoirement ou non, par perte réversible ou définitive de leur chlorophylle, par exemple sous l'influence de l'obscurité, de mauvaises conditions de nutrition ou sous l'effet d'antibiotiques : elles adoptent alors le mode de vie animal.

L'exemple des algues Dinophycées est encore plus spectaculaire, car il permet de saisir toutes les étapes de l'animalisation.

Les Cystodinium, par exemple, sont de vraies algues : comme toutes les plantes, elles possèdent de la chlorophylle, font la photosynthèse et accumulent des sucres, notamment dans leurs parois épaisses et cellulosiques, ce qui à l'occasion les rend obèses ! Ces algues possèdent donc les deux attributs spécifiques des végétaux : l'aptitude à la photosynthèse et l'épaisse membrane cellulosique, qui donnent aux cellules et aux tissus végétaux cette consistance rigide que n'ont pas les tissus animaux toujours plus flasques, plus mous. Mais les algues Cystodinium se reproduisent par des spores ciliées et nageuses qu'elles émettent au moment de leur « puberté » ! Le cil leur sert de gouvernail et s'enracine au fond d'un sillon formant une excavation au centre de la spore.

Les algues Péridinium sont très semblables aux Cystodinium ; mais elles conservent leur cil, leur mobilité et leur sillon pendant toute leur vie. Elles sont en quelque sorte des Cystodinium perpétuellement infantiles, néoténiques, comme disent les scientifiques, ce qui exprime leur capacité de se reproduire avant d'atteindre l'âge adulte – qu'elles n'atteindront d'ailleurs jamais, puisqu'elles conservent toute leur vie durant leur forme de jeunesse ! Bien plus, grâce au sillon, elles se nourrissent d'une manière tout animale de proies solides. Le sillon devient donc une bouche.

Toutes proches, les Gymnodinium ont connu la même évolution : elles aussi restent infantiles et se nourrissent « par la bouche », mais elles perdent de surcroît l'aptitude à la synthèse chorophyllienne, et, par voie de conséquence, la paroi cellulosique accumulant les sucres. Il s'agit donc très exactement d'un animal cilié, d'un protozoaire qui se nourrit en emprisonnant des proies dans son corps cellulaire.

Que cet être vienne à perdre son cil, et le voici devenu une simple amibe captant ses proies par ses pseudopodes. Mais en s'enkystant, comme le font toujours les amibes pour échapper à des conditions de vie momentanément défavorables, cette amibe se met à ressembler étrangement au Cystodinium de départ, produisant même des spores ciliées tout à fait semblables. On comprend pourquoi les biologistes ont classé ces quatre types, à première vue très différents, dans le même groupe d'algues, les Péridiniens, qui illustrent, parmi bien d'autres exemples, combien est artificielle la frontière séparant l'animal du végétal chez les êtres microscopiques. Ce phénomène d'« animalisation » de cellules végétales a dû se produire maintes fois, et sans doute à partir de plusieurs groupes d'algues, au cours de l'histoire de la Vie, enracinant ainsi le monde animal dans plusieurs souches végétales.

Mais il peut se faire aussi que la perte de la chlorophylle ne s'accompagne pas de l'acquisition d'un mécanisme locomoteur par cil ni de l'aptitude à capter des proies solides. On passe alors à cet autre groupe issu des plantes vertes et dépourvu d'aptitudes chlorophylliennes : les champignons.

Champignons et animaux descendent donc par filiation directe du monde des algues, leurs ancêtres communs. Dépourvus de l'aptitude à la photosynthèse, ils ne peuvent que se nourrir de la matière vivante photosynthétisée par l'usine végétale. Les animaux herbivores se nourrissent directement de plantes par prédation. Les champignons inclinent davantage au parasitisme, vivant aux dépens de la plante qui les héberge, à moins qu'ils ne préfèrent tirer leur subsistance des cadavres animaux et végétaux qu'ils décomposent et dont ils recyclent les éléments par fermentation : plus encore que les bactéries, ils sont, à l'extrémité de la chaîne de la Vie, les agents spécialisés de la décomposition !

Nouveaux venus, nouvelles compétitions

Quant aux animaux, c'est par la respiration qu'ils consomment leurs aliments ; ceux-ci, préalablement réduits en menue monnaie dans l'intestin, passent dans le sang où ils entrent en contact avec l'oxygène de l'air qui les brûle en dégageant l'énergie nécessaire à l'entretien de la vie animale. Comme toute combustion chimique, biologique ou industrielle, celle-ci produit son déchet : le gaz carbonique, libéré par l'air expiré. Le mécanisme bien connu de la respiration fonctionne donc exactement à l'inverse de celui de la photosynthèse. Celle-ci consomme du gaz carbonique et dégage de l'oxygène, tandis que celle-là fait exactement l'inverse. Le nouvel équilibre qui s'établit illustre bien comment la Vie, depuis ses origines, répond à ses propres défis.

Jamais, en effet, les processus biologiques n'auraient pu se développer sans que soit résolu le problème fondamental du recyclage des déchets et du renouvellement des ressources disponibles. Tout laisse penser, on l'a vu, que la fermentation en l'absence d'oxygène libre est le processus le plus primitif mis en œuvre par les organismes vivants pour produire l'énergie nécessaire à leur vie : cette forme particulière de dégradation du glucose conduit au dégagement de gaz carbonique. Or, la fermentation s'alimentait des molécules élaborées dans l'atmosphère primitive de la Terre et concentrées dans les mers et les lagunes sous forme de bouillon riche en matière organique : la « soupe chaude » de Haldane. La fermentation aurait consommé toutes les ressources disponibles et transformé l'atmosphère en une épaisse couche de gaz carbonique, bloquant l'ensemble des processus de synthèse des molécules biologiques, si un remarquable système de recyclage ne s'était mis en place avec l'apparition des premiers organismes chlorophylliens, capables d'effectuer la photosynthèse. Ces organismes, des algues primitives, utilisèrent l'énergie solaire pour fabriquer de nouvelles molécules organiques complexes, en combinant précisément le gaz carbonique accumulé dans l'atmosphère par la fermentation avec l'eau des océans, et en rejetant de l'oxygène libre.

La teneur en gaz carbonique de l'atmosphère commença alors à diminuer (recyclage d'un déchet), tandis qu'elle s'enrichissait en oxygène, devenu à son tour le « déchet » de la photosynthèse. Ce déchet fut enfin recyclé avec l'apparition de ce nouveau mode de production d'énergie qu'est la respiration.

Ainsi s'établirent, dès les origines, les équilibres fondamentaux qui sont à la base de tous les processus vivants : les plantes rejettent de l'oxygène et absorbent du gaz carbonique pendant toute la durée de leur ensoleillement, enrichissant l'atmosphère en oxygène. Les animaux et les plantes (celles-ci par leur respiration nocturne) absorbent de l'oxygène et dégagent du gaz carbonique. Enfin, la fermentation, en décomposant, par bactéries et champignons interposés, cadavres et litières mortes, produit également du gaz carbonique. Les trois phénomènes s'équilibrent en maintenant constantes les proportions respectives des deux gaz dans l'atmosphère et le volume global des plantes et des animaux, désormais éternellement solidaires.

Ainsi sont bouclés les cycles des grands équilibres du monde vivant : le monde des fermentaires (bactéries et champignons), le monde des producteurs (les plantes), et le monde des consommateurs (les animaux).

Mais la Vie ne devait pas en rester là, car le passage de la bactérie à la cellule nucléaire n'était qu'une première étape décisive dans un processus de diversification et de complexification croissantes.

Vers la vie pluricellulaire

Plantes et animaux monocellulaires vont en effet améliorer puissamment leur organisation en passant au stade pluricellulaire. De ces amas de cellules, toutes issues d'un œuf unique, toutes identiques au départ, avant que l'âge ne les spécialise dans des organes et des fonctions déterminés, résultent les organismes les plus sophistiqués du monde vivant. Mais comment naquirent les premiers êtres pluricellulaires ?

A l'origine, la compétition fut sans doute très vive entre les bactéries et les premières cellules à noyau. La cellule à noyau est dangereuse pour les bactéries, car elle les capte et les dévore ; mais les bactéries se défendent par l'extrême rapidité de leur multiplication et leur aptitude à consommer toute nourriture disponible. C'est qu'elles disposent d'une riche panoplie d'enzymes qui leur permet de s'attaquer, pour s'en nourrir, aux substances les plus diverses. Il suffit de voir à quel point les cultures artificielles de cellules de plantes ou d'animaux sont menacées par la contamination bactérienne pour comprendre l'âpreté de la lutte entre cellules à noyau et bactéries. L'art qu'ont manifesté les cellules à noyau de rester accolées entre elles après leur division, pour former des êtres pluricellulaires possédant un milieu interne, un « dedans », n'est peut-être qu'un moyen de défense permettant aux cellules du centre de se spécialiser à l'abri de la compétition avec les bactéries. C'est ainsi que les très belles organisations de plantes et d'animaux supérieurs deviennent possibles, de même que la conquête de la terre et de l'air.

Mais les bactéries mobiles, omniprésentes, prolifiques, n'ont pas manqué de saisir l'occasion offerte par la prolifération des pluricellulaires pour conquérir, tout au moins à leur surface et dans leurs cavités accessibles, de nouveaux milieux : la peau, les muqueuses, le tube digestif sont des micro-milieux et des micro-climats idéals pour elles. Elles y vivent en équilibre avec les êtres supérieurs – équilibre certes fragile et toujours menacé, comme tout équilibre vivant : à preuve les perturbations et maladies consécutives à l'envahissement par les bactéries des terrains qu'elles occupent, voire de tout l'organisme – envahissement fatal au moment de la mort, lorsque le cadavre devient subitement l'enjeu et le siège de l'extraordinaire prolifération des bactéries de la décomposition.

La sortie des eaux

Les animaux ont poussé très loin dans la mer le perfectionnement et la complexification de leurs structures. La diversité des formes animales marines et le perfectionnement des poissons les plus évolués sont sans commune mesure avec l'archaïsme des algues planctoniques monocellulaires qui continuent à reproduire, à de minimes variations près, l'antique schéma d'organisation de leurs lointains ancêtres.

Dans la mer , les premières cellules animales dérivées des algues, ayant perdu la capacité d'effectuer la synthèse chlorophyllienne, étaient naturellement très défavorisées dans la compétition qui les opposait aux algues vertes. Tandis que ces dernières proliféraient activement, elles jouèrent donc la qualité. Se souvenant que l'union fait la force, que la ruse, l'astuce et la débrouillardise sont les armes nécessaires des faibles, elles passèrent promptement au stade pluricellulaire, permettant la construction d'organisations plus complexes et plus performantes. Ces premiers animaux marins devinrent ainsi les premiers herbivores, se nourrissant de ces algues insouciantes et innombrables qui continuaient mollement à reproduire sans imagination ce qu'on pourrait appeler le minimum architectural nécessaire pour effectuer la synthèse chlorophyllienne à partir de l'eau, du gaz carbonique et de la lumière, trois facteurs présents en abondance et pour lesquels n'existait aucun risque de pénurie ou de contingentement. Pour elles, c'était la vie facile ! Aussi les algues marines restèrent-elles planctoniques et servirent-elles de nourriture à des animaux de plus en plus perfectionnés.

Mais ce qui était un avantage tant que la Vie se perpétuait exclusivement dans le milieu marin devint un grave inconvénient lorsqu'il fallut, pressé probablement par la grande sécheresse de l'ère silurienne, s'adapter bon gré mal gré à un mode de vie terrestre.

Les poissons eurent sans doute moins de difficultés à devenir amphibiens que les algues planctoniques à devenir des plantes modernes. Certes, la crise qui modifiait le niveau des eaux, laissant subsister des marécages, imposait aux poissons de transformer, pour survivre, leur vessie natatoire en poumons et leurs nageoires en pattes. Certains ne réussirent que l'une ou l'autre de ces adaptations : ils moururent, comme l'exige cruellement la Vie pour tout être insuffisamment adapté ou totalement inadapté au monde qui l'entoure. Ceux qui réussirent cette double performance devinrent les ancêtres des Amphibiens puis, poursuivant la lignée, des Reptiles, des Mammifères et finalement des Hommes.

Les algues planctoniques, au contraire, durent sans doute éprouver des difficultés beaucoup plus grandes pour acquérir dans un premier temps la structure pluricellulaire des algues du littoral, et dans un deuxième temps les structures et modes de vie des plantes terrestres. Le littoral rocheux est sans doute le lieu privilégié où la vie végétale passa à l'organisation pluricellulaire. C'est, de fait, sur les rochers que la vague déferlante projette sans cesse l'algue monocellulaire. Comment éviter ces impacts brutaux, provoqués par chaque mouvement du ressac, sinon en se fixant une fois pour toutes aux aspérités de la roche ? Encore faut-il pouvoir s'agripper à ce support sans en être arraché par la vague suivante ; et, pour ce faire, on voit la cellule planctonique former par divisions successives de son unique cellule un tissu cohérent capable de l'ancrer solidement à son support. Ainsi l'organisation pluricellulaire « naquit-elle de la nécessité » ; et les algues diversifièrent généreusement leurs structures et leurs espèces sur les littoraux qui devinrent en quelque sorte le tremplin et l'étape nécessaires vers la conquête de la terre ferme.

Comment la vie végétale passa-t-elle ensuite de l'organisation des algues pluricellulaires littorales à celle des plantes familières ? Nul ne saurait le dire avec précision, car les fossiles nous manquent et, avec eux, les documents qui seuls permettraient de reconstituer une étape peut-être à jamais effacée de la mémoire de la terre : celle qui va du stade de l'algue à celui de la plante verte terrestre.

On sait toutefois que les plantes sortirent de l'eau avant les animaux : d'abord les mousses, bien qu'aucun fossile ne l'atteste avec certitude, puis les premières plantes à vaisseaux, dont les fossiles ont été conservés dans des marécages vieux de 430 millions d'années.

Les animaux mangeurs de plantes ne vinrent qu'ensuite, d'abord sous la forme de Collemboles, insectes sans ailes émergeant sur la terre ferme voici 400 millions d'années, et que l'on retrouve encore presque identiques à eux-mêmes aujourd'hui. Vinrent enfin les premiers vertébrés, conquérant des sols déjà généreusement verdis par les plantes, et donc nourriciers. L'Ichtyostéga, dont le squelette retrouvé au Groenland remonte à 340 millions d'années, est sans doute l'une des toutes premières grosses bêtes à avoir fait le saut, suivie par les cohortes d'Amphibiens qui devinrent ensuite reptiles, mammifères, hommes enfin !

Quoi qu'il en soit, plantes et animaux, il y a quelque 350 millions d'années, évoluaient déjà à la surface des terres émergées, constituant entre eux les premiers systèmes écologiques à l'équilibre fondé sur leurs interrelations, leurs rapports mutuels.

CHAPITRE 2

Les pionniers

La conquête de la planète par la Vie fut une épopée à épisodes multiples et tumultueux. Car la Vie se fait et se défait dans ce mouvement permanent de morts et de résurrections qui est à l'image même de nos propres existences sans cesse menacées, sans cesse renouvelées. Aucune conquête n'est définitive, aucune installation permanente, aucune situation jamais acquise. La lutte immémoriale de la Vie contre le roc aride, le torrent de lave dévastateur, la submersion sous des flots déchaînés, offre maintes leçons à méditer, bousculant, pour qui sait voir, le confort matériel et intellectuel des systèmes qui penseraient pouvoir installer en ce monde des demeures éternelles...

Le message de la Vie confrontée aux éléments nous invite à une lecture « initiatique » de notre existence, à la découverte et à la connaissance de lois dont nous devons faire l'apprentissage au prix de dures épreuves. Car tel est le prix du devenir et du grandir de l'homme ; et plus encore pour ceux qui, marchant à la tête de la troupe, s'en veulent les guides ou les pionniers...

La guerre de la terre, de la mer et du feu

Depuis ses origines, la Terre n'a cessé de remodeler son visage. Au cours de son dernier million d'années, de profondes modifications climatiques stérilisèrent des millions de kilomètres carrés par la progression des glaciers. Sous la pression des banquises, le front de la vie végétale et animale recula de plusieurs milliers de kilomètres. L'Amérique du Nord, le Nord de l'Europe disparurent sous d'énormes couches de glace, et cela au moins par quatre fois en ce million d'années ! Ces fleuves de glace érodèrent et décapèrent les sols, découpant dans les paysages, avec une majestueuse lenteur, les fameuses vallées en U, si caractéristiques, aujourd'hui encore, des reliefs glaciaires. Le niveau des mers s'abaissa à chaque nouvelle poussée glaciaire, les masses d'eau se réduisant au profit des masses de glace : le tracé des littoraux s'en trouva modifié, dégageant de vastes superficies de sables et de galets offertes à la reconquête végétale et animale. Puis le réchauffement des climats entraîna, avec la fonte des glaces, une remontée du niveau des eaux qui engloutirent à nouveau de vastes territoires, comme la Manche par exemple, séparant il y a moins de 15 000 ans l'Angleterre du continent.

Ainsi la terre et la mer se livraient-elles une guerre sournoise, dont la vie dut à maintes reprises faire les frais. Mêmes combats entre la terre, l'eau et le feu ! Sans que rien les laisse prévoir, de brusques éruptions volcaniques ensevelissent sous des milliers de tonnes de lave et de poussière des îles entières, ou font surgir au cœur des océans ou des continents de nouveaux archipels ou de nouveaux reliefs.

A ces causes naturelles s'ajouteront bien entendu les actions humaines, renforcées par les outils exigés pour les grands travaux de génie civil : de vastes superficies sont nivelées par des norias de bulldozers et de scrappers ; ces formes nouvelles d'agression, sorte d'épluchage de la Terre, mettent à nu les couches superficielles ou la roche mère. Bref, dans tous les cas, la Vie est subitement détruite, anéantie. Défaite provisoire, car la Vie est tenace, pugnace. Que les conditions s'améliorent un tant soit peu, et la voici qui se réinstalle à nouveau. Telle une armée disciplinée au service d'une grande cause, elle occupe le terrain par étapes successives en envoyant d'abord ses avant-gardes : les pionniers. Ceux-ci s'installent aux postes avancés, avec pour mission de créer les conditions minimales indispensables à l'installation du gros de la troupe. Ainsi, la mission des pionniers est-elle héroïque, mais peu enviable. Ils vont devoir, généralement au péril de leur vie, sur les frontières des banquises et des glaciers, ou sur des laves et des vases totalement stériles, conquérir des milieux hostiles et ingrats où les conditions sont à l'extrême limite du supportable, du vivable.

Altitude et latitude

Le repeuplement des sols libérés par le recul des banquises sous les hautes latitudes ou par le recul des fronts glaciaires en montagne reproduit, certes à moindre échelle, le scénario initial de la conquête de la planète par la Vie. Ainsi ce qui s'est passé jadis peut-il être mieux compris en observant ce qui se passe aujourd'hui dans l'espace : espace horizontal ou vertical, selon qu'il s'agit de banquises polaires ou de glaciers montagnards.

Le recul annuel de la banquise au Spitzberg, en Islande ou au Groenland, laisse un sol gorgé d'eau, bientôt reconquis par les mousses. Il est probable que les mousses firent partie des tout premiers contingents qui, il y a plusieurs centaines de millions d'années, établirent les premières têtes de pont sur la terre ferme, au moment de la grande conquête des continents par la Vie : des contingents d'infanterie de marine, en quelque sorte. Les mousses, descendantes directes des algues vertes marines, ont d'ailleurs conservé bien des caractères de leurs ancêtres, ne serait-ce que leur totale dépendance vis-à-vis du milieu aquatique qui seul autorise leur reproduction par spermatozoïdes nageurs. Sur ces sols que la fonte des glaces imbibe profondément, les mousses représentent par excellence, et comme jadis, les pionniers du monde végétal. Ces pionniers, si frustes soient-ils, obéissent déjà aux lois de l'écologie qui assignent à chaque espèce, en fonction de son tempérament, le milieu qui lui convient le mieux : sur des sols très minéralisés et gorgés d'eau fluente, les *Philonotis* et les *Cratoneuron* trouvent leurs conditions optimales d'épanouissement. Dans les zones déprimées où les eaux se rassemblent et stagnent et où le degré de minéralisation est plus faible, les sphaignes trouvent à leur tour leur milieu de prédilection : l'évolution s'oriente alors vers la formation de ces vastes amas de mousses en constante évolution que sont les tourbières.

Dans les régions montagneuses, sur les fronts glaciaires, les eaux fluentes ou stagnantes offrent des conditions de vie très similaires où l'on rencontre d'ailleurs les mêmes espèces de mousses pionnières à la conquête des sols libérés et gorgés d'eau.

Mais, en montagne, le recul des glaciers laisse souvent de vastes ensembles chaotiques de roches dénudées et arides, dont le premier stade de reconquête est cette fois l'incrustation par des lichens. Ces êtres frustes et peu exigeants ont l'art et la manière de coloniser les milieux les plus hostiles. Il n'est de roche, de mur, de toit ou de béton qui ne finisse par succomber sous l'attaque de ces pionniers extraordinairement conquérants et ubiquistes.

Le déferlement des vagues successives de lichens

Les lichens sont une étrangeté de la nature. Chacun est un être double, associant en union étroite une algue et un champignon. Si l'algue peut vivre libre et indépendante, le champignon, en revanche, ne le peut pas, ou qu'exceptionnellement. Il lui faut à tout prix trouver « son algue » pour exister : célibataire, il est condamné à dégénérer et à mourir, mais associé à l'algue, il invente avec elle un nouveau mode de vie, la vie symbiotique, sorte d'alliance étroite au bénéfice mutuel des conjoints. L'algue verte fait, comme il se doit, la photosynthèse et le champignon l'enveloppe et la protège contre les risques d'agression ou de déshydratation, tout en lui apportant les aliments minéraux nécessaires. Ainsi, dûment mariés pour le meilleur et pour le pire, l'algue et le champignon, sous la forme de ce que nous nommons lichen, sont-ils prêts à affronter les conditions de vie les plus sévères. Et cette étrange symbiose existe à 18 000 exemplaires : c'est le nombre des espèces de lichens dénombrées à ce jour, chiffre vraiment impressionnant et qui donne l'exemple de la manière dont la nature tire au maximum profit d'une invention astucieuse ; la formule lichen étant au point, elle en crée aussitôt 18 000 prototypes différents !

Pionnier parmi les pionniers, le lichen géographique [1] incruste de ses taches vert-jaune la surface minérale de la roche à laquelle il adhère intimement, faisant littéralement corps avec elle. Il produit par photosynthèse les toutes premières traces de matière vivante qui forment sur la roche nue les premières ébauches de sol. Mais, comme tous les pionniers, il ne travaille pas pour lui-même ; car en effectuant cette tâche obscure dans les conditions les plus sévères, il prépare la venue de ses successeurs, en l'occurrence d'autres lichens, légèrement plus exigeants que lui ; ceux-ci trouveront dans le modeste stock d'aliments organiques et minéraux accumulés les conditions permettant leur propre implantation.

---

1. *Rhizocarpum geographicum.*

Ainsi s'installe la deuxième vague des lichens, celle des lichens foliacés, ressemblant à une feuille fixée à même la roche. Parmi ceux-ci, chacun aura repéré, sans les nommer il est vrai, les taches lichéniques jaune vif [1] ornementant les rochers aux premiers stades de la colonisation du monde minéral.

Mais les lichens foliacés sont à leur tour éliminés par plus fort qu'eux : les lichens arbusculeux dont l'allure simule de minuscules arbustes [2]. Ainsi, dans la chaîne de la vie, le lichen incrustant travaille pour le foliacé qui ensuite l'élimine ; puis vient l'arbusculeux qui, à son tour, élimine les deux précédents tout en profitant du travail de défrichage sommaire qu'ils auront effectué en fixant une humble couche d'humus sur le rocher aride. Les végétaux, on le voit, se battent entre eux, formant des chaînes dont les maillons se substituent les uns aux autres au fur et à mesure de l'évolution progressive de la végétation.

Le grand entomologiste français Henri Fabre avait bien saisi la portée de l'œuvre des lichens lorsqu'il écrivait, sans doute en pensant à eux : « Sur la planète des premiers âges, admettons une plante pour défricher le roc, un puceron pour exploiter la plante : cela suffit. L'alchimie vitale est fondée, les créatures de haut rang sont possibles : l'insecte et l'oiseau peuvent venir, ils trouveront banquet servi ».

Mais le rôle des pionniers est ingrat. Ils ne se maintiennent que lorsque les conditions restent assez médiocres pour qu'aucun compétiteur ne vienne les déloger : c'est ce qui se passe pour les lichens quand la paroi est verticale, ou l'escarpement abrupt, au point qu'aucune rétention de poussière ou de sol n'est possible. Qu'une anfractuosité de la roche ou un profil plus horizontal

---

1. *Xanthoria parietina.*
2. *Cladonia* et *Umbilicaria* notamment.

permette en revanche l'accumulation par les tout premiers arrivés d'un petit stock de matière organique, embryon de sol, et aussitôt la compétition s'engage, éliminant les pionniers au profit du gros de la troupe. Les lichens fruticuleux entrent alors en compétition avec les mousses qui installent leurs coussinets sur le rocher et accumulent suffisamment de sol pour permettre aux premières plantes à fleurs de prendre place à leur tour : les Sedum d'abord, ces minuscules plantes grasses dont les feuilles ont la sagesse de faire de vastes réserves d'eau en raison même des conditions d'existence difficiles de ces milieux encore sévères où les racines ne puisent que fort peu de ressources. Viennent ensuite des plages d'herbes annuelles et particulièrement des fétuques dont les épis grelottent au vent vif de ces escarpements. A ce stade de l'évolution, les lichens sont déjà pratiquement éliminés, comme il sied à des pionniers qui ont accompli leur tâche et dont la mission est terminée.

Le sort tragique des pionniers

La nature, on le voit, n'est guère plus reconnaissante à ses pionniers que les humains ne le sont à l'égard des leurs. On n'en finirait pas d'établir la liste de tous ceux qui furent, dans des conditions extrêmes, historiques ou géographiques, les premiers points forts d'enracinement ou de réenracinement de la vie sociale et que leurs successeurs éliminèrent promptement, venant à point nommé moissonner ce qu'ils avaient semé ; et le mot « éliminer » est à prendre ici dans le sens premier qu'on lui donne généralement dans les romans policiers ou d'espionnage : il s'agit de la disparition physique pure et simple de l'individu en question !
La France et l'Angleterre n'allèrent pas jusque-là lorsqu'elles éliminèrent ces pionniers que furent,

lors des Première et Deuxième Guerres mondiales, des hommes aussi prestigieux que Clemenceau, Churchill ou de Gaulle. Prenant leurs responsabilités dans des conditions extrêmes où tout compétiteur avait disparu, tant était alors peu enviable le rôle des gouvernants, ceux-ci furent éliminés après coup par l'émergence d'hommes politiques « ordinaires », dès lors que la situation de leur pays était redevenue, grâce à eux, acceptable. Mais que dire aussi de ces Kerenski qui devinrent, çà et là, toujours à leur corps défendant, les fourriers du communisme ? Tous furent promptement éliminés par ceux-là mêmes qu'ils considéraient comme leurs alliés et qui s'avérèrent rapidement de dangereux compétiteurs. Les Évangiles nous fournissent également un beau prototype de pionnier en la personne de Jean-Baptiste, si lucide sur son propre rôle qu'il se désigne lui-même comme celui qui vient « pour préparer les voies du Seigneur », puis s'efface devant Celui dont il ne se jugeait pas même « digne de dénouer les lacets des chaussures ». Et celui-là, Jésus de Nazareth, fondateur et pionnier du christianisme, connut à son tour le sort dramatique que l'on sait. Le sort de ses premiers disciples ne fut guère meilleur. Il fallut quelques siècles pour que, les pionniers décimés, le christianisme s'installe dans la situation confortable inaugurée par la conversion de Constantin. Et malheur à qui venait alors troubler l'ordre établi ; François d'Assise, entre tant d'autres, en fit la dure expérience : revenant des croisades à la Portioncule près d'Assise où étaient réunis les frères qu'il avait rassemblés jadis, il se vit pratiquement éliminé par l'un deux, frère Élie, plus organisateur, plus « manager », moins « dans les nuages » que lui ; ce qui l'amena à se réfugier dans la vie érémitique – autre pionnier, autre victime de ceux pour lesquels il avait défriché...

L'obligation de réserve nous dispensera de choisir des exemples plus proches de nous... disons, plus personnels ! Mais qui n'a vu, qui n'a assisté aux tentatives, toutes morales certes, de mise à mort d'un pionnier ou de son œuvre, tombant sous le coup de réglementations tatillonnes et pointilleuses, dont on sait qu'elles finissent souvent – heureusement pas toujours – par avoir le dernier mot, fortes qu'elles sont, de surcroît, de l'appui massif du gros de la troupe ! La plupart des grandes inventions techniques ou institutionnelles durent à l'audace de quelques pionniers la chance de voir le jour, sous les critiques et les ricanements plus ou moins affichés de leurs contemporains. Ce n'est généralement qu'après leur mort que justice leur fut rendue ; ce qui ne signifie d'ailleurs pas que leur œuvre se perpétue pour autant. On sait trop combien le poids des atavismes, des systèmes « en exercice », a l'art de rogner peu à peu l'originalité des initiatives pour rétablir tôt ou tard l'équilibre moyen. Les démocraties nous en donnent maints exemples : les « événements » de Mai 68 firent fleurir dans les universités de nombreuses et parfois fécondes initiatives qu'une décennie plus tard le climat universitaire moyen avait à nouveau complètement « digérées ». Le résultat en fut qu'en moyenne, tout alla plutôt un peu plus mal... Les démocraties dites populaires font mieux encore : leur effrayante et monstrueuse stabilité, campée sur les prétendus « acquis » du communisme, se maintient par la répression brutale et continue de toute novation.

Tragique, en vérité, est le sort du pionnier, dont la mission est d'ouvrir un chemin à la Vie. Mais sait-il, ce misérable, que viendront toujours après lui récupérateurs et profiteurs ? Car telle est la dure loi de la Vie qu'accomplit et abolit tout à la fois, mystérieusement et prophétiquement, Celui qui eut la folie de dire, voici deux mille ans : « Bienheureux les pauvres, bienheureux les persécutés... » Oui, bienheureux les pionniers, brocardés, rejetés, solitaires, ceux qui trouvent mal leur place ici parce qu'ils sont d'ailleurs !...

Car sans les pionniers, la Vie risquerait de disparaître sur de vastes régions du globe. Les pionniers entreprennent, n'hésitent pas à prendre des risques, à placer les premières mises, afin d'enclencher le processus de reconquête. Mais s'ils sont généralement les plus frustes, les plus résistants et les moins exigeants, il arrive aussi qu'ils soient les plus mobiles, comme l'illustre la célèbre histoire du Krakatoa.

Le Krakatoa, cent ans après

Cet archipel est formé de plusieurs îlots situés à la sortie du détroit de la Sonde, à 40 km de Java et de Sumatra. Ces îlots sont les restes d'un ancien volcan effondré ; ils étaient couverts, comme les îles environnantes, d'une dense forêt équatoriale qu'un violent réveil volcanique détruisit entièrement en 1883. En mai de cette année-là, les premières éruptions inondèrent d'abord l'archipel de cendres et de laves, puis, le 27 août, l'îlot principal éclata dans une gigantesque explosion, submergeant sous des débris incandescents l'archipel tout entier. Celui-ci fut entièrement stérilisé, et l'on put prouver avec certitude que toute trace de vie en avait disparu, tandis qu'un immense nuage de cendres volcaniques fit plusieurs fois le tour de la Terre.

Aujourd'hui, un siècle plus tard, les îlots du Krakatoa sont à nouveau recouverts d'une végétation dense, quoique encore différente de celle des forêts équatoriales, car le processus de régénération n'est pas encore achevé.

Les botanistes ont suivi avec beaucoup d'attention et à intervalles réguliers les étapes de la reconquête végétale. S'agissant d'îlots, firent figure de pionniers les espèces les plus aptes à disséminer leurs spores ou leurs graines à partir des terres voisines, distantes d'environ 50 km. On comprend par conséquent que dès 1886, un fort contingent de fougères avait réussi à implanter sur les îlots de l'archipel des têtes de pont : l'extrême légèreté de leurs spores, que le vent dissémine comme de la poussière, leur confère un grand pouvoir de diffusion. Quatre espèces d'Orchidées, dont les graines sont légères comme des spores, firent partie du même contingent ; on ne s'étonne pas, vu la légèreté de leurs graines, qu'une impressionnante collection d'orchidées ait pu être observée sur ces îlots quelque cinquante ans plus tard. On observa également très tôt l'implantation sur les littoraux de ces îles d'associations végétales formées d'espèces qui disséminent leurs graines par voie maritime, et que l'on trouve sur toutes les plages tropicales, comme par exemple le cocotier, lui aussi promptement arrivé. Est donc pionnière l'espèce la plus apte à se transporter sur le front à conquérir, ce qui n'exclut pas pour autant, ici, le rôle traditionnel des mousses et des lichens, quoique les conditions d'aridité soient atténuées par la chaleur et l'humidité du climat, facteurs favorisant puissamment l'implantation végétale. L'aptitude à se rendre sur place, le transport des troupes, a pris une importance au moins aussi grande que l'aptitude desdites troupes à prendre position sur le territoire à occuper.

Des phénomènes volcaniques du même type produisent périodiquement, en Islande, des dégâts analogues. Mais la reconquête s'effectue dans des conditions toutes différentes : s'agissant d'un volcanisme survenant dans un ensemble géographique terrestre, le franchissement des mers par les graines ou les spores ne s'impose plus ; les conditions climatiques sont par ailleurs radicalement opposées. La mécanique du repeuplement a pu être observée avec beaucoup de finesse dans le cas notamment du volcan Ekla. Les mousses jouent naturellement un rôle essentiel dans ces territoires appartenant à la zone des toundras, immenses steppes basses de mousses et de lichens aux confins des banquises boréales. Puis, la mousse ayant reconstitué les premiers éléments du sol, les saules nains, ces arbres minuscules qui, avec quelques centimètres de hauteur, détiennent le record de petitesse des arbres, s'implantent à leur tour. L'Ekla réitérant assez fréquemment ses colères, chaque coulée de lave est soigneusement datée et l'on peut comparer les différents stades de la reconquête en étudiant la flore et la végétation de chaque coulée. Le repeuplement est naturellement très lent en raison de la rigueur du climat.

Et Surtsey vingt ans après

L'Islande offre aussi de spectaculaires exemples de volcanisme océanique. Le 14 novembre 1963 vers sept heures du matin, un cratère en fusion surgit de l'océan, crachant lave et fumée, atteignant 72 mètres d'altitude en six jours. Quatre ans plus tard, le 5 juin 1967, le volcan atteint 173 mètres et se calme enfin – il est devenu une île déserte, mesurant deux kilomètres et demi de diamètre : l'îlot de Surtsey.

Alors commence une fabuleuse aventure : la reconquête par la Vie de cet îlot de pierre refroidie. Afin de l'observer dans ses conditions naturelles, on l'interdit au public, n'autorisant son accès qu'à de rares botanistes. Ceux-ci ne débarquent dans l'île qu'après s'être assurés de n'avoir pas sur eux la moindre particule organique, la moindre graine sur leurs chaussures. Chaque année, ils repèrent l'arrivée des graines, larguées par un oiseau, amenées par le vent ou voyageant clandestinement avec les œufs d'une raie.

En 1976, dix espèces de plantes côtières ont déjà réussi à débarquer sur l'île : pratiquement une par an. La première pâquerette apparaît en 1977 !... La vie animale débarque elle aussi : la première mouche a été signalée en 1964. Et en 1966, une araignée, se servant de son fil comme d'un aérostat, s'est parachutée en douceur sur l'île, venant probablement d'Europe...

La population des bordures d'autoroute

Mais laissons ces exemples extrêmes et spectaculaires et revenons prosaïquement à la région tempérée où, sous nos climats, d'autres pionniers vivent à nos côtés sans même que nous les remarquions. Il suffit pourtant d'observer l'ardeur étrange avec laquelle prolifèrent subitement coquelicots, moutardes ou camomilles sauvages, sur les talus d'autoroutes fraîchement découpés dans le paysage, et plus particulièrement à travers des terres agricoles. Dès l'achèvement des grands travaux de génie civil, c'est une subite invasion par ces pionniers littéralement surgis du néant. Ainsi, au cours de l'été 1976, à Thionville, une extra-ordinaire floraison de coquelicots colorait d'un rouge sang les bords d'un boulevard périphérique récemment taillé à travers champs, et annonçait curieusement le virage au rouge de l'hôtel de ville qui se produisit l'année suivante [1]...

On sait aujourd'hui que le sol stocke des quantités impressionnantes de graines de ces espèces annuelles qui, à la faveur d'un grand bouleversement, trouvent des conditions favorables à leur germination. D'où ces proliférations spontanées qui brus-

1. Le lecteur comprendra qu'il s'agit ici d'une simple analogie, purement anecdotique, les deux faits en question n'ayant évidemment aucun rapport entre eux ! Il en est tout autrement des nombreux passages du biologique au social qui émaillent ce livre, et qui sont cette fois des homologies, fondées sur les harmonies et les correspondances régissant les divers niveaux d'organisation de l'univers.

quement rougissent ou jaunissent le paysage un ou deux mois après que les gros engins de terrassement, souvent jaunes également, ont quitté le chantier. Mais ces pionniers s'essoufflent promptement, et, dès l'année suivante, laissent place à des plantes de friche, moins spectaculaires et plus discrètes, telles qu'armoise, tanaisie, eupatoire, etc. Là encore, la tâche du pionnier aura été transitoire mais utile, puisqu'elle aura permis l'installation en toute quiétude de leurs successeurs sur des sols complètement bousculés qu'ils auront, en les irriguant de leurs racines et en les enrichissant de leurs cadavres, légèrement améliorés.

Les pionniers apparaissent donc comme des individus perpétuellement menacés, à moins que les conditions extrêmes dans lesquelles ils végètent ne se perpétuent, auquel cas aucun compétiteur n'ose poindre à l'horizon. Il s'agit alors de « pionniers permanents », qui demeurent aussi longtemps que persistent les conditions de vie sévères qui sont les leurs. Ainsi la violette de Rouen colonise des éboulis crayeux sur lesquels toute vie végétale est pratiquement proscrite, car la raideur de la pente et la friabilité du matériau renouvellent sans cesse ces éboulis, empêchant toute formation de sol. Cette violette occupe seule ces milieux instables, puisque aucune autre plante ne peut y prendre pied et moins encore s'y maintenir ; en revanche, on ne la trouve nulle part ailleurs, preuve d'une extrême spécialisation qui exclut de sa part toute compétition avec d'autres espèces – compétition dont, transplantée ailleurs, elle ne manquerait pas de faire les frais.

Les « pionniers spécialisés permanents » ont leur équivalent parmi les populations humaines où ils sont à rechercher dans ces groupes très marginaux qui se maintiennent dans des conditions extrêmes, hors de toute compétition avec d'autres groupes humains. C'est le cas, par exemple, des esquimaux ou de certaines tribus indiennes d'Amazonie ou de

Nouvelle-Guinée, immédiatement menacées dès qu'elles entrent en contact avec de nouveaux venus sur leur territoire.

La population des murailles...

Les quelques espèces végétales qui réussissent à coloniser les murs verticaux illustrent également cette notion de « pionnier spécialisé permanent ». La verticalité empêche toute rétention durable de sol, et seules subsistent des espèces extrêmement frustes, capables de se contenter des maigres ressources accumulées dans les anfractuosités. Cette flore des vieux murs présente une étonnante homogénéité : on y trouvera toujours deux fougères [1] et, parmi les plantes à fleurs, la très délicate linaire cymbalaire aux feuilles en forme de cymbales et aux fleurs violettes longuement éperonnées ; le muflier, très proche de la précédente par sa fleur en gueule-de-loup, mais sans éperon ; la pariétaire, dépourvue de toute grâce par ses fleurs sans corolle, rappelant celles de l'ortie, mais omniprésente et baptisée à ce titre casse-pierres ou passe-muraille ; le centranthe, originaire du Midi, subspontané ou naturalisé dans presque toute la France ; sans oublier la giroflée aux magnifiques fleurs jaune d'or et au parfum enivrant : introduite par les croisés, elle occupe toujours les murs des châteaux féodaux où elle s'installa jadis, venue d'Orient.

Toutes ces espèces et quelques autres persistent en bonne intelligence, à l'abri de toute concurrence, dans ces milieux sévères où elles sont en quelque sorte chez elles ; mais elles ne résistent pas mieux à l'effondrement des murailles qu'elles colonisent que n'y résistaient jadis les châtelains

---

1. L'*Asphenium ruta muraria* et le *Ceterach officinarum.*

eux-mêmes. Ces pionniers sont en effet promptement éliminés des décombres et des gravats, dès lors que la disparition de la verticalité permet la formation d'un sol, par conséquent la reconquête par des populations végétales plus riches et plus diversifiées. Comme dans l'histoire humaine, la dynamique révolutionnaire des populations, fussent-elles végétales, se met promptement en marche lorsque les murs des bastilles s'effondrent.

... Et la population des plates-bandes

Certaines espèces enfin doivent leur statut de pionniers à l'obstination que mettent les hommes à le leur conserver. Il suffit d'observer l'évolution spontanée d'une plate-bande fraîchement bêchée, désherbée et ratissée. Avant même que les toutes premières plantules de radis, de carotte, de laitue, de pois ou de haricot ne percent le sol et n'exhibent leurs deux cotylédons – à moins que ce ne soient des oignons ou des poireaux, et il n'y en a alors qu'un seul –, une ardente population de « mauvaises herbes » s'empare du terrain et l'envahirait promptement si l'on n'y prenait garde.

Le plus humble amateur de jardinage, muni d'une flore pour débutants, saura reconnaître dans cette végétation commensale de nos jardins, si banale qu'on finit par ne plus lui prêter attention, un cortège d'espèces, toujours les mêmes, que l'on s'amusera à repérer pour mettre des réalités derrière les mots, et aussi par goût de l'exercice, car cet ouvrage se voudrait incitatif : la bourse-à-pasteur, caractéristique par ses hampes florales et fructifères dressées, à l'air un peu déplumées, portant des fruits aplatis en forme d'urnes bilobées ; les deux mourons, le blanc et le rouge ; la petite véronique aux délicates fleurs bleues veinées de blanc ; l'ortie piquante ; la mercuriale annuelle ; le lamier pourpre et le petit Poa. Cette vague printanière, qui précède parfois – statut de pionnier exige – et toujours accompagne la levée des semis, est suivie par une deuxième vague, estivale celle-ci, où les chénopodes et les amarantes viennent se joindre aux premiers venus. Seul un bon désherbage protégera les semis de ces ardents pionniers dont les graines, à chaque bêchage, réensemencent le jardin pour l'année suivante. Ainsi, le cycle se poursuit-il indéfiniment jusqu'à ce que l'homme se fatigue le premier et laisse en friche tout ou partie du terrain. Ces espèces, toutes annuelles, seront alors bannies et remplacées par un cortège d'espèces bisannuelles ou vivaces, parmi lesquelles prendront rapidement le dessus, sur sol riche, les orties, l'armoise, des Graminées comme la houlque ou le dactyle ; et sur les sols moins riches, des espèces bisannuelles comme le bouillon-blanc ou la vipérine. Cette seconde génération, après avoir éliminé les pionniers, marque l'enclenchement d'une dynamique végétale qui aboutira normalement à l'installation – des décennies, voire des siècles plus tard – d'une forêt ; celle-ci s'installe au terme d'un processus de remplacements successifs d'espèces qui apparaissent puis s'éliminent les unes les autres, dans un ordre et selon une chronologie bien déterminée, jusqu'à ce qu'un équilibre permanent finisse par s'établir. Dans nos régions, cet état d'équilibre correspond pratiquement toujours à la forêt.

CHAPITRE 3

Les conquêtes

L'homme urbain, prototype le plus récent de notre espèce façonnée par la société industrielle, se fait de la campagne une idée où les mythes, quand ce ne sont point les stéréotypes, l'emportent largement sur les réalités. La campagne, c'est la nature ; la ville, ce sont les hommes ; ici la permanence des paysages ; là, la mouvance et le grouillement des foules, le remodelage constant des structures urbaines.

Pourtant, la nature sauvage a disparu d'Europe occidentale depuis des siècles déjà, sauf en quelques rares localités : tourbières ou marécages, réserves naturelles ou sites de haute montagne. Ailleurs, l'homme a façonné la nature selon ses désirs et à son profit, la marquant profondément de son empreinte et de ses pratiques ; d'où des paysages en perpétuel changement, en constante évolution. Évolution due à l'homme lui-même lorsqu'il s'agit d'élevage ou de culture ; évolution plus proche des dynamiques naturelles lorsqu'il s'agit par exemple du repeuplement d'une forêt après un incendie, ou de la conquête des sols après une régression marine.

La nature nous impose donc l'idée de changement, concept puissamment symbolique et mobilisateur que la société récupéra à son tour pour en faire le slogan permanent de ses hommes politiques.

Or, le fait que la nature change est loin d'être évident pour tous ! Pourtant les paysages évoluent lentement et continûment sous nos yeux, et cette évolution peut être saisie aussi bien dans l'espace que dans le temps. Le premier cas correspond par exemple à la colonisation des dunes littorales ; le second à la colonisation d'une roche nue. Dans les deux cas, l'évolution aboutit toujours à l'installation d'une forêt, mais selon des voies différentes en raison des caractéristiques, différentes également, des points de départ : ici la plage ; là, le rocher.

Des plantes à l'abordage

L'observation fine de la végétation des dunes maritimes offre un exemple saisissant de la remarquable efficacité des conquêtes végétales. En allant du bord de mer à la forêt qui couvre l'arrière-littoral, on parcourt une succession de groupements végétaux très typés, exprimant chacun les conditions particulières du milieu qu'ils occupent.

D'abord la plage de sable complètement nue ; lieu de rêve pour le vacancier en quête de soleil et de détente, elle cache sous cette trompeuse apparence une farouche hostilité à toute implantation végétale, si misérable et timide soit-elle. Le paradis du baigneur – mais il ne fait pas la photosynthèse, lui ! – c'est l'enfer pour la plante ! Car s'il existe un enfer pour les plantes, ce n'est certes point l'« enfer vert » des forêts tropicales, qui serait plutôt le paradis de leurs exubérances, mais bien ces sables arides, ceux des plages s'avérant encore plus redoutables que ceux des déserts. Nul pionnier, si audacieux soit-il, ne peut supporter le rythme des inondations biquotidiennes dues aux marées, ainsi que la forte concentration en sel et, surtout, l'absence complète de sol organique. La texture du sable en fait un substrat particulièrement défavorable à la vie végétale ; car ce n'est pas vraiment un sol, seulement un granulat inerte dépourvu de tout élément nécessaire à la vie. Le sol, au contraire, est une matière complexe, structu-

rée, où s'imbriquent des substances minérales nutritives, des matières organiques provenant de la
décomposition des plantes – notamment l'humus –
et des êtres vivants innombrables, des bactéries aux
vers de terre qui le travaillent et le fécondent. Bref,
la plage, c'est du sel, mais pas de sol ; de l'eau, mais
avec des coupures à chaque marée basse. Dans de
telles conditions, aucune plante ne saurait survivre.

Il faut franchir quelques mètres, atteindre le haut
de la plage, là où la mer ne vient qu'occasionnellement, pour voir poindre les premiers pionniers.
Ceux-ci recherchent le niveau des plus fortes marées
qui ont déposé des cadavres d'algues ou d'animaux
ainsi que divers déchets et matériaux organiques.
Ces « laisses de mer » simulent une ébauche de sol,
encore salée certes, mais déjà exploitable par ces
pionniers très spécialisés que sont les représentants
de la famille des Chénopodiacées, dont les membres
se singularisent par leur aptitude à coloniser des sols
très chargés en minéraux ; c'est pourquoi l'on trouve
leurs représentants dans les déserts salés du monde
entier, mais aussi sur les plages où les Atriplex et
les Salsolas maritimes s'installent courageusement
avec une petite Crucifère : la *Cakile*. Ces espèces ne
sont représentées que par quelques individus im-
plantés çà et là en ordre très dispersé sur les laisses
de mer : l'Atriplex des sables est en quelque sorte
leur chef de file, le porte-drapeau de la cohorte
végétale qui va s'emparer du terrain au fur et à
mesure que l'on s'éloignera de la mouvance des eaux.

Les constructeurs de dunes

En remontant vers la dune, on atteint les
premières accumulations de sable ; là s'observent
les premiers pointements du chiendent des sables [1],

1. L'*Agropyrum junceum.*

ou chiendent à forme de jonc. Cette herbe dressée à fort enracinement peut supporter, mais de façon rare et épisodique, l'inondation marine. Elle vit donc encore sous l'influence directe de la mer. Les chiendents aux racines enchevêtrées et denses retiennent les grains de sable arrachés par le vent sur la plage à marée basse, et contribuent ainsi à former les premières accumulations dunaires. Ils créent derrière eux une zone de déflation où les grains de sable retombent, ce qui s'observe aisément par grand vent, alors qu'ils s'accumulent au contraire devant eux, face à la mer, sous forme de petits monticules ; c'est ainsi que la dune se forme et s'élève jusqu'à être tout à fait hors d'atteinte des marées.

Ce que le chiendent construit modestement et de manière artisanale, un troisième larron : l'oyat, va le faire avec une efficacité quasi industrielle. Ce grand constructeur de dunes vit toujours les pieds hors de l'eau de sorte que ses édifices dunaires ne risquent plus d'être emportés par les fortes marées ou les tempêtes. Retenant le sable roulé par le vent du large, grâce à son puissant système de racines et par ses feuilles allongées et dressées, il permet l'élévation de la dune à une cadence qui peut atteindre 80 centimètres par an. Sans succomber sous l'enfouissement, car ses tiges souterraines montent au fur et à mesure que le sable s'accumule, entendant ainsi bien résister à l'ensevelissement, l'oyat ne supporte plus la venue directe de la mer, mais résiste parfaitement aux forts embruns salés. Pionnier du troisième niveau, il est associé à quelques espèces dont les exigences écologiques sont similaires aux siennes, telles que l'euphorbe des sables, le beau « chardon bleu » de la dune (qui n'est pas un chardon mais une Ombellifère), une sorte de pissenlit à très jolies capitules jaunes, et, sur les dunes plus nordiques, une Graminée des sables [1].

---

1. L'*Elymus arenarius.*

Derrière la dune, l'influence maritime, les vents, les embruns s'atténuent et le climat devient plus propice à la vie végétale dont on constate qu'elle va promptement reprendre ses droits, comme il sied en milieu continental, la terre étant par excellence le royaume des plantes (même si la « terre » n'est ici encore que du sable, mais du sable sec, moins salé, moins mobile, et déjà stabilisé par l'oyat). On voit alors s'installer, en quatrième position, sur l'arrière-versant de la dune, des Graminées du genre fétuque, ainsi que le liseron des sables, modeste petite plante volubile et rampante dont les cousins germains : les Ipomées, occupent, avec souvent une incroyable prolificité, les littoraux des atolls coralliens sur toute la ceinture intertropicale du globe. Ces Ipomées aux spendides fleurs roses ou blanches représentent une version éminemment améliorée du petit liseron des sables, parfaitement en accord avec les splendeurs et les charmes vantés par les agences publicitaires des mers du Sud.

Les fabricants de sol

En continuant à s'éloigner de la plage, un cinquième stade de végétation apparaît, décisif celui-ci : protégé par le cordon dunaire, un bel arbuste aux feuilles allongées, cassantes, glauques, presque grises, s'installe : l'argousier [1] ; cette plante au toucher raide, prompte à coloniser les sols sableux, donne de petites baies orangées qui figurent parmi les fruits les plus riches en vitamine C. Il forme des fourrés denses qu'accompagne souvent le sureau. L'Argousier est la première espèce du littoral capable de fixer l'azote atmosphérique dans le sol par ses racines.

Comme l'oyat était un constructeur de dunes, l'argousier est un constructeur de sol, d'un sol qui,

---

1. *Hippophae rhamnoïdes*

sous la force des vents et des embruns, ne tiendrait pas sans la solide protection du cordon dunaire. Ainsi la succession des végétaux se fait-elle suivant un ordre logique et une hiérarchie rigoureuse, chaque stade favorisant l'installation du suivant.

L'argousier forme des fourrés denses dans lesquels s'installe le sureau. Le paysage végétal change, l'influence marine s'estompe, et ces arbustes, en perdant leurs feuilles, recouvrent le sol d'une abondante litière, dont la décomposition enrichit celui-ci en éléments nutritifs, permettant à d'autres espèces de vivre à leurs côtés, en compagnes associées, tels le cerfeuil sauvage, le mouron des oiseaux, le grateron, la véronique, et même une sorte de cresson que l'on peut manger en salade [1].

Le fourré à argousier est suivi, au sixième stade de la conquête végétale, par les taillis à bouleaux et à trembles, les premiers véritables arbres qui abritent sous leurs frondaisons des populations denses de troènes ; des saules peuvent apparaître ici ou là, si le sous-sol est assez humide. Ces arbres sont les pionniers de la forêt, laquelle peut désormais s'implanter, au septième et dernier stade de la conquête, qu'il s'agisse d'une forêt de chênes ou de hêtres, en fonction des variations climatiques et des conditions particulières de la région, ou d'une forêt plantée par l'homme, par exemple une forêt de pins destinés à une exploitation plus intensive, comme sur la côte landaise.

Des lapins qui changent le cours de l'histoire

Mais il arrive que cette belle succession de groupements végétaux qui se succèdent comme les étapes « planifiées » d'une belle carrière de « jeune cadre dynamique » soit interrompue, déviée vers

---

1. *Claytonia perforata* – Claytoniacées.

une évolution toute différente : il suffit pour cela que quelque événement imprévu vienne entraver la logique linéaire du schéma... Une prolifération de lapins, par exemple.

L'évolution du fourré vers le taillis et la forêt s'en trouve alors totalement perturbée : le fourré régresse, s'entrouvre, et l'on voit s'installer une végétation rase sur la dune. Les lapins deviennent les principaux agents sélectifs : leur insatiable appétit diminue la vitalité de l'argousier, des oyats, des fétuques, et favorise au contraire la venue des plantes non comestibles pour eux, formant une végétation misérable où dominent les lichens et les mousses, désormais débarrassés de toute concurrence et donc « très à l'aise ». La mousse *Tortula* prolifère abondamment, formant un tapis noirâtre qui recouvre le sable sur des superficies souvent impressionnantes ; cette mousse, adaptée à l'aridité sévère de la dune, présente le curieux phénomène de reviviscence. A la moindre pluie, ses jeunes rameaux recroquevillés sur eux-mêmes s'épanouissent et reprennent vie : la dune passe alors brusquement du noir au vert en se gorgeant d'eau par une sorte de phénomène de résurrection végétale tout à fait spectaculaire. Dans ces dunes, des pointements de Sedum, minuscule plante grasse aux splendides petites fleurs jaunes en étoiles, incomestibles pour les lapins, émergent çà et là. Les dunes noires à Tortula et à Sedum sont donc le résultat du jeu d'un facteur écologique précis et unique, la prolifération des lapins dont le régime alimentaire détermine très exactement la végétation.

Où l'on compare la plage au Far West

Mais revenons à la série principale, dont le mode de conquête n'est pas sans évoquer la grande épopée du Far West. Car dans les deux cas, c'est bien toujours de pionniers qu'il s'agit. Risquons donc la métaphore.

Sur les laisses de mer, en haut de plage, donc sur l'extrême front de la conquête, la première association ne comporte que très peu d'espèces : cinq ou six au maximum, la plus caractéristique étant l'Atriplex des sables. Les touffes sont espacées les une des autres, tandis que le sol nu représente une superficie beaucoup plus grande que cette maigre végétation de couverture. Voilà le modèle d'une société très simple, dont les individus disséminés n'entretiennent que fort peu de relations entre eux. L'implantation est diffuse, des populations de très faible densité sont éloignées les unes des autres : autant de traits caractéristiques du mode de peuplement des populations indiennes qui vivent sur de vastes territoires, par groupes restreints et dispersés. Ces indiens, en outre, sont nomades : ignorant l'agriculture, ils vivent de cueillette et se déplacent sans cesse à la recherche de nourriture, suivant le déplacement des troupeaux. Ils ressemblent donc tout à fait à nos plantes du haut de plage qui suivent d'une année à l'autre le niveau des hautes mers, tantôt deux mètres plus haut, tantôt trois mètres plus bas, selon le calendrier des plus hautes marées annuelles. Car elles recherchent elles aussi, par ces migrations, leur nourriture, c'est-à-dire les dépôts alimentaires que la mer met à leur disposition. Comme les indiens, elles ne produisent pas elles-mêmes, n'élaborent point de sol, n'accumulent point de réserves, ne se sédentarisent pas, mais vivent de ce que la nature – marine, ici – leur offre. Fait rare, en vérité, pour une plante verte qui puise généralement sa nourriture minérale dans le sol, non dans des résidus en décomposition jetés sur le sable (ce qui, nous le verrons, est plutôt la spécialité des champignons, ces hippies du monde végétal !).

Le début de la production végétale de masse est l'œuvre de l'argousier ; cet arbuste produit non seulement de la matière organique par photosynthèse, comme le font toutes les plantes vertes, mais aussi du sol par son puissant enracinement et son aptitude à fixer l'azote. Il modifie donc radicalement le milieu et y fonde les premiers établissements sédimentaires et permanents de population végétale. Le travail de l'argousier, c'est celui des premiers fermiers installés à demeure sur des terres devenues cultivables.

Mais entre l'indien et le fermier, entre la végétation disséminée et nomade du haut de plage et l'argousier dûment sédentaire, il y a cette frange intermédiaire des pionniers que sont le chiendent des sables et l'oyat ; l'un et l'autre jouent le rôle des cow-boys du premier stade de la conquête : pas de constitution de dune possible, donc de protection, sans l'obstacle qu'ils représentent pour la migration du sable, donc sans leur participation. Car la dune résulte du jeu simultané du vent et de la végétation. Elle crée une digue face à la mer qui protège la végétation de l'arrière-littoral, exactement comme les territoires occupés par les cow-boys protégeaient l'installation à l'arrière des premiers fermiers.

Et où l'on compare la forêt et la ville

Dans la forêt enfin, les espèces sont beaucoup plus nombreuses ; une hiérarchie sévère règne entre les arbres qui dominent les arbustes, lesquels dominent à leur tour les herbes. Le nombre des espèces présentes est sans doute vingt fois plus grand que celui des populations disséminées de la haute plage. La population est dense, la végétation compacte ; il n'y a plus de sol nu visible. La multiplication du nombre des espèces entraîne une bien plus grande division du travail entre chacune d'elles, de sorte que l'ensemble simule le modèle sociétaire où chacun accomplit sa tâche, tient un rôle, occupe sa place. Mais elle multiplie en même temps les interdépendances ; ainsi, les lichens qui colonisent les troncs sont-ils strictement dépendants des arbres qui les portent, comme les champignons symbiotiques le sont des racines des espèces auxquelles ils sont liés. Nous ne sommes plus dans la stricte autarcie de l'Atriplex de la haute plage, qui vit isolé et pour lui seul, mais dans le modèle complexe des sociétés urbaines et industrielles où les fonctions séparées créent des dépendances strictes et multiples au sein d'un dense réseau d'interrelations. Le sol riche et abondant constitue une réserve d'éléments nutritifs : c'est le stock minéral, le grenier à sel comparable à ceux du Moyen Age ; les plantes vertes font la photosynthèse : ce sont les usines de production alimentaire ; les parasites, comme naguère les hippies, se dispensent de produire ; ils vivent aux dépens des autres plantes ; quant aux animaux, herbivores et carnivores, ils en font autant, directement ou indirectement, selon les lois de l'écologie qui, dans la Bible déjà, nous rappellent que « toute chair est comme l'herbe » !

Ainsi, au fur et à mesure que l'on s'éloigne de la mer pour s'enfoncer vers l'intérieur des terres, les peuplements végétaux deviennent de plus en plus denses et de plus en plus complexes. On rencontre d'abord les populations dispersées et diffuses de nomades qui se nourrissent de cueillette : ce sont les indiens. Puis viennent les premiers colons, chiendents et oyats, affrontant les conditions difficiles de la dune qu'ils construisent pour se protéger, mais que la mer menace sans cesse : ce sont les cow-boys. Ils établissent la frontière des terres récupérables et cultivables où s'installeront les fourrés à argousiers et à sureaux, à l'instar des premiers fermiers transformateurs de sol et producteurs sédentaires. Ces fourrés sont ensuite éliminés par l'envahissement de la forêt, infiniment plus dense et plus complexe, évoquant la société urbaine qui empiète peu à peu sur les sols cultivables et repousse à son tour les fermiers. Le modèle de la végétation des littoraux dunaires simule ainsi de façon fort suggestive les séries de populations qui, des pionniers spécialisés permanents (les indiens ou les Atriplex), aboutissent par éliminations successives aux équilibres complexes que sont la ville ou la forêt.

On peut développer dans le même esprit un autre exemple, moins aisément repérable dans l'espace, mais plus parlant dans le temps : la conquête d'un socle rocheux et dénudé par les végétaux, aboutissant en phase finale de reconstitution et de régénération à l'implantation de la forêt.

De la roche nue à la forêt

Nous avons déjà suivi la conquête par les pionniers d'une roche nue en montagne ; au lichen incrustant qui semble littéralement imprégner la roche, au point de faire corps avec elle, et qui représente la toute première étape de la conquête du monde minéral, succèdent le lichen foliacé en forme de feuille, plaqué sur la roche, puis le lichen arbusculeux, en forme d'arbuste dressé. Les mousses s'installent en même temps que ces lichens, puis viennent les premières plantes à fleurs : Sedum à port de plantes grasses, capables d'emmagasiner l'eau rare en ces lieux austères, et premières Graminées, généralement des fétuques. Sur de forts escarpements aux pentes abruptes, le processus de reconquête s'arrête là, et cette végétation sommaire représente la seule couverture végétale stable dans ces conditions. Mais si la topographie est plus favorable, sur des dalles calcaires par exemple, le processus se poursuit par l'installation de diverses Légumineuses qui vont jouer, comme toutes les plantes de cette famille, un rôle essentiel dans la formation du sol. C'est en effet par leur aptitude à abriter dans les nodules de leurs racines des bactéries capables de fixer l'azote atmosphérique, que les Légumineuses interviennent de manière décisive dans l'enrichissement spontané des sols. Les paysans le savent depuis longtemps : en pratiquant l'assolement, c'est-à-dire en semant tous les trois ans du trèfle ou de la luzerne, ils régénèrent les sols fatigués et appauvris en azote par les récoltes de blé ou de pomme de terre. Dans notre exemple, l'installation spontanée des trèfles, des sainfoins, des coronilles et des genêts nains, caractéristiques des sols calcaires, va suffisamment « maturer » et enrichir le sol pour que les premiers arbustes puissent à leur tour s'installer. Parmi ces nouveaux venus de taille déjà respectable, on trouve le prunellier, le prunier de sainte Lucie, le cornouiller, les sorbiers et presque simultanément les premiers jeunes plants de frênes et de hêtres, espèces dont les graines ne peuvent germer que sur un sol déjà ombragé, ce qui est bien le cas ici. En un siècle environ, la roche dénudée se sera couverte d'une forêt.

Forêt jeune, et forêt « mûre »

Mais cette jeune forêt ne représente pas encore l'état d'équilibre parfait avec l'environnement. Car il va falloir des temps très longs, plusieurs siècles peut-être, pour que toutes les herbes, compagnes habituelles des arbres forestiers, aient le temps de s'installer avec leur densité et dans leur dynamisme naturels. Il faut en effet pour cela que leurs graines, véhiculées par le vent, par l'eau ou par les animaux, arrivent, et parfois de fort loin, pour « saturer » peu à peu cette forêt au gré des hasards de leur apport, ce qui est un processus de fort longue haleine.

Bref, le premier stade forestier pourrait être comparé à l'appartement récemment meublé d'un jeune couple. Et le stade très postérieur de la forêt « mûre », en parfait équilibre avec le milieu, au même appartement toujours occupé par le même couple lorsque celui-ci célèbre ses noces d'or : une multitude d'objets et de bibelots seront venus « saturer » chaque pièce, ce qui n'aura pas modifié l'ameublement choisi à l'origine, mais, en revanche, singulièrement enrichi et diversifié l'ambiance générale, désormais plus riche, plus « chaude ».

Le temps nécessaire pour que la forêt se réinstalle sur des substrats minéraux dénudés varie en fonction de la nature des sols et des climats. Il varie également en fonction de la disposition des roches : lorsque les dalles calcaires très perméables ont une disposition horizontale, la remontée de l'eau est difficile ; les années sèches sont alors catastrophiques pour la végétation qui peut être presque entièrement éliminée, ce qui retarde d'autant l'installation de la forêt, particulièrement laborieuse en ce cas, sinon presque impossible. Si, au contraire, les dalles sont disposées parallèlement et obliquement par rapport à la surface, la remontée de l'eau par capillarité est plus facile, les conséquences d'une sécheresse moins redoutables.

Mais des causes diverses, d'origine humaine le plus souvent, peuvent aussi entraîner la disparition de la forêt : un incendie par exemple. Le sol est alors entièrement dégagé, couvert de cendres noirâtres qui signent l'accident.

La reconquête d'une pinède incendiée

A partir de ces sols entièrement dénudés, la reconquête végétale va suivre un itinéraire fort différent de celui qui vient d'être décrit. Car on ne part plus cette fois d'un sol minéral nu, où la roche affleurait et où aucune matière organique n'était disponible, entraînant la nécessité de passer par les stades successifs des pionniers. Nous sommes ici, au contraire, dans des conditions beaucoup plus favorables à une reconquête, dès lors que le sol est conservé intact – sauf en cas d'érosion par de fortes pluies ou par le vent, ou quand le relief et les conditions météorologiques se prêtent à une telle érosion, comme en région méditerranéenne – sinon, le sol est maintenu en l'état, voire même enrichi en éléments minéraux par les cendres des végétaux qui vont constituer un engrais naturel, abondant et précieux.

Suivons, à titre d'exemple, les étapes du repeuplement d'une pinède incendiée sous climat atlantique ; cette pinède avait été plantée à la place de la forêt ancestrale de chênes, en vue d'un meilleur rendement, et bien qu'elle ne correspondît pas à l'équilibre normal de la végétation sous ce climat. Mais les besoins sans cesse croissants de pâte à papier ont favorisé, au cours des dernières décennies, les reboisements en conifères, dont la productivité est plus grande que celle des feuillus, d'où ces nombreuses forêts de pins et d'épicéas sous des climats et dans des paysages où ne les auraient jamais rencontrées nos aïeux. Plus productives, ces forêts sont aussi plus fragiles et plus sensibles aux incendies.

Une minutieuse observation du sol après l'incendie montre que toute végétation n'a pas été éliminée. Plusieurs espèces à forte implantation souterraine se maintiennent et vont bientôt rejeter de souche. Ainsi la fougère aigle, dont les crosses brunâtres ne tarderont pas à apparaître, ou encore les brins verts émergeant des souches de molinies, exceptionnellement résistantes à l'incendie. Avantagées par le vide – dont on sait que la nature a horreur –, ces plantes peuvent, après plusieurs incendies successifs, occuper le sol au point de faire « faciès », comme disent les spécialistes, c'est-à-dire d'apparaître en population quasiment pure ; tel est souvent le cas de la fougère, extrêmement abondante dans certains sous-bois. La funaire hygrométrique, mousse bien connue pour la manière dont elle entortille le pédoncule de ses capsules à spores en vue d'éjecter celles-ci, se propage également sur ces sols noircis et riches en cendres ; ici ou là, quelques pezizes, notamment la pezize orangée, forment de belles colonies à ras du sol.

Le temps des herbes et le temps des arbres

Ces plantes qui ont résisté au feu – ce qui leur vaut le nom savant de pyrophytes – sont presque immédiatement rejointes par un premier surgissement d'annuelles, dont les graines profitent de la pleine lumière et de la faible concurrence au sol : il s'agit généralement de graines maintenues très longtemps dans le sol en état de vie latente, dit « de dormance » ; l'incendie lève cette dormance, les réveille en quelque sorte, et favorise leur germination. C'est ainsi que fleurissent – et que le lecteur repérera – très tôt le séneçon des forêts, l'épilobe en épi, et parfois la digitale, herbe bisannuelle qui ne portera sa belle hampe florale aux clochettes pourpres que la deuxième année. Mais le règne des annuelles ne dure guère plus d'une saison, car elles subissent à leur tour la concurrence des graines d'arbres disséminées par le vent, graines de pin, de bouleau ou de tremble qui ne peuvent germer qu'en pleine lumière. Ces graines ailées ou poilues, donc très mobiles, venant des forêts environnantes, forment les premiers semis spontanés d'une première génération d'arbres. Le sol contient aussi des graines d'ajoncs ou de genêts, véhiculées par les fourmis et maintenues longtemps à l'état de dormance dans les sous-bois où ces plantes n'ont pas naturellement leur place. Mais l'incendie modifie radicalement les conditions écologiques, de sorte qu'elles aussi se réveillent et s'emploient aussitôt, conformément à la tâche que la nature assigne aux Légumineuses, leur famille, à enrichir le sol en azote. Sur ces sols ainsi réenrichis, la dynamique du repeuplement forestier s'accélère. Les ronces enfin, toujours dans cette même étape de jaillissement d'arbustes et de broussailles, prolifèrent généreusement, formant le premier couvert, tandis que les geais, entre-temps, n'auront pas manqué de disperser çà et là quelques glands qui enfanteront les premiers chênes.

La deuxième année, le dispositif de la reconquête par les arbres est donc en place, et l'on observe, dès la troisième, les premiers pointements de bouleaux prompts à germer et à grandir.

Après cette phase active de repeuplement où le sol dénudé se recouvre en moins de deux ans, l'évolution se poursuivra de manière beaucoup plus lente. Car l'ordre de grandeur de la croissance des arbres n'est pas le même que celui des herbes. Les bouleaux grandiront les premiers, plus nombreux que les chênes. Ceux-ci ne commenceront à profiter vraiment qu'à partir du moment où les bouleaux auront vieilli, ainsi que les pins, c'est-à-dire après 40 ans. Ils les remplaceront peu à peu, en même temps que les hêtres dont les premières semences auront été véhiculées par des écureuils toujours friands de faînes, lesquelles auront germé entre-temps sous le couvert, profitant de l'ombre.

Un ou deux siècles plus tard, la chênaie-hêtraie adulte sera en place ; puis elle se saturera lentement, suivant le processus déjà décrit de ses compagnes naturelles que sont les Graminées comme la canche, les mousses comme le *Leucobrium glaucum* aux merveilleux tapis vert glauque en forme de hérissons, souvent gorgés d'eau comme des éponges, des arbustes comme l'if, le houx et éventuellement la myrtille. Cette forêt en équilibre avec son milieu est donc très lente à « mûrir », mais elle demeure hors des atteintes des incendies. C'est naturellement à cause de la lenteur du repeuplement végétal sur ces sols atlantiques pauvres que l'homme a tendance aujourd'hui à peupler ces régions de conifères, induisant du même coup, et de son propre fait, les risques d'incendies.

Les deux itinéraires décrits, conduisant l'un et l'autre à la forêt, mettent en scène deux cycles fort différents : un cycle primaire, qui va de la roche nue à la forêt par construction d'un sol et conquête du monde minéral par le couvert végétal ; un cycle secondaire, partant d'une forêt incendiée pour réaboutir à une forêt ; ce second cycle, s'enclenchant sur un sol maintenu et conservé par l'incendie, fait l'économie des stades pionniers à lichens et à mousses.

Le dynamisme du peuplement végétal dans le temps et dans l'espace

Curieusement, l'ordre d'apparition des arbres correspond à peu près à la dynamique du repeuplement forestier de l'Europe après la dernière glaciation : au fur et à mesure que les glaciers reculaient vers le nord, les espèces ligneuses remontèrent du sud de l'Europe où elles s'étaient réfugiées. L'analyse des pollens fossilisés dans les tourbières, merveilleux conservatoires de la botanique, permet de dater, couche après couche, la population végétale d'une région, de millénaire en millénaire, et de reconstituer ainsi l'ordre d'apparition des arbres dans cette région. Car chaque espèce végétale produit un pollen particulier qui permet de l'identifier aisément.

Il y a 10 000 ans, une invasion de bouleaux suivit le recul des glaciers : car les bouleaux sont des pionniers qui s'installent dans les milieux les plus durs, où aucun autre arbre ne pourrait tenir. Leur grande résistance au froid en fait l'arbre privilégié du nord de la taïga sibérienne, où son tronc blanc se fond dans les paysages enneigés. Puis, le climat devenant plus clément, les pins s'installèrent à la place du bouleau, il y a 7 000 ans, bientôt suivis des noisetiers qui connurent aussi une formidable expansion. Vinrent ensuite, il y a 5 000 ans, le chêne, l'orme, l'aulne et le tilleul, puis, très tardivement, il y a 2 500 ans seulement, le hêtre et le charme. L'homme prit alors le relais de ce processus de reconquête naturelle et commença à jardiner la forêt, sélectionnant les espèces les plus productives comme le hêtre et le chêne. En même temps, il défricha la forêt et cultiva la terre, d'où la brusque prolifération de pollens d'herbes depuis les débuts de notre ère.

A noter que ces arbres sont tous pollinisés par le vent et n'ont d'ailleurs guère d'autre choix : la longueur des hivers, en réduisant le volume des populations d'insectes, favorisait ces espèces au détriment des autres.

On voit ainsi se développer le processus de migration des arbres vers le nord, au fur et à mesure que les glaciers se retirent : les bouleaux, puis les pins, puis les noisetiers traversèrent l'Europe en vagues successives sur les talons du froid. Ces migrations dans le temps rendent parfaitement compte de la répartition actuelle de ces espèces dans l'espace : du Nord au Sud, la forêt dominée par le bouleau apparaît la première sous les climats les plus sévères, vite mêlée puis dominée par les conifères. Vient ensuite la forêt à feuilles caduques, caractéristique des régions tempérées froides.

La nature révèle ici la logique de son fonctionnement et l'ordre fondamental de son organisation : elle distribue toujours « ses » arbres selon les mêmes ordonnances, aussi bien dans le temps que dans l'espace. La séquence est en effet toujours la même : au fur et à mesure que les conditions s'améliorent, on a d'abord les bouleaux, puis les pins, puis les feuillus ; et, parmi ceux-ci, d'abord le chêne, puis le hêtre, encore qu'ici la séquence connaisse quelques variations selon les conditions écologiques. Car ce sont ces exigences écologiques, le tempérament propre à chaque espèce, qui décident seuls de la place de chacune.

Cette séquence se retrouve aussi bien lorsqu'on parcourt une ligne allant de la taïga norvégienne à la forêt de l'Europe moyenne, que lorsqu'on observe l'évolution de la végétation dans le temps. Qu'il s'agisse du siècle exigé pour la réimplantation d'une forêt ou des millénaires nécessaires à la reconquête végétale de l'Europe post-glaciaire, dans tous les cas, les arbres se succèdent dans le même ordre et selon la même séquence.

Mais aux évolutions progressives peuvent s'enchaîner des régressions, car rien n'est éternel dans la nature et les cycles se suivent avec des épisodes de grande vigueur alternant avec des crises lourdes de menaces, mais porteuses à leur tour de nouvelles promesses.

Deuxième Partie

LA SOCIÉTÉ

Où l'on voit que les plantes forment entre elles des sociétés organisées où rien n'est laissé au hasard.

CHAPITRE 4

Une société végétale : la forêt

Bien plus que le champ cultivé, le jardin ou la prairie, la forêt évoque la nature avec sa végétation luxuriante, ses animaux sauvages et la pénombre silencieuse du sous-bois. Pourtant, nos forêts elles aussi sont aujourd'hui cultivées, jardinées, gérées par l'homme qui tente d'en tirer le meilleur profit ; la forêt n'est plus celle que connurent les légions romaines pénétrant en Gaule, où les arbres mouraient de leur belle mort et dont la physionomie laissait une impression chaotique bien différente de celle de nos belles forêts ordonnées et organisées par l'homme. La forêt naturelle, vierge, c'est sous les tropiques qu'il faut la chercher, dans ces immenses réserves biologiques que sont encore – mais pour combien de temps ? – les denses forêts équatoriales, où la nature exprime sa luxuriance et son exubérance, ignorant les variations saisonnières et le long dépouillement hivernal de nos climats.

Silence et dormance hivernaux

Nos forêts traversent en effet l'hiver à l'état d'hibernation. Les graines gisent sur le sol et accumulent mystérieusement la ration nécessaire de froid, variable d'une espèce à l'autre, qu'elles requièrent pour germer. Faute de cette vernalisation obligatoire, pas de germination possible : c'est la raison pour laquelle la plupart des graines de la forêt ne germent jamais à l'automne, après leur chute, quelles que soient les conditions de température et d'humidité.

Le maintien des graines à l'état de vie latente est la manière classiquement adoptée par la plupart des plantes des régions tempérées pour passer sans dommage la longue saison hivernale. Quant à la plante elle-même, elle disparaît peu ou prou en hiver : totalement s'il s'agit d'une espèce annuelle qui ne persiste qu'à l'état de graine, partiellement s'il s'agit d'espèces vivaces. Ainsi, des herbes vivaces comme le muguet, le sceau-de-salomon ou la scille demeurent-elles dans le sol sous forme de bulbes ou de tiges souterraines, attendant le retour du printemps pour faire jaillir une nouvelle tige à partir du bourgeon terminal, toujours caché en terre ou à ras de sol. Quelques espèces herbacées comme le fraisier ou la pervenche conservent leurs feuilles sous la neige. Enfin, les arbres offrent le spectacle de leur squelette décharné, où les bourgeons formés en automne hibernent comme des graines et accumulent eux aussi leur ration de froid. Seuls quelques feuillus, comme le lierre, le buis ou le houx, et tous les conifères – sauf le mélèze –, conservent en hiver leur verte parure, bien que leur vie soit aussi suspendue, maintenue à l'état latent : ainsi une forêt de conifères cesse-t-elle presque totalement sa production photosynthétique en hiver. La vie animale, en revanche, reste plus active, encore que de nombreuses espèces hibernent ou passent l'hiver sous forme d'œuf, de larve, de chenille...

Les jeux amoureux du printemps

Sèche et glacée, couverte de son manteau de neige, la forêt dort. L'arbre dévêtu, immobile, fait le mort. C'est l'hiver. La grande usine est en chômage ; en « intempérie », comme dans le bâtiment. La nature aussi a droit au repos.

Puis le soleil remonte dans le ciel, la nature fidèle lit à ce signe le retour des beaux jours. En franchissant chaque année à l'équinoxe de printemps le cap de l'équateur, le soleil déclenche l'immense marée végétale, tandis que la mort automnale s'étend peu à peu sur les terres australes. Lorsque ici tout commence, là-bas tout s'accomplit. Les hémisphères se partagent tour à tour le privilège du printemps.

Car le signal du réveil printanier n'est pas, comme on le croit souvent, le réchauffement de la température ; c'est bien plus l'augmentation de la longueur des jours qui déclenche le démarrage de la végétation. Une brusque augmentation de température en janvier ne produit aucun effet, car les journées sont trop courtes et les plantes ne se « laissent pas avoir » par cette illusoire amélioration des conditions météorologiques, comme si elles pressentaient les risques de gelées printanières.

Le printemps est donc le privilège des régions tempérées ou froides, où la longueur des jours varie considérablement en fonction des saisons. La nature équatoriale ignore au contraire les saisons, puisque la longueur des jours et des nuits y est égale tout au long de l'année, comme d'ailleurs la température ou le volume des précipitations. Dans ce monde sans saisons, la nature autorise chaque espèce à vivre suivant son rythme propre ; chaque espèce d'arbre perd, par exemple, ses feuilles selon une périodicité qui lui est propre, et sans aucune concomitance avec le rythme de ses voisins. Sous nos climats, au contraire, le rythme saisonnier impose à toutes les espèces d'évoluer au « même pas », bien que de subtils décalages à haute signification écologique puissent être observés.

Ainsi, la plupart des herbes du sous-bois fleurissent-elles abondamment bien avant que les arbres ne se couvrent de feuilles. L'anémone sylvie, le perce-neige, la ficaire donnent le signal du départ, en mars ou avril, bientôt suivis par la scille, la primevère, la cardamine et la violette. Merveilleux et délicat spectacle que celui de ces sous-bois printaniers, ponctués de mille corolles blanches, jaunes ou bleues, alors que les arbres sont encore dégarnis. Ces herbes, par leur floraison hâtive, manifestent la singularité de leurs exigences écologiques : plantes de pleine lumière durant la période de floraison, elles deviennent des plantes d'ombre durant la phase de maturation des fruits. En effet, après une coupe à blanc, toutes ces espèces que la frondaison des arbres ne protège plus disparaissent aussitôt, incapables de résister à une intense insolation estivale. Le vocabulaire écologique est fort explicite lorsqu'il considère ces herbes comme strictement « inféodées » aux arbres, dont elles dépendent totalement, sous lesquels elles vivent et sans lesquels elles ne vivraient pas !

Tandis que ces herbes s'empressent de fleurir avant que les frondaisons des arbres ne viennent limiter la lumière disponible, les arbres à chatons en font autant, mais pour une tout autre raison. Leur pollen étant disséminé par le vent, l'écran des feuilles risquerait de gêner la bonne diffusion de cette semence mâle, si elle devait se faire après leur apparition. Aussi, pour assurer la parfaite efficacité de la pollinisation, ces arbres mûrissent-ils leurs chatons avant de revêtir leurs feuilles. Leur regroupement en populations denses dans la forêt favorise également une bonne pollinisation, le pollen produit par les chatons mâles ayant d'autant plus de chance de rencontrer un chaton femelle que les arbres émetteurs et récepteurs sont plus rapprochés. Ce mode de pollinisation par le vent caractérise donc des arbres « sociaux » comme le bouleau, l'aulne, le charme, le hêtre, le chêne, qui vivent généralement en groupes et forment la strate arborescente de nos forêts.

La pollinisation terminée, la forêt se couvre de feuilles, en même temps que s'éteignent les fleurs du sous-bois. La forêt entre alors dans la phase estivale de son cycle. Les fleurs y sont plus rares, bien que quelques espèces réussissent à fleurir dans la pénombre, comme l'aspérule odorante, le lamier jaune, abondant dans les forêts de hêtres, ou les Graminées forestières. Pendant 200 jours environ, dans le cas moyen d'une chênaie-charmaie, la forêt conservera ses feuilles. Puis vient la phase automnale, phase de chute des feuilles et de diffusion des fruits.

Les fruits de l'amour

Les plantes rivalisent d'astuce pour assurer une bonne diffusion à leurs fruits et à leurs graines : le vent dissémine les fruits ailés de l'orme, du charme et de l'érable, ou les graines poilues du saule, de l'aulne ou du peuplier. Pourvus de leur parachute ailé ou de leurs toupets de poils, ils vont là où la brise les porte. Les faînes, les glands, les noisettes ou les châtaignes, secs et beaucoup plus lourds, tombent sous les arbres qui les émettent : ce n'est plus un atterrissage en douceur, mais une chute en bonne et due forme. Mais les animaux gourmands vont prendre le relais : écureuils ou sangliers les dissémineront aux alentours. Quant aux arbustes comme le houx, les sorbiers, les ronces, les prunelliers, les sureaux, les cornouillers, le lierre, les viornes, ils ont presque tous choisi la troisième solution, celle des fruits charnus, drupes ou baies, dont les oiseaux ensemencent – après consommation – noyaux et pépins. Il est vrai que le vent qui agite les cimes des arbres est à peine perceptible dans le sous-bois, ce qui donnerait aux arbustes de bien médiocres chances de disséminer les fruits par voie éolienne, s'ils l'avaient choisie. Le « contrat » qu'ils ont passé avec les oiseaux est tellement plus efficace et moins aléatoire !

Autre exemple d'une remarquable adaptation aux conditions écologiques variables d'une strate à l'autre dans la forêt : seule parmi les arbustes, la clématite fabrique de petites houppes de fruits secs longuement plumeux et manifestement destinés à être dispersés par le vent ; mais elle a, il est vrai, l'avantage d'être une liane et de pouvoir par conséquent porter ses fruits en altitude ou sur les lisières où elle se complaît particulièrement ; ces fruits, de surcroît, seront disséminés très tardivement, lorsque la forêt défeuillée offre en hiver une bien meilleure prise à la pénétration du vent : d'où ces houppes soyeuses qui restent, au plus fort de l'hiver, les seuls vestiges d'une végétation témoin dans une forêt squelettique et décharnée.

Entre-temps, les feuilles auront « observé » que la durée des jours diminue, ce qui déclenche leur chute, encore que chaque espèce suive son propre calendrier. Les hêtres mettent à se dévêtir une hâte plus grande que les chênes, comme si ces derniers, en conservant dans nos forêts tempérées leurs feuilles desséchées pendant une bonne partie de l'hiver, ne les quittaient qu'à regret. Peut-être, après tout – mais ce n'est là qu'une hypothèse ! – se « souviennent-ils » que leurs ancêtres vivaient sous des climats plus cléments, comme le font aujourd'hui encore les chênes du bassin méditerranéen : le chêne vert, le chêne-liège des maquis et le chêne-kermès des garrigues qui, tous trois, restent perpétuellement feuillés. Mais en s'aventurant sous des climats à hivers rudes, ils furent contraints à s'adapter en adoptant le système des feuilles caduques en usage dans ces régions. Les résineux font bande à part : ils ont réussi à mettre au point, comme on le verra, un autre système de défense pour passer l'hiver sans trop de mal.

Avant de tomber, les feuilles perdent leur chlorophylle : la forêt prend alors son visage automnal, dû au démasquage des pigments jaunes du type carotène, toujours présents dans les feuilles, mais que la chlorophylle masquait jusque-là. Durant le long hiver, les feuilles mortes demeurent sur le sol, formant une épaisse litière que champignons et bactéries s'emploient à transformer, à digérer en quelque sorte : ils restituent ainsi au sol les éléments minéraux nécessaires au démarrage du cycle suivant, tout en constituant le précieux humus qui permettra la pérennité de la vie forestière.

La stricte hiérarchie des strates végétales

La forêt, où se succèdent les phases en fonction des saisons, superpose les strates en fonction de la taille des végétaux. Et chaque strate impose sa loi à celle qu'elle recouvre. Qu'il s'agisse d'un taillis, d'une futaie ou d'un taillis sous futaie, la première strate est toujours celle des arbres : vue du ciel, elle moutonne et ondule comme la mer, masquant comme elle et ce qu'elle recouvre et ce qu'elle contient. Vient ensuite la strate des arbustes, puis celle des herbes, enfin, recouverte par les trois autres et tapie à ras du sol, celle des mousses. Cette stratification correspond à une utilisation rationnelle de l'énergie solaire : la quantité de lumière disponible diminue d'une strate à l'autre, au fur et à mesure qu'on se rapproche du sol. Les mousses ne sont point incommodées de la semi-obscurité où elles vivent ; plantes archaïques, descendantes directes des algues, il leur faut de l'eau pour se reproduire, car leurs spermatozoïdes nageurs ne savent pas, comme le pollen « inventé » bien plus tard, voyager sous le vent. Aussi se protègent-elles soigneusement des rayons solaires, blotties à même le sol sous les trois autres strates, afin de conserver le plus longtemps possible les eaux de pluie nécessaires à la migration de leurs spermatozoïdes : d'où aussi cette consistance d'éponge propre à tant de mousses.

Les herbes ne reçoivent guère plus de lumière que les mousses : environ 1 à 2 % de la lumière incidente en été sous un couvert de hêtres ! Aussi doit-on considérer les espèces accompagnatrices du hêtre comme des espèces d'ombre, très peu exigeantes et capables d'effectuer la photosynthèse avec des apports d'énergie fort limités. L'anémone jaune, le lamier jaune, l'aspérule odorante et le sceau-de-salomon font partie de ce cortège classique, indiquant traditionnellement la présence du hêtre. Les bouleaux imposent à leurs compagnons des conditions moins sévères, puisqu'ils laissent passer 15 à 20 % de la lumière incidente ; et les mélèzes sont encore plus généreux... Ils se rattrapent, il est vrai, en répandant chaque année sur le sol une abondante litière d'aiguilles dont les émanations chimiques intoxiquent et incommodent sévèrement la plupart des herbes qui se risqueraient dans leur sous-bois. Dans une forêt mal entretenue, c'est-à-dire proche des équilibres naturels, l'aubépine ou épine blanche, le prunellier ou épine noire, l'églantier, les ronces, les sorbiers, les cornouillers, les sureaux, les viornes forment des fourrés denses que recouvrent parfois le lierre et la clématite, les deux seules lianes de la forêt tempérée. L'une et l'autre se contentent pour leur photosynthèse de peu de lumière, mais non pour leur floraison : aussi le lierre rampe-t-il, très à l'aise dans la semi-obscurité du sous-bois ; mais ses petites fleurs riches en nectar ne s'épanouissent que dans les hautes frondaisons et produisent des baies violacées dont les oiseaux dispersent les graines.

L'arbre enfin est en position dominante : sa frondaison s'épanouit en pleine lumière. Si chacune a son tempérament propre, la plupart des espèces forestières manifestent néanmoins une relative souplesse écologique, comme par exemple le chêne ou le hêtre.

A cette stratification en altitude correspond une stratification inverse dans le sol, chaque strate exploitant un niveau différent selon la profondeur des racines. Il en résulte une utilisation rationnelle des minéraux disponibles, la compétition ne s'exerçant pas entre les différentes strates, mais uniquement entre les individus appartenant à la même strate. On n'imagine pas les minces filaments des mousses, qui ne dépassent jamais quelques centimètres, entrer en compétition avec les racines du chêne qui descendent à plusieurs mètres !

La forêt : une société de castes

La structure sociale de la forêt offre donc le modèle d'une hiérarchie rigoureuse, parfaitement ordonnée. Chaque strate maintient sous sa coupe la strate sous-jacente et lui fixe ses conditions de vie, notamment en ce qui concerne les quantités de lumière reçues et l'ambiance microclimatique. Les couches végétales évoquent les couches sociales ; elles offrent un modèle de compréhension des sociétés anciennes, caractérisées par la rigidité du statut social. Comme dans celles-ci, chaque espèce est contrainte de rester à sa place, « à sa strate », sans qu'aucune « promotion » puisse jamais intervenir. Aussi, la forêt évoque-t-elle davantage le système des castes indiennes que celui des sociétés modernes. Pas question ici de changer de statut ; pas question de « monter » d'une strate à une autre. On reste à vie dans sa strate, comme dans sa caste. La forêt ignore les *self-made men*, les parvenus, les grands capitaines sortis du rang ; point d'herbe qui devienne grand arbre ! Elle maintient, comme la nature tout entière le fait d'ailleurs, chaque individu et chaque espèce à sa place. Chacun occupe sa niche, accomplit sa tâche au profit de l'équilibre général, comme les organes d'un organisme (cerveau, cœur, foie, reins...), ou ceux d'une société (école, hôpital, usine, Sécurité sociale...). L'équilibre fondamental repose sur la permanence des statuts de chacun. Le statut est propre à chaque espèce, héréditaire, transmis de génération en génération, immuable. La société de l'Ancien Régime était aussi construite sur ce modèle avec ses trois ordres : clergé, noblesse et tiers état. Toute promotion ne pouvait venir que d'en haut : du roi, du pape, des évêques, des seigneurs ; mais le fait même qu'elle fût possible prouve déjà qu'un peu de cette liberté propre à l'homme s'était infiltrée dans le système. En revanche, la promotion par compétition était sévèrement exclue, aussi bien au sein des six corps marchands que des corporations d'artisans, réglementant rigoureusement toute compétition par le système rigide et égalitaire du compagnonnage. Dans ces sociétés en apparence figées, où l'espérance des joies célestes compensait l'absence des promotions terrestres – en tout cas pour les pauvres – chacun demeurait en place et à sa place, fixé à son statut comme la plante à son support, de manière quasi végétale.

Les sociétés contemporaines offrent, à l'inverse, un exemple de grande mobilité sociale – avec plus ou moins de bonheur, d'ailleurs. D'où leur dynamisme et leur efficacité. Certains grands corps d'État excellent dans l'art de maintenir des hiérarchies rigoureuses tout en organisant en même temps leurs promotions. A la différence de la concurrence sauvage qui s'exerce par exemple sur le marché des cadres, ils régulent le système ! La fonction publique, en particulier – civile, militaire ou universitaire –, en organisant la promotion à l'ancienneté et au choix, tente de ménager au sein de chaque corps une régulation des promotions aussi satisfaisante que possible pour ses membres : encore que rares soient les simples engagés qui deviennent généraux, et que l'embouteillage des carrières universitaires, dont le corps n'a pu digérer l'énorme vague de recrutement et de promotion d'après 1968, soit saisissant !

Mais l'idée de promotion reste au centre du système. Libéralisme et socialisme s'accordent au moins sur cette idée de promotion, même si le premier s'emploie très prosaïquement à rendre possible celle du meilleur ou du plus fort – sans toutefois oser trop se l'avouer –, et si le second prétend réussir simultanément celle de tous – sans toutefois trop y croire. Il n'en résulte d'ailleurs pas nécessairement un accroissement du « bonheur national brut », car l'exacerbation continue des frustrations engendre ces sentiments d'échec et d'amertume aujourd'hui si répandus : nulle société ne peut évidemment promouvoir tout un chacun

Commensalisme et compétition

Les quatre strates, aériennes ou souterraines, de la forêt tempérée offrent un exemple parfait de ce que l'écologie appelle le commensalisme : les couches aériennes se partagent la lumière solaire, les couches souterraines la nourriture disponible ; comme de courtois commensaux, chacune se sert et prélève ce qui lui est nécessaire sans rien prendre à sa voisine.

Mais la nature est complexe et l'on doit se garder de simplifier exagérément les modèles qu'elle nous offre ; car si les quatre strates vivent en bonne intelligence, offrant un parfait modèle de coopération, il n'en est pas de même au sein de chacune d'elles, où une compétition sévère s'exerce entre individus. Il est évident qu'en forêt, les arbres s'allongent dans une fuite éperdue vers le haut, à la recherche de la lumière : se « faire une place au soleil » est une expression typiquement botanique ! Ce n'est que par extension que les hommes l'utilisent à leur propre compte. Le fait est spectaculaire dans une forêt d'épicéas, par exemple, où les individus les plus chétifs dépérissent, misérablement écrasés par les plus forts ; d'où l'inégalité de l'épaisseur des troncs, de la densité du feuillage, de la santé des individus. Il en va de même dans une forêt à feuilles caduques où le nombre d'individus diminue au fur et à mesure de leur croissance. Et le même phénomène s'exerce naturellement en sous-sol, de sorte qu'en définitive, un équilibre exact s'établit entre la lumière et la nourriture disponibles d'une part, la densité de la population d'autre part. Équilibre naturel que l'homme dévie à son profit en réglementant la *compétition par des systèmes de coupes et d'éclaircies*, accentuant encore l'effet sélectif qui s'exerce au profit des individus les plus favorisés, au détriment des autres.

Il est remarquable de constater comment la compétition s'exerce avec une parfaite symétrie dans l'air et dans le sol. Les individus dominés par la frondaison des plus forts sont aussi écrasés par l'envahissement de leurs racines. Ils voient ainsi leur espace vital se réduire comme une peau de chagrin, au point de dépérir lorsque celui-ci ne suffit plus à leur survie.

Ainsi fonctionne, dans la forêt, le vaste monde des producteurs, c'est-à-dire des végétaux qui tous, quelle que soit leur taille, collaborent avec une discipline et une uniformité quasi militaires à une même tâche : la photosynthèse.

L'art de sélectionner les arbres

Mais ce sont naturellement les arbres qui feront l'essentiel du travail : le rôle de producteur photosynthétique dans son aspect purement économique, c'est-à-dire intéressant directement les hommes, leur est exclusivement dévolu. C'est pourquoi la forêt que nous connaissons en Europe tempérée est toujours, aujourd'hui, une création humaine.

Produit naturel vivant, l'arbre en effet se cultive ; mais toute action entreprise en forêt, notamment pour la gestion des feuillus, ne manifeste ses effets qu'un ou deux siècles plus tard, alors qu'un agriculteur n'engage jamais son terrain que pour une année. Le jardinage de la forêt est donc un travail délicat, qui ne porte ses fruits qu'à très long terme. Gérer une forêt ne s'apparente en rien aux rythmes des prévisions et des productions des denrées agricoles ou industrielles modernes. Peut-être est-ce là l'une des raisons qui conduisent tant de jeunes à rêver de ce métier, pour fuir le monde actuel où ils ne se reconnaissent plus.

Les modes de gestion forestière varient, mais les plus communs restent le régime du taillis sous-futaie et le régime de la futaie.

Dans le premier cas, le principe consiste à laisser rejeter, après une coupe et à partir de leurs souches, un certain nombre d'espèces, comme le charme, le chêne ou le châtaignier notamment. Mais cette propriété de rejeter de souche disparaît à partir d'un certain âge ; il convient donc d'abattre les arbres issus de ces rejets avant qu'ils n'atteignent cet âge limite. C'est pourquoi les taillis sont soumis à des coupes périodiques intervenant tous les 25 ou 30 ans. Ils fournissent du bois de chauffage.

Cependant, lors de la coupe du taillis, on épargne toujours un certain nombre d'arbres choisis parmi les plus beaux et les plus sains, tels que hêtres, chênes, etc. – et, si possible, issus de semences. En langage forestier, ces individus réservés sont appelés des « baliveaux ». Lorsque, trente ans plus tard, on procède à la coupe suivante, les baliveaux ont grandi et sont devenus les « modernes » : ils ont alors 60 ans. Certains seront éliminés, mais les meilleurs seront conservés. Même opération à la troisième coupe où les « modernes » deviennent les « anciens ». Enfin, les vétérans seront exploités à la quatrième coupe, vers l'âge de 120 ans. À chaque coupe, on prend naturellement la précaution de retenir de nouveaux baliveaux pour assurer la relève de la futaie dont les hautes frondaisons couvrent le taillis formant sous-bois.

Le deuxième mode de gestion est le régime de la futaie dont l'aménagement s'échelonne sur des siècles ; c'est pourquoi il est surtout mis en œuvre dans les forêts domaniales. Une futaie est exclusivement constituée d'arbres issus de semis ; il faut pour cela, dès le départ, obtenir de très nombreux semis. Chaque année, les forestiers procèdent à une sélection que l'on nomme éclaircie : au moment de l'exploitation de la futaie, c'est-à-dire après 200 ans pour des chênes de première qualité, ou 120 ans pour des sapins, il n'en reste plus.

Le palmarès des records [1]

Il arrive toutefois que des arbres échappent à la scie du bûcheron, et si la foudre ou la maladie les épargnent, ils vont alors participer à la course des records. Pour cela, ils entreront en concurrence avec d'autres arbres, auxquels les hommes reconnaissent une valeur symbolique lorsqu'ils croissent par exemple à proximité des églises, dans les cimetières, sur des places publiques ou encore en de hauts lieux marqués de tout temps par la vénération populaire.

Les arbres les plus vieux de France sont sans doute les ifs. Leur croissance extrêmement lente explique cette exceptionnelle longévité et c'est à elle, sans doute, que les très vieux ifs doivent leur présence ancestrale dans les cimetières où leur âge vénérable et leur feuillage toujours vert symboli-

1. La plupart des informations figurant dans ce pararaphe m'ont été amicalement communiquées par M. Claude Labeye, 5 rue Édouard-Midy, 95410 Groslay. M. Labeye recueillera volontiers toute information nouvelle concernant les arbres remarquables de France et du monde.

sent la vie éternelle. Les cimetières de Normandie possèdent des ifs plus que millénaires ; le plus impressionnant est celui du cimetière d'Estry, dans le Calvados : son tronc creux a pu abriter 62 enfants et on estime son âge à 1 700 ans ; il détient donc le record du plus vieil arbre vivant en France, à moins que l'if du cimetière de La Haye-de-Routot, dans l'Eure, qui le talonne de près, ne le concurrence. Cet if abrite une chapelle qui fut bénie le 9 avril 1866 ; il est dédié à saint Clair et chaque année, le 16 juillet, depuis des temps immémoriaux, on embrase un immense bûcher en forme d'arbre dont le feu est précisément dédié au saint. Il est difficile de connaître avec précision l'âge de ces arbres presque bimillénaires, car il faudrait effectuer des carottages du tronc et en compter les anneaux, comme cela se pratique aujourd'hui couramment pour les arbres remarquables. Mais ces ifs sont creux et ce mode de calcul est donc impossible. Il ne reste qu'à se fier à la tradition véhiculée de génération en génération.

Les oliviers dépasseraient également le millénaire. Il s'agit, il est vrai, d'espèces rejaillissant de souche, dont le type de croissance est fort différent de celui des ifs. Il n'est donc pas totalement exclu qu'au Jardin des Oliviers, certains arbres très âgés aient rejailli d'une souche existant déjà à l'époque du Christ.

Les châtaigniers semblent bénéficier eux aussi d'une longévité exceptionnelle. Celui que l'on voit encore sur les pentes de l'Etna (ou plutôt ce qu'il en reste) mesure 56 mètres de circonférence : connu sous le nom d'Arbre aux cent chevaux, il aurait abrité durant un orage, au XVIe siècle, Jeanne d'Aragon et son escorte forte de cent cavaliers. En Loire-Atlantique, sur les bords de la Gesvre, un châtaignier monumental a pu être daté de 820 ans.

Les hêtres et les chênes les plus anciens ne semblent pas atteindre cet âge vénérable, du moins en Europe. On connaît de nombreux chênes atteignant 450, 500, voire 600 ans ; le plus gros chêne de la Région parisienne est le chêne Jupiter, de la forêt de Fontainebleau, avec ses 35 mètres de hauteur et ses 9 mètres de circonférence : il est âgé de 450 ans. Mais le plus vieux chêne de France semble être un chêne pédonculé, situé dans le village d'Allouville-Belfosse, en Seine-Maritime ; cet arbre, qui est une sorte de squelette noueux, vivant encore par des branches puissantes, est situé à proximité de l'église et abrite deux chapelles superposées. On estime son âge à 930 ans. Comme un chêne accroît sa circonférence d'un mètre tous les cent ans, il est possible, par ce procédé, d'évaluer son âge avec une approximation satisfaisante : il a actuellement une circonférence d'approximativement dix mètres.

Avec les conifères, les records de taille se substituent aux records d'âge, tout au moins en ce qui concerne les conifères d'Europe. Nos épicéas et nos sapins sont les véritables géants des forêts européennes, pouvant atteindre en plusieurs siècles 50 à 60 mètres de hauteur. Le sapin de Dürsrüti, près de Langnau, en Suisse, qui fut abattu en 1947, avait 320 ans et mesurait 53 mètres de haut. On trouve curieusement cette même hauteur pour le sapin de Russey, dans le Doubs, datant de Hugues Capet, qui doit être l'arbre le plus haut de France. Un nain, pourtant, si on le compare à ses cousins américains, à la taille de ce continent où tout est gigantesque, puisque des pins et des sapins y dépassent allégrement les 80 mètres, pour ne pas parler des séquoias dont il sera question plus loin.

Mais un record n'est jamais définitivement acquis : le tenant du titre de « plus haut arbre de France » avait été, jusqu'en 1948, un peuplier géant de 14 mètres de circonférence à la base, qui atteignait dans une pépinière de Metz la taille impressionnante de 55 mètres de hauteur ; âgé de de plus de 100 ans, ce qui est fort vénérable vénérable pour un peuplier, il fut abattu par précaution, de peur de le voir s'abattre sous l'effet de quelque orage.

Enfin, l'arbre de France couvrant la plus grande surface est sans conteste le figuier géant de Roscoff, planté en 1610, qui envoie dans le sol des racines aériennes et progresse ainsi autour du tronc principal comme grâce à des échasses. Il couvre actuellement un peu plus de 700 m².

Quant au record des tours de taille, c'est un peu la bouteille à l'encre : il est en effet difficile en ce domaine d'établir des comparaisons, car les tours de taille ne sont pas toujours mesurés à un mètre de hauteur, comme le veut la règle ; en matière de record, chacun défend « son arbre » et triche en descendant un peu plus bas, afin de corser le record de l'arbre qui d'ailleurs s'améliore chaque année par sa seule croissance spontanée.

En se référant à un inventaire établi sur la base d'informations remontant aux années 30 [1], on apprend qu'à cette époque, le record de circonférence était détenu par un cèdre du Liban croissant à proximité du château d'Authon, en Loir-et-Cher. Mais cet arbre, sans doute l'un des plus beaux cèdres du Liban du monde, avec sa circonférence de 12 mètres, s'est abattu en 1980. Le châtaignier de Bussau, dans les Deux-Sèvres, avec une circonférence de 11,50 mètres, est lui aussi mort de vieillesse il y a quelques décennies. On cite également le tilleul d'Ivory, dans le Jura ; mais personne n'a pu fournir son tour de taille et son cas reste donc en suspens.

Tous comptes faits, les grands ifs monumentaux et multiséculaires, avec une chapelle construite dans leur tronc, comme celui de La Haye-de-Routot dans l'Eure, détiennent peut-être ce record avec une circonférence de plus de 12 mètres à la base. Mais ici, c'est leur tour de taille à un mètre du sol qui

---

1. F. LESOURD, *Revue horticole de France*, 1956, n° 2208.

nous fait défaut. Sur cette question précise, et faute de pouvoir organiser plusieurs expéditions sur place, l'auteur est donc contraint de renoncer au palmarès.

Tous ces grands arbres ont reçu des noms de baptême et possèdent leur légende ; dûment répertoriés, leur circonférence ou leur tour de taille connus, leur hauteur mesurée, leurs mensurations précieusement consignées, chacun de ces géants est un véritable monument naturel, souvent classé et protégé comme tel, au même titre qu'un monument historique. La mort de tels monuments pose d'ailleurs des problèmes ardus à l'administration chargée par vocation de les conserver. D'où la perplexité d'un conservateur chargé de la garde d'un monument mort ; et d'où la question : un monument naturel mort est-il encore un monument ? C'est ainsi qu'à Metz, un orme séculaire, mort en 1981 de la maladie qui frappe cette espèce dans toute l'Europe, posa à l'administration un problème d'autant plus délicat qu'il poussait au centre ville et, de surcroît, dans les jardins de l'évêché ; il fallut maintes consultations et, finalement, le verdict du botaniste local, dûment consulté, pour que soit délivré le « permis d'inhumer » de l'orme décédé, au grand soulagement du clergé menacé par le démembrement spontané du squelette.

Mais voici que les arbres nous cachent la forêt ; il est temps d'y revenir.

Une forêt menacée de mort naturelle

Si quelques arbres échappent ainsi au bourreau, qu'adviendrait-il d'une forêt qui serait tout entière abandonnée à son sort et vieillirait en quelque sorte spontanément : c'est ce qui s'est produit au cours des deux derniers siècles en forêt de Fontainebleau.

La célèbre école de peinture de Barbizon, à proximité immédiate de cette forêt, a indirectement contribué, depuis fort longtemps, à sa protection. Les peintres souhaitaient en effet que les coupes soient suspendues afin que le paysage ne soit point trop bouleversé. 137 hectares de vieilles futaies, normalement destinées à la coupe, furent conservés et dès 1853, l'on créa les premières réserves dites artistiques. A cette époque, la notion de réserve naturelle n'existait pas encore, puisque le premier parc national américain ne fut créé qu'en 1872. Mais, dans ces secteurs protégés qui représentaient au total 1 700 hectares, la forêt a évolué seule et les arbres vieillirent spontanément, puis commencèrent à disparaître.

A partir de 1953 furent créées les premières réserves biologiques, tandis que des secteurs importants des vieilles réserves artistiques étaient reversés dans le patrimoine normal de la forêt. Il reste aujourd'hui approximativement 400 hectares classés en réserves. Ils témoignent d'une forêt considérablement vieillie, comme le serait par exemple une population dont la moyenne d'âge serait de 70 ans. Les arbres ont une densité très faible, beaucoup sont morts, et la forêt offre un aspect très ouvert, où les herbes concurrencent activement la germination des trop rares semis naturels d'arbres. Ces réserves de Fontainebleau représentent pour les biologistes des milieux d'un intérêt exceptionnel, où l'on a pu dénombrer un nombre impressionnant d'espèces, donnant une idée de la richesse des populations qui peuplent une forêt ; en l'occurrence, ici, 5 600 espèces végétales, dont 1 300 plantes à fleurs, plus de 2 700 champignons et plus de 500 espèces de mousses ; 6 600 espèces animales, dont 60 mammifères, 200 oiseaux et environ 5 600 insectes. Les réserves forestières intégrales sont, on le voit, des conservatoires, voire des sanctuaires où la nature, exceptionnellement protégée des œuvres humaines, a repris entièrement ses droits. Mais une nature dont la structure, la physionomie, la densité sont très différentes de l'idée que l'on se fait habituellement d'une forêt au couvert dense et épais. La productivité biologique de ces milieux est naturellement beaucoup plus faible que celle de nos forêts jardinées dont les rendements en matière première végétale sont très nettement supérieurs.

Haute productivité forestière et faible rendement photosynthétique

Chaque année, la nature produit 180 milliards de tonnes de matière organique par photosynthèse. Les mers et océans qui recouvrent 71 % de la surface du globe n'en fournissent que 42 milliards de tonnes, presque exclusivement constituées d'algues. Les continents, qui ne représentent donc que 29 % de la surface de la planète, en produisent 138 milliards. La matière première de cette gigantesque usine est naturellement le gaz carbonique dont, chaque année, près de 80 milliards de tonnes sont prélevées sur les 640 milliards de tonnes contenues dans l'atmosphère. Ainsi, le gaz carbonique se recycle-t-il entièrement tous les 8 ans. Dans ces chiffres impressionnants, la part des forêts du globe représente à elle seule environ 60 milliards de tonnes ; eu égard aux surfaces qu'elles recouvrent, elles détiennent le record de la productivité moyenne par hectare et par an, soit 14 tonnes. Ces chiffres semblent suggérer que l'usine photo-synthétique fonctionne avec une extraordinaire efficacité. En réalité, il n'en est rien : lorsqu'on considère la quantité d'énergie solaire annuelle-ment reçue par le globe à celle qui s'investit effectivement dans la photosynthèse, les chiffres sont éloquents : 1 % seulement de l'énergie reçue est employée à faire de la matière vivante. Le rendement de l'usine photosynthétique est donc particulièrement désastreux, et un tel gaspillage d'énergie ne manquerait pas de mettre en faillite n'importe quelle entreprise humaine ! Les forêts, qui constituent l'ensemble le plus productif, peuvent en utiliser jusqu'à 2 % : piètre record !... Mais osons risquer une comparaison saugrenue : si l'on imagine les potentialités inscrites dans les 13 milliards de neurones interconnectés du cerveau humain, on reste pantois devant l'incroyable médiocrité de la qualité des relations humaines, affectives ou sociales, dont le spectacle généreusement véhiculé par les media évoque la plus étonnante des cacophonies, chaque individu, peuple ou nation, tirant à hue et à dia dans le plus complet désordre. Ce qui nous rappelle opportunément – mais ne le savions-nous pas déjà ? – que l'homme, si fier de son fameux cerveau, fait bien partie de la nature, puisqu'il est assujetti aux mêmes lois, y compris celles qui lui confèrent un rendement aussi dérisoire !

Pourtant, c'est avec ces moyens modestes et au prix d'une incroyable déperdition d'énergie que la nature édifie les structures végétales et animales les plus sophistiquées, les plus complexes, les plus performantes. Bel exemple d'une transformation « qualitative » de l'énergie, d'une sorte de sélection associant significativement, à un énorme gaspillage, la production d'œuvres de toute première qualité. En fait, pour la nature, on l'a assez dit et écrit, l'obstination et la fantaisie dans la création des espèces, la diversité infinie de son génie, le sens du gratuit, de la fantaisie, de l'imaginaire débridé comptent bien plus que l'efficacité et le rendement tels que **les** comprennent les entreprises industrielles modernes.

Les 1 à 2 % d'énergie lumineuse captée le sont par les feuilles dont chacune peut être comparée à une minuscule batterie solaire. Leur disposition manifeste une seconde loi de la nature, celle de la miniaturisation ; plutôt que de couvrir un tronc d'un voile homogène qui formerait une feuille unique et immense, la nature préfère diviser pour mieux multiplier. C'est ainsi que les 25 à 40 millions de feuilles d'un hectare de forêt représentent en réalité une surface photosynthétique de 5 à 8 hectares. Les petites feuilles sont donc la manière la plus efficace de capter l'énergie solaire. Sans cette invention, le rendement photosynthétique de la forêt serait encore plus faible. Pour le hêtre, la nappe foliaire est plus dense et peut représenter une surface de 10 hectares à l'hectare planté. Les épicéas font mieux encore, puisque la surface totale des aiguilles d'une forêt d'épicéas représenterait 16 hectares à l'hectare planté, et celle d'une forêt de sapins 17 ! Voilà une des raisons pour lesquelles les conifères produisent plus de bois que les feuillus, et sont si souvent préférés à ces derniers. En effet, l'accroissement en volume de l'épicéa est 4 fois plus rapide que celui du chêne.

On estime qu'au total, la photosynthèse produit en forêt 29 tonnes de matière végétale par hectare et par an. Sur ces 29 tonnes, 45 % sont dans le même temps brûlés par la respiration : la nature reprend donc la moitié de ce qu'elle a fait. La respiration est pourtant nécessaire à la vie des cellules qui, sans elle, ne pourraient faire la photosynthèse : autre curiosité de cette nature qui mêle, emmêle et entremêle ses cycles, fait et redéfait ses propres productions, comme si elle voulait sans cesse défier notre logique ! Les 15 tonnes restantes, après que la respiration a fait son œuvre, vont à leur tour se décomposer comme suit : 29 % sous forme d'« incrément » ligneux (l'incrément étant l'augmentation nette du poids du bois [1], c'est le bénéfice net de la production forestière), 16 % éliminés sous forme d'écailles, de feuilles sèches, de branches et

1. Ce mot, on le constate, s'oppose à excrément, qui évoque au contraire une élimination.

de racines mortes, 3 % consommés par les herbivores, et 1 % qui servira, sous forme de graines ou de fruits, à la régénération du couvert.

Lorsqu'on sait que le poids total en matière vivante d'une forêt à feuilles caduques s'élève approximativement à 300 ou 400 tonnes par hectare, c'est approximativement 5 % de ce poids total, soit 15 tonnes, que la forêt reproduit chaque année : elle boucle donc son cycle en se régénérant entièrement tous les 20 ans.

On peut s'étonner du volume impressionnant de matière brûlée par respiration : c'est qu'en effet, la photosynthèse et la respiration s'effectuent simultanément. La première absorbe du gaz carbonique et rejette de l'oxygène, la seconde fait l'inverse. De jour, la photosynthèse l'emporte nettement ; mais dès que la lumière tombe au-dessous d'un certain seuil, la photosynthèse s'arrête et seule demeure alors la respiration qui chaque nuit « amaigrit » la végétation. Lorsque la respiration l'emporte, même de jour, sur la photosynthèse, la végétation meurt : c'est le sort des branches basses des arbres, privées de lumière, qui s'éliminent sous forme de branches mortes.

Quand un arbre se déshabille spontanément

Ainsi l'arbre couvert par sa cime se « déshabille-t-il » spontanément en tuant ses branches basses et en pratiquant l'élagage spontané ; il prend le port caractéristique de l'arbre forestier, avec un long tronc vertical terminé par une cime pommelée à haute altitude. Au bord de la forêt, au contraire, la lumière éclaire l'arbre latéralement, d'où son port asymétrique, avec de fortes branches permanentes orientées vers l'extérieur. Le port si différent des arbres forestiers qu'affectent les arbres isolés en campagne, où les branches recouvrent tout le tronc jusqu'au sol, s'explique par les quantités égales de lumière reçues de toutes les directions. Car le végétal va vers la lumière : c'est la conséquence visible de son aptitude à la photosynthèse, qualifiée de phototropisme.

Ce phénomène bien connu s'observe sur les jeunes pousses de pommes de terre qui semblent aspirées par le soupirail d'une cave ; il est dû à l'inactivation, par exposition à la lumière, d'une hormone de croissance végétale : l'auxine. Du côté exposé, les cellules s'allongent peu, à l'inverse de ce qui se produit du côté non exposé, où elles s'allongent davantage : il en résulte une dissymétrie s'exprimant par une courbure qui oriente le rameau dans la direction de la lumière reçue. En inhibant l'action de l'auxine, on peut accélérer l'élongation d'une plantule de chêne : il suffit de l'enfermer dans un manchon obscur ; la lumière ne produit plus aucune inactivation de l'auxine et le rythme de la croissance s'en trouve notablement accru.

L'arbre : un arrosoir fonctionnant à l'envers

Le rendement médiocre de la photosynthèse ne touche pas seulement le rapport entre quantité de lumière reçue et quantité de lumière utilisée ; il n'est guère meilleur en ce qui concerne l'eau. Pour fixer un ou deux grammes de matière organique, l'arbre est contraint de transpirer un litre d'eau. Les quantités d'eau transpirées sont donc impressionnantes. Un kilo de feuilles de bouleau transpire en moyenne, en une saison, près d'une tonne d'eau ; le hêtre un peu moins, environ 750 kilos, et le sapin beaucoup moins, car ses feuilles sont revêtues d'un épais enduit cireux, formant un système de protection contre la transpiration : un kilo d'aiguilles ne transpire guère plus de 70 kilos d'eau. L'intense transpiration des feuilles explique pourquoi la forêt est toujours liée à l'eau, soit qu'elle exige un certain volume de pluie, soit que, dans les régions tropicales relativement arides, elle suive fidèlement les rivières, comme c'est le cas des « forêts-galeries ».

C'est donc le volume de la pluviométrie qui détermine l'apparition de la forêt. Et comme tout est cyclique en écologie, la forêt aura à son tour une incidence sur le climat par le volume d'eau transpiré. On peut s'imaginer un arbre comme une sorte d'arrosoir renversé dont la pomme émettrait par des orifices minuscules – les stomates des feuilles – d'énormes quantités de vapeur d'eau. Un chêne de bonne taile est traversé par un courant de 43 mètres à l'heure qui débite, pour un centimètre cube de section du tronc, 358 centimètres cube d'eau. La forêt transpire donc énormément et augmente la pluviosité. La forêt de Haye, près de Nancy, manifeste une pluviosité supérieure de 30 % en moyenne par rapport aux espaces environnants. C'est ainsi que les forêts modifient les climats, non seulement en leur sein où l'air est plus humide et moins venteux, mais aussi dans leur environnement où les précipitations sont augmentées, surtout sous les vents dominants.

L'eau puisée par les racines n'est pas une eau plate, mais une eau minérale : elle contient en solution des éléments divers nécessaires à la chimie cellulaire. Ces éléments, qui subsistent après combustion de la matière organique sous forme de cendres, s'accumulent dans les parties vivantes de l'arbre, de sorte que les cellules mortes du bois n'en contiennent que très peu : 0,2 % à 0,3 % de cendres pour les résineux ; 0,5 % à 0,8 % pour les feuillus. Les feuilles, dont presque toutes les cellules sont vivantes, sont en revanche beaucoup plus riches : 2 à 4 % pour les résineux, 5 % pour le chêne, 12 % pour l'orme ; le toucher rugueux des feuilles de ce dernier arbre manifeste cette richesse particulière en matières minérales. On comprend que l'exploitation et l'exportation des fûts forestiers appauvrissent fort peu la forêt en minéraux ; par contre, l'exploitation des fagots et des bois morts est déjà plus coûteuse ; quant au ramassage des feuilles, il aurait, s'il était pratiqué, un effet absolument désastreux en empêchant la restitution au sol des éléments minéraux indispensables à la vie biologique et au renouvellement de la forêt. Aussi est-il strictement interdit. Les bûcherons tiennent compte de ces faits pour l'exploitation d'une forêt. Sur sols chimiquement très pauvres, ils ne couperont que des arbres de très fort diamètre, éliminant ainsi aussi peu d'éléments minéraux que possible.

Le tempérament des arbres

Chaque espèce d'arbre a naturellement ses exigences écologiques propres, son caractère, son tempérament... Ceux du hêtre et du chêne sont relativement souples, ce qui explique leur présence sur de vastes territoires (avec cependant de multiples variantes écologiques, différentes suivant les espèces). Le hêtre, comme le sapin, ne germe et ne développe ses jeunes pousses qu'à l'ombre. En cas de compétition entre eux, c'est généralement le hêtre qui l'emporte. Les pins, au contraire, germent en pleine lumière, d'où leur présence sur les sommets très ensoleillés. Le pin noir, comme le chêne pubescent, aime les terrains calcaires. Le chêne-liège et le pin maritime les fuient. En règle générale, les forêts occupent des terrains relativement pauvres qui ne permettraient pas des rendements agricoles intéressants. La frugalité des bouleaux, des pins maritimes, des pins sylvestres, des pins à crochets ou des chênes pubescents est légendaire, tandis que d'autres arbres demandent des sols assez riches : ce sont surtout les arbres dit « fruitiers » (Alisier, Merisier) ainsi que les ormes ou les frênes.

Les châtaigniers sont très exigeants quant à la nature chimique du sol : ils n'aiment que les sols siliceux acides et détestent le calcaire, de sorte que leur apparition marque – dans les Cévennes par exemple, et avec une étonnante précision – le passage du calcaire au granit.

A vrai dire, le châtaignier n'est pas la seule espèce â être sensible à la nature du sol. Ce facteur est d'une grande importance pour les plantes rivées par leur fixité à leur support. Mais les hommes eux-mêmes ne semblent-ils pas correspondre, par leur tempérament politique, au sol qui les porte ? La carte géologique de la France recoupe étrangement, comme l'a montré André Siegfried, la carte politique. Les régions granitiques comme le Massif central, les Vosges, la Vendée, la Bretagne ont conservé, jusqu'à il y a peu, la vieille tradition catholique et sont restées très longtemps « de droite ». Elles n'en figurent pas moins en rouge sur les cartes géologiques. A l'inverse, les régions calcaires, sédimentaires, ont adhéré plus tôt aux traditions républicaines qui coïncident aux régions figurant en bleu sur les cartes. Ici le rouge et le bleu s'inversent curieusement : les conservateurs deviennent rouges, les républicains des bleus ! Les pays de bocages penchent de même vers le conservatisme, tandis que les vastes plaines calcaires préfèrent le socialisme. On pourrait citer, avec une pointe d'humour, le village de Pissote, en Vendée, qu'une faille entre la roche primaire et les sédiments secondaires divise littéralement par le milieu. Or la tradition veut qu'à Pissote, depuis des lustres, les majorités se jouent à quelques voix, comme si la géologie décidait ici souverainement des choix des électeurs !

Des producteurs aux consommateurs

Mais, à l'instar de notre société qualifiée tantôt de société de production, tantôt de société de consommation, la forêt n'est pas exclusivement vouée à la production photosynthétique ; elle comporte aussi ses consommateurs. Ce sont les animaux, qui se situent sur une sorte de pyramide à quatre niveaux. La base de la pyramide comporte les herbivores, avec en particulier les grands mammifères : cerfs, chevreuils, sangliers. A l'instar des économistes qui, sur ce point, les ont inspirés, les écologistes quantifient allégrement les données biologiques : ainsi, cédant au goût du jour qui veut que tout ce qui n'est pas quantifiable ne soit pas appréciable, ils évaluent en poids la « productivité » animale pour nous apprendre, par exemple, que dans une chênaie à charmes de 120 ans, ces « consommateurs » représentent en moyenne deux kilos à l'hectare... Toujours parmi les herbivores, on compte aussi les petits mammifères, comme le lapin qui se nourrit de feuillage, les mulots et campagnols qui préfèrent les racines, et les écureuils, classiques consommateurs de fruits. Ces herbivores sont tous la proie des carnivores de premier ordre tels que renards, blaireaux, hermines, putois, belettes, ours et loups éventuellement. Même dichotomie chez les oiseaux dont le ramier, la tourterelle, le merle, la grive, le geai sont herbivores, consommateurs de fruits, tandis que la buse, le faucon, le grand duc, la hulotte, l'autour et l'épervier sont carnivores ; on peut être, suivant les cas, carnivore de 1er ou 2e ordre : la buse est carnivore de premier ordre si elle dévore un mulot, mais de deuxième ordre si elle se nourrit d'une fauvette qui a mangé un hanneton broutant une feuille. Un acarien comme l'ixode, carnivore de deuxième ordre, parce que parasite de nombreux animaux, peut être promu au rang supérieur de carnivore de troisième ordre s'il parasite un carnivore de deuxième ordre. Le voilà alors installé tout au sommet de la pyramide écologique, privilège qu'il peut partager avec poux ou puces, autres parasites d'animaux carnivores.

Margré l'immense diversité de ses espèces, beaucoup plus nombreuses que les plantes, le monde animal ne représente qu'une masse infime de la production biologique globale de la forêt ; comparée à la production végétale, elle est insignifiante, car la pyramide est d'autant plus étroite qu'on se rapproche de son sommet. Si les oiseaux ne représentent que 1,3 kilo à l'hectare, les petits mammifères 5 kilos, et les gros mammifères 2 kilos – on compte en moyenne une tête de cerf ou de chevreuil pour 75 hectares –, en revanche, les animaux qu'on ne voit pas sont les plus fortement représentés : ainsi les lombrics, classiques vers de terre qui ameublissent et aèrent le sol, peuvent-ils représenter jusqu'à 900 kilos. Les chenilles de papillons qui rongent les feuilles et les jeunes inflorescences au printemps représentent en moyenne 50 kilos ; quant aux populations de décomposeurs : champignons du sol et bactéries, si leur masse globale est relativement modeste en poids (70 grammes de matière sèche à l'hectare), leur activité est intense, en raison de leur forte capacité respiratoire qui leur permet de décomposer les cadavres animaux et végétaux en restituant à l'air le gaz carbonique et au sol les éléments minéraux.

Au cours des dernières années, de nombreux travaux d'écologie ont fleuri, donnant au gramme près la masse totale des individus appartenant à un groupe zoologique ou botanique particulier. Il est possible d'établir des bilans quantitatifs de productivité, de matières consommées ou transformées, de transferts d'énergie le long des chaînes alimentaires, c'est-à-dire du bas en haut de la pyramide. Ainsi, l'écologie applique-t-elle aux écosystèmes les types de calcul que les économistes appliquent de longue date à la société. L'économie a donc inspiré et induit de nouveaux axes de recherche en écologie. Mais ces évaluations en poids vif ou en matière sèche des végétaux et des animaux manquent quelque peu de poésie ; dans l'aridité des statistiques, la forêt ploie sous le poids des tonnages et des « kilotages ». Redonnons-lui donc un peu de vie. Car tous ces êtres luttent pour la nourriture, se battent, s'aiment, s'associent... Et l'homme, qui remplace désormais les grands carnivores comme l'ours ou le loup, participe lui aussi à la régulation des populations animales dont la prolifération pourrait provoquer de graves dégâts : les Cervidés dévorent les jeunes pousses d'arbre, gênant la régénération spontanée de la forêt ; en sectionnant les bourgeons terminaux, ils condamnent l'arbre à pousser en buisson ; et en frottant leurs jeunes bois aux troncs, ils désécorcent les arbres, comme le font aussi les sangliers qui se débarrassent ainsi de leurs parasites. Ces frottoirs sont d'ailleurs systématiquement utilisés par les animaux qui y reviennent régulièrement. Abattre ces arbres, c'est en désigner d'autres au même usage et les condamner à terme également. Les sangliers, moins nocifs que les cervidés, se nourrissent de glands et de faînes, labourent le sol, contribuent à son aération et favorisent ainsi la décomposition des litières. Les lombrics œuvrent dans le même sens, facilitant l'action des bactéries.

Les rongeurs, comme le lièvre, le lapin et l'écureuil, font des ravages quand ils pullulent. La destruction des carnivores dans la forêt de Villefermoy entre les deux guerres a entraîné une extraordinaire prolifération des lapins qui ont éliminé tous les semis de chêne, ne respectant que les tilleuls. L'interdiction de la chasse durant la dernière guerre a entraîné la réapparition des carnivores, qui ont fait chuter les populations de lapins – d'où une réapparition des semis de chêne, arbre qui se réinstalle depuis lors.

Les oiseaux régulent les populations d'insectes : ces derniers étant pour la plupart des parasites des feuilles ou du bois, malheur à la forêt qui n'aurait pas son riche contingent d'oiseaux !

En vérité, nous sommes loin encore de pouvoir soupçonner la richesse des interrelations entre tous les habitants d'une forêt, et, pour l'instant, les évaluations quantitatives l'emportent encore sur les appréciations qualitatives [1]. La sociologie est certes plus avancée, qui analyse avec un luxe de précision impressionnant la nature des relations liant les membres d'un groupe social, ou encore le fonctionnement de ces groupes et les relations qu'ils entretiennent entre eux. Il est vrai que ces membres appartiennent tous à l'espèce humaine, tandis que les habitants de la forêt représentent des espèces multiples. Il en résulte des interrelations potentielles infiniment plus larges, donc une complexité beaucoup plus grande.

Pourtant, de prime abord, tout paraît simple : la nature répartit les fonctions et les tâches entre ses membres de manière stricte, affectant aux végétaux les tâches de production, aux animaux les tâches de consommation, enfin aux bactéries, aux champignons et à quelques animaux spécialisés les tâches de décomposition et de recyclage des cadavres et des déchets.

C'est Lavoisier qui, le premier, exprima de façon très claire cette remarquable répartition des fonc-

1. Le prochain ouvrage de cette série sera consacré aux multiples types de relations qui, dans la nature, relient les êtres vivants, végétaux et animaux entre eux, et dont la riche complexité ne commence à être appréhendée par l'écologie que depuis ces toutes dernières années.

tions dans la nature. Peu avant d'être envoyé à la guillotine, il écrivit ce texte qui, deux siècles plus tard, reste parfaitement actuel :

« Les végétaux puisent dans l'air qui les environne, dans l'eau et en général dans le règne minéral, les matériaux nécessaires à leur organisation. Les animaux se nourrissent ou de végétaux ou d'autres animaux, qui ont été eux-mêmes nourris de végétaux, en sorte que les matières qui les forment sont toujours en dernier résultat tirées de l'air ou du règne minéral. Enfin, la fermentation, la putréfaction et la combustion rendent perpétuellement, à l'air de l'atmosphère et au règne minéral, les principes que les végétaux et les animaux leur ont empruntés. Par quel procédé la nature opère-t-elle cette merveilleuse circulation entre les trois règnes ?

« Puisque la combustion et la putréfaction sont les moyens que la nature emploie pour rendre au règne minéral les matériaux qu'elle en a tirés pour former les végétaux et les animaux, la végétation et l'animalisation doivent être des phénomènes inverses de la combustion et de la putréfaction. »

Remarquable intuition que la physiologie et l'écologie devaient confirmer bien plus tard.

Société végétale, société humaine

Dans une forêt, producteurs, consommateurs de tout niveau et décomposeurs appartiennent à des espèces différentes : ils ne sont ni reconvertibles, ni interchangeables, même si quelques exceptions viennent parfois confirmer la règle, comme c'est le cas pour les plantes parasites ou carnivores qui peuvent être de très voraces consommateurs et perdre parfois complètement leur rôle de producteurs, lorsqu'elles se débarrassent de leur chlorophylle par exemple.

Dans nos sociétés, au contraire, chaque travailleur est producteur lorsqu'il fait son métier et consommateur à la maison. Les rôles sont interchangeables et jamais définitivement déterminés. Les clochards, lorsqu'ils « font les poubelles », sont plutôt décomposeurs que parasites. Par contre, ceux qui « font la manche » sont de vrais parasites, encore qu'ils ne vivent pas au détriment d'un seul individu : ce sont donc des parasites « opportunistes », à la différence des gigolos de tout poil dont certains, solidement accrochés à leurs protecteurs, sont des parasites stricts. Des chômeurs, on pourrait dire qu'ils sont comme nos arbres en hiver : producteurs potentiels, mais momentanément au repos. Tous en revanche, peu ou prou, sont consommateurs, car il faut bien manger pour vivre, et respirer. Après tout, les plantes elles-mêmes en font autant qui reconsomment 45 % des sucres qu'elles synthétisent pour alimenter leur propre respiration.

Cette analogie mise à part, la nature paraît singulièrement plus rigidc que la société : car elle assigne à chaque espèce une « niche écologique » soigneusement déterminée, qui lui est propre et dont elle ne sortira pas. Et elle lui confie un rôle précis, une fonction et une tâche qui ne changent pas mais contribuent à l'équilibre général du système. Ainsi, chaque espèce végétale occupe un milieu bien déterminé correspondant, comme on l'a vu, à ses exigences, à ses « goûts ». Et sa production photosynthétique ne s'effectue que dans ce milieu-là. Ailleurs, ce sont d'autres espèces qui font marcher la grande usine photosynthétique ! Chaque espèce nourrit ses insectes, ses prédateurs plus ou moins spécifiques, qui ont leur propre régime alimentaire, leur menu particulier sélectionné dans l'immense palette de la nature. Ainsi chaque espèce, et tous les individus qui la composent, vivent-ils dans un cadre parfaitement défini et parfaitement rigide si on l'observe à l'échelle humaine. Mais, si l'on se place dans l'épaisseur des temps géologiques, le lent et patient travail de l'évolution modifie, assouplit et fait constamment éclater ces rigidités qui ne sont qu'une trompeuse apparence : entre la rigidité du cristal – ce qui n'évolue pas – et l'évanescence de la fumée – ce qui évolue trop vite [1] – la Vie ne choisit pas ; simplement, elle se meut entre ces deux pôles, qui ne sont que les deux visages de la mort : celui de la crispation et celui de la dissipation. Saisie dans l'instant qui la fixe sur une pellicule photographique, elle paraît figée comme un cristal ; vue dans le cours du temps, elle devient mouvante, fluente, impossible à saisir comme la fumée.

Pourtant les sociétés humaines, surtout contemporaines, semblent assigner aux individus qui les composent un statut infiniment moins rigide que celui des végétaux et des animaux dans la nature. Imaginer en effet d'enfermer les humains dans des limites aussi strictes que celles des niches écologiques animales ou végétales, de les emprisonner dans de telles contraintes, de leur refuser toutes possibilités de conversion ou de reconversion, de leur interdire loisirs et hobbies, jardinage et bricolage, afin que chacun ne se concentre que sur une seule tâche, ne pourrait relever que d'un cauchemar totalitaire. Car la position de l'homme dans les sociétés modernes, démocratiques et permissives, est plus souple, plus ouverte à toute évolution qu'elle ne l'est dans les sociétés traditionnelles nettement plus rigides ; et elle est infiniment plus souple encore que ne l'est celle d'une plante ou d'un animal dans la nature. Car l'évolution tend sans cesse vers plus de liberté !

Si le mouvement et le changement sont la loi de la Vie, il est aisé de les percevoir à partir de la seule observation du présent, pour l'homme contemporain. En revanche, il faudrait des millénaires d'observation pour saisir le jeu de l'évolution

---

1. Cf. H. ATLAN, *Le Cristal et la Fumée*, Seuil.

dans des sociétés archaïques et figées comme, par exemple, celles des indiens d'Amazonie, et des millions d'années pour l'appréhender au niveau des végétaux ou des animaux composant les écosystèmes. Avec l'homme, l'évolution sociale prend en quelque sorte le relais de l'évolution biologique et accélère de façon prodigieuse le « mouvement de l'histoire ».

De ce fait, si les modèles issus de la nature peuvent éclairer la compréhension des sociétés humaines, ils ne suffisent pas à expliquer entièrement leur fonctionnement. Avec l'émergence de l'homme, quelque chose de neuf apparaît qui modifie profondément l'antique organisation de la nature, et aboutit à une surorganisation sociale qui peut, en phase de décadence, dégénérer en désorganisation totale. Vie et mort de la nature ; vie et mort des sociétés...

Alternance de morts et de résurrections qu'exprime, depuis la nuit des temps, la riche symbolique du signe zodiacal du scorpion et à laquelle la mort et la résurrection du Christ ont donné une valeur et une signification universelles.

Mais cette tendance à la désorganisation fait elle-même partie de la Vie, laquelle n'est jamais statique ; et la rigidité apparente des sociétés naturelles cache une réalité beaucoup plus subtile. Si chaque espèce assume une fonction qui lui est propre et occupe, comme on le dit en écologie, une « niche » qui lui est spécifique, l'évolution, en modifiant sans cesse les rapports des individus avec leurs milieux eux-mêmes perpétuellement changeants, a multiplié à l'infini ces niches ; de sorte que nombreux sont les plantes ou les animaux qui occupent des milieux ou manifestent des comportements alimentaires et sociaux extrêmement proches, sinon identiques, leurs niches se superposant alors partiellement. Une identité totale entraînerait en revanche une compétition à mort pour la niche et, à terme, la disparition de l'un des éléments du couple de compétiteurs. Si ce cas de figure a dû se produire maintes fois au cours de l'évolution, le jeu de la diversification des niches et des espèces qui les occupent l'a toujours emporté, ce qui explique la permanence des grands équilibres de la nature. Ainsi, dans une forêt, par exemple, les arbres ont des exigences écologiques légèrement différentes correspondant à ce que nous avons appelé leur « tempérament » ; chaque espèce occupera donc le milieu qui lui est le plus favorable ; il en va de même pour les herbes, les animaux, les oiseaux, dont la répartition ne se fait jamais au hasard, mais selon les exigences et les besoins propres à chaque espèce dans ses rapports avec les autres. D'où une extrême richesse relationnelle entre tous les éléments de l'éco-système, entraînant, pour emprunter un terme propre à la cybernétique, une grande « redondance ».

La redondance exprime le degré de complexité d'un système, lequel est proportionnel à la richesse des interrelations qui relient entre eux les éléments qui le constituent. Plus nombreux sont ces éléments – ici les individus et les espèces – et plus nombreuses sont leurs interrelations, plus fiable sera le système. On pourra donc dire qu'un système est d'autant plus redondant qu'il comporte plus de relations « transversales », plus de relations privilégiées entre l'ensemble de ses éléments.

Prenons une comparaison simple et parlante : une automobile est un engin peu redondant, car la panne d'un seul organe interrompt immédiatement son fonctionnement ; elle ne possède pas la possibilité de faire accomplir la tâche dévolue à cet organe défectueux par un autre organe ; elle n'a donc aucune souplesse d'autoreconversion interne : seul le remplacement de l'organe défaillant permettra de remettre en marche la machine. La redondance est donc nulle et le recours au garagiste indispensable. Dans un système mécanique simple comme celui-là, on passe presque sans transition du fonctionnement à la panne, et celle-ci ne se répare que par une intervention extérieure.

A l'inverse, l'organisme humain est beaucoup

plus redondant, car il possède d'importantes capacités de régénération et d'autodéfense. C'est pourquoi une blessure se cicatrise spontanément et une lésion, comme disent les médecins, se compense. La redondance ici est très supérieure à celle d'un engin mécanique, et le recours au médecin n'est pas indispensable en cas de panne, car il arrive que la guérison survienne spontanément. Il suffit de voir, de surcroît, avec quelle habileté un aveugle peut apprendre le braille, un manchot à se servir de ses jambes, un amputé à assigner à sa main unique les tâches habituellement dévolues aux deux, pour apprécier le haut niveau de redondance, de « reconversion potentielle » de la machine humaine.

Un écosystème – une forêt par exemple – est encore plus redondant. Qu'une espèce animale ou végétale vienne à disparaître et le système organise immédiatement son remplacement par une autre espèce à niche écologique voisine. C'est ici que se démontre avec le plus d'éclat la manière dont la nature a « horreur du vide », et dont elle compense aussitôt un déséquilibre ponctuel, de sorte que l'équilibre global du système se trouve promptement rétabli. On peut donc considérer une forêt comme un système puissamment redondant.

Certes, la redondance atteint ses limites lorsque des perturbations graves et profondes se produisent ; et elle sera d'autant plus faible que le système lui-même sera plus pauvre en espèces, donc moins apte à remplacer les défaillantes ; il est clair que la redondance d'une pessière, constituée par une population pure d'épicéas, est nulle dès lors qu'une maladie mortelle frapperait cette espèce ; d'où le danger des monocultures, qu'elles soient sylvestres ou agraires. A l'inverse, plus diversifié est le système, plus grande sera sa redondance, car plus élevée s'avère sa capacité de combler une niche écologique provisoirement désertée par son occupant.

Notons au passage le glissement de sens du mot redondance : avant l'intervention de la cybernétique qui lui a donné l'acception précise que nous lui attribuons ici, la redondance désignait péjorativement ces effets de manches ou de menton qui accompagnent souvent l'art oratoire sans enrichir nécessairement le contenu du discours : elle était, pourrait-on dire, purement superfétatoire...

La redondance est donc la qualité première d'un système complexe, qu'il soit naturel ou social. Elle découle du jeu simultané, par tous les acteurs, de leur rôle ; et rend donc sans objet la question si souvent entendue : à quoi puis-je servir ?

Il est vrai que la Vie est fondamentalement gratuite. Les notions d'efficacité et d'utilité lui sont totalement étrangères. Les grands créateurs, les grands artistes, les grands saints jalonnent l'histoire de leur fulgurante émergence ; chacun lui apporte sa note ou sa touche personnelles dont les successions et les entrelacs forment la trame même de cette histoire ; mais aucun ne pourrait prétendre l'avoir marquée, à lui seul, de manière indélébile ; pas plus qu'aucune espèce ne saurait prétendre être à elle seule le tout de la Vie. Quant aux grands chefs de guerre, aux grands hommes d'État, ils jalonnent souvent cette même histoire des morts que laissèrent sur le terrain les multiples campagnes qui firent et défirent leurs empires.

Mais tous les autres, ceux qui n'ont pas de nom et n'en laisseront point ? A chacun, franchi le « pas » de la réflexion, donc de l'hominisation, la Vie assigne une tâche, la même pour tous : celle de l'émergence, de la création, de la transformation et de l'élaboration de ce petit chef-d'œuvre que chacun porte en soi comme une graine et qui veut percer les rigidités et les habitudes du « moi » envahissant ; cette graine est notre participation à l'essence même de la Vie et de l'univers, parcelle du divin que nous portons en nous et qui doit grandir pour que s'accomplisse ce programme inscrit dans notre première cellule et qu'il nous appartient, par un long et dur labeur – labeur effrayant, en vérité –, de réaliser jusqu'à notre accomplissement.

Parfaitement oiseuse est donc la question que se posent le solitaire, le vieillard, le malade : « A quoi puis-je servir ? » La vraie question, la même pour tous, c'est : « Qui suis-je ? » – et plus encore : « Qui suis-je en train de devenir ? » Alors se dessine l'horizon toujours neuf de la transcendance qui nous appelle... mais dont nous redescendons promptement pour revenir à la forêt.

Les multiples rôles de la forêt

Société végétale d'une haute complexité, plus proche que d'autres de la végétation primaire de l'Europe tempérée, la forêt joue sur la scène de la nature de multiples rôles.

En tant que principal producteur primaire par l'intensité de sa photosynthèse, elle fournit l'oxygène nécessaire à la régénération de l'air et à la respiration des animaux, ainsi que le bois dont les usages n'ont cessé de se développer avec l'augmentation de la demande en pâtes à papier : 100 000 exemplaires d'un journal correspondent à l'accroissement naturel d'un hectare et demi de forêt par an. La campagne présidentielle de 1981 a coûté 14 000 tonnes de papier sous forme de prospectus et d'affiches divers, soit 210 000 arbres. Si l'on recyclait – ce qui est parfaitement possible – les 12 000 tonnes de papier rejetées chaque jour, le conseil que Ronsard donnait en 1584 aux bûcherons de la forêt de Gastine : « Écoute, bûcheron, arrête un peu le bras », retrouverait toute son actualité ! Et la forêt recouvrerait alors ce qui sera peut-être demain sa vocation première, et qui est aujourd'hui même sa vocation écologique primordiale : produire de la « biomasse », qui compte dès à présent parmi les principales sources d'énergie « verte », après transformation par fermentation en méthane ou autre carburant liquide...

La forêt accélère et entretient aussi le cycle de l'eau, contribuant par là à l'humidification des climats et à la régulation de la pluviométrie. Les grandes plaines céréalières d'Ukraine, largement ouvertes au vent et donc soumises au risque d'un dessèchement excessif, ont été quadrillées par des espaces boisés qui entraînèrent l'augmentation de la productivité agricole moyenne dans des proportions importantes.

La forêt protège également le sol, qu'elle contribue d'ailleurs à former et à enrichir par la lente élaboration de l'humus, fruit de la décomposition de la matière organique, et par la restitution des matières minérales résultant de la dégradation des feuilles mortes. Mais, en même temps, elle protège le sol de l'érosion par le vent ou par la pluie. La forêt est un brise-vent efficace, et on sait avec quel succès les plantations de pins effectuées en 1860 par Brémontier contribuèrent à la fixation des dunes landaises.

Elle empêche aussi l'érosion des sols par les pluies ; en effet, le revêtement du sol par les litières mortes, l'enchevêtrement des racines, le feutrage des mousses, le tapis herbacé, amortissent la chute des eaux de pluie, freinées d'ailleurs par le feuillage des arbres dont elles s'égouttent à un rytme atténué. L'écoulement des eaux pluviales sera donc largement ralenti par la couche absorbante que représente la végétation du sol : après une forte pluie, un mètre carré de mousse retient un kilo d'eau. La forêt forme alors une sorte de gigantesque éponge, susceptible d'écrêter les pointes des débits fluviaux, de régulariser les sources, les rivières, phénomène surtout sensible en montagne où les pluies fortes et brusques peuvent provoquer la montée brutale des torrents. A l'inverse, des déforestations intempestives, en déboisant les bassins versants des rivières ou des fleuves, favorisent les inondations ; l'exemple du fleuve Jaune en Chine est célèbre : ses crues catastrophiques sont la conséquence de déboisements déjà fort anciens, effectués en amont ; aussi le fleuve est-il aujourd'hui entièrement endigué sur des milliers de kilomètres. Les crues catastrophiques de l'Arno à Florence en 1966, et plus récemment à Morlaix, sont également les conséquences de déboisements mal conduits des bassins versants.

La forêt joue enfin un rôle dans l'absorption de la pollution de l'air, où elle forme un écran, parfois planté volontairement, entre des zones à fortes émissions industrielles et des zones urbanisées. Nouveau mode d'utilisation de la forêt, comme l'est également le concept récent de forêts de loisirs, destinées au tourisme plus qu'à la production. Les notions modernes d'écologie et de défense de l'environnement conduisent ainsi non seulement à respecter la forêt dans ses fonctions naturelles, mais aussi, dans certains cas, à lui en affecter de nouvelles, et de ne plus voir dans la seule production du bois son unique et traditionnelle fonction productive.

CHAPITRE 5

La sociologie végétale

De Singapour à Bangkok, l'avion survole la péninsule malaise. Au sol, le moutonnement sans fin de la forêt équatoriale, découpée çà et là par la nervure tourmentée que dessine le lit d'une rivière. Peu ou pas de discontinuité dans ce paysage, nulle trace d'implantation humaine. A l'altitude où nous sommes, la vie apparaît pour ce qu'elle est : une sorte d'efflorescence, comme une mousse, une écume bourgeonnante qui se répand et s'étale à la surface de la terre.

La vie, un phénomène de lisière

Fruit de la rencontre des quatre éléments : la terre, l'eau, l'air. et la lumière, la Vie est un phénomène de lisière ; mince pellicule verte entre le corps de la planète et l'espace, elle naît des interactions fécondes de ces milieux différents, à leurs zones de contact où ils s'imbriquent et se confrontent sans qu'aucune frontière, à l'image de celles que les hommes dressent entre eux, vienne entraver leurs échanges féconds. C'est dans les zones marécageuses, à la frontière incertaine des terres et des eaux, que sont nés les premiers végétaux terrestres, hardis pionniers descendant des algues marines. Mais, bien avant, c'est à la frontière de la terre et des cieux que naquit la Vie et qu'elle se perpétue toujours sur cette mince pellicule sphérique appelée biosphère.

Même impression de puissance et de majesté sur le vol Brasilia-Mañaos ; même moutonnement infini des cimes, même plénitude, même densité du peuplement végétal. Pourtant, ici, l'homme inscrit chaque jour plus puissamment son empreinte. Les multiples pénétrations de la forêt amazonienne par les engins de chantier, leurs conducteurs et la vaste troupe de leurs suiveurs, rompent l'impression d'homogénéité du couvert végétal, et rappellent – si cela était encore nécessaire en cette fin du XXe siècle – l'universelle et proliférante présence humaine. L'homme et la nature confrontent ici leurs forces dans un combat de géants, la modification rapide et dramatique de la forêt amazonienne étant le spectaculaire témoignage de cet affrontement. On estime qu'à chaque minute disparaissent 6 hectares de forêt équatoriale ! Même vue d'avion, l'action humaine paraît un premier signe de discontinuité dans l'homogénéité du couvert végétal auquel son extraordinaire densité vaut pourtant la qualification d'« enfer vert ».

Mais il suffit de revenir au ras du sol, de laisser la photo aérienne pour le pas tranquille du promeneur, pour que l'impression d'homogénéité, si évidente en altitude, s'efface devant la diversité des individus et des espèces qui peuplent la surface de la terre. La forêt qui paraissait une mousse, un moutonnement, une écume, livre maintenant le détail de sa trame, formée d'espèces diverses, étroitement imbriquées. Et cette impression d'hétérogénéité, de discontinuité dans le recouvrement végétal, s'accentue encore lorsque la forêt cède la place à la pelouse, au champ cultivé, au jardin, au marécage ou à la prairie. Autant de formations végétales d'aspect différent, toutes marquées du sceau des interventions humaines. Mais que celles-ci s'atténuent, et la discontinuité n'en est pas réduite pour autant ! Une forêt de conifères sibérienne, une steppe asiatique, une toundra, un alpage, une dense forêt équatoriale, une lande ou une tourbière sont autant de formations végétales naturelles marquant les paysages de leur physionomie et de leur caractère.

Cette impression d'hétérogénéité, de discontinuité qualitative et quantitative dans la répartition des végétaux, on la retrouve, mais à un autre niveau, parmi les populations humaines. Les races, les cultures, les densités varient selon les continents ; et à une échelle plus réduite, dans les grandes villes qui sont l'expression la plus moderne des peuplements humains, à l'échelle des quartiers. Pour qui fréquente un soir d'été le quartier de Saint-Germain-des-Prés, puis s'en éloigne ne serait-ce que de quelques centaines de mètres, la discontinuité est évidente. Sur la célèbre place, une foule dense se bouscule dans un grouillement multicolore, bruyant et bigarré ; un peu plus loin, c'est le désert dès neuf heures du soir...

L'ordre sous l'apparent désordre

Pourtant, il ne viendrait à l'idée de personne d'induire de ces diversités, de ces discontinuités, de cette hétérogénéité si caractéristiques du phénomène vivant, l'idée absurde que la nature et la Vie ne sont qu'un immense désordre. Bien au contraire, un esprit quelque peu perspicace sait reconnaître, comme le disait Gaston Bachelard, que « l'évidence première n'est pas une vérité fondamentale ». Et d'ajouter : « L'objectivité scientifique n'est possible que si l'on a d'abord rompu avec l'objet immédiat, si l'on a refusé la séduction du premier choix, si l'on a arrêté et contredit les pensées qui naissent de la première observation ».

De fait, malgré le foisonnement et la diversité des formes vivantes qui s'imposent au premier coup

d'œil, toutes les ethnies et toutes les cultures de tous
les temps ont su reconnaître un agencement, un
ordre inhérent au fonctionnement et à l'ordonnance de la nature. Le sens de l'observation le plus
élémentaire enseigne à chacun que les plantes, par
exemple, ne poussent pas n'importe où au hasard.
Il faudrait avoir dans son ascendance plusieurs
générations de citadins – ce qui n'est encore que
très rarement le cas – pour perdre ces rudiments
de connaissance pratique qui permettent à la
plupart d'entre nous d'assigner, au moins aux
plantes les plus connues, leur véritable place dans
la nature. Il est notoire, par exemple, que la
gentiane jaune ne pousse qu'en montagne, comme
le fait, mais d'une façon moins exclusive, la digitale
qui se complaît sur les sols granitiques. La salicaire,
grande herbe à longue hampe de fleurs violacées,
ne peut vivre qu'à proximité immédiate d'un
ruisseau ou d'un étang. La reine-des-prés se trouve
à l'aise dans ces mêmes milieux ou, comme son
nom l'indique, dans les prés, à condition toutefois
que ceux-ci soient suffisamment humides – ce qui
lui vaut d'ailleurs d'être interprétée par les paysans
comme un funeste présage écologique quant à
l'évolution du pré où elle apparaît, qu'il conviendra
de drainer au plus vite. Le bouillon-blanc préfère,
à l'inverse, les sols secs et sablonneux. L'écologie
très spécifique du Drosera le confine dans les
tourbières d'où il a d'ailleurs partiellement disparu,
parce que trop abondamment récolté. Le tussilage
apparaît spontanément sur des terrains fraîchement retournés et bouleversés ; c'est l'exemple type
d'une plante pionnière qui, comme le coquelicot
ou les camomilles sauvages, s'accommode volontiers
de sols inhospitaliers. Bref, chaque espèce recherche les conditions de vie les plus propices à son
épanouissement, ce qu'on appelle sa niche écologique. Et, comme les conditions de vie ne varient
pas à l'infini, il est logique de trouver rassemblées
dans les mêmes milieux des plantes différentes,

mais que leurs « goûts » et leur « tempérament » voisins – sinon identiques – conduisent à cohabiter.

Ce sont en effet toujours les mêmes végétaux que l'on observe au bord des rivières ou des étangs : des roseaux, des massettes, des rubaniers, des joncs, etc. Ce sont aussi toujours les mêmes plantes que l'on retrouve dans une prairie de fauche, en bordure d'un chemin piétiné, ou dans les moissons. C'est donc un fait d'expérience courante que dans des stations comparables se retrouvent les mêmes combinaisons de végétaux. Telle est en somme l'idée clé de la sociologie végétale : dans des milieux analogues se rencontrent les mêmes combinaisons d'espèces, formant les mêmes types de sociétés ; au point que pour le spécialiste de la sociologie des plantes – d'ailleurs baptisé phytosociologue –, il suffit de penser à une espèce pour que vienne aussitôt à son esprit le cortège des espèces qui lui sont généralement associées.

Un bouquet bleu, blanc, rouge

On songe au bleuet et voilà que surgit l'image de la marguerite et du coquelicot. D'abord pour cette première raison que l'esprit national sécrète quasi spontanément, vers le 14 Juillet, une propension à constituer de tels bouquets aux couleurs de la France, encore que les pétales éphémères des coquelicots ne leur prêtent pas longue vie ! Ensuite pour cette seconde raison que le bleuet, plante caractéristique des moissons, s'y fait volontiers accompagner de coquelicots et de marguerites (encore que ledit bleuet ait eu à subir de plein fouet le choc meurtrier des herbicides chimiques qui firent puissamment régresser la richesse de ses populations). Le coquelicot et la marguerite, au contraire, ayant des exigences écologiques moins strictes, s'en sont mieux tirés, ce qui explique qu'on les trouve en plus grande abondance et dans des habitats plus variés. Ainsi donc s'impose l'idée, banale en vérité, que les végétaux se regroupent entre eux du fait de leurs affinités et dans des habitats qui offrent les conditions les plus propices à leur développement. Qu'un champ soit ensemencé de blé ou de seigle, et voici qu'apparaissent aussitôt une série d'espèces dites messicoles – ou plus simplement « des moissons » –, accompagnatrices fidèles des céréales. Moins fidèles, il est vrai, depuis que la chimie fait son œuvre et « nettoie » les champs de ces espèces considérées comme inopportunes...

Ainsi donc, sur tel type de sol, dans des conditions comparables de luminosité, d'humidité, de pluviométrie, suivant les mêmes rythmes saisonniers, rencontre-t-on toujours les mêmes lots d'espèces, parmi lesquelles une ou plusieurs sont particulièrement constantes : d'où la notion d'association végétale.

Associations végétales, associations humaines

La célèbre loi du 1ᵉʳ juillet 1901 stipule dans son article premier « qu'une association est une convention par laquelle deux ou plusieurs personnes mettent en commun de façon permanente leurs connaissances ou leurs activités dans un but autre que de partager leurs bénéfices ». Et l'article 2 ajoute : « Les associations pourront se former librement, sans autorisation ni déclaration préalable ». Citer ce texte à propos d'associations végétales peut paraître saugrenu ! Pourtant, la distance qui sépare les associations végétales des associations humaines est moins grande qu'il n'y paraît. Car certaines plantes mettent effectivement en commun, de façon permanente, leurs activités, voire leurs « connaissances ». C'est ce qui se passe chaque fois que plusieurs êtres s'organisent entre eux pour se rendre des services mutuels.

Pour en revenir aux associations végétales – et c'est là une différence fondamentale avec les associations humaines –, elles ne se forment jamais librement, mais au contraire passivement, de par « la volonté » du milieu qui sélectionne à tout moment les espèces qui lui correspondent le plus fidèlement et qui y trouvent leur meilleure potentialité de développement. En outre, les plantes associées, à la différence des associations régies par la loi de 1901, se partageront précisément les bénéfices, ou plutôt les ressources du milieu, et ce sera même là leur activité principale, pour ne pas dire exclusive. A cette fin, les végétaux regroupés en association ne passent entre eux aucune convention : dans une association végétale, chaque plante travaille pour son propre compte. L'interaction des plantes avec le milieu joue un rôle beaucoup plus grand que l'interaction des plantes entre elles.

La sociologie des plantes est donc une sociologie tronquée, d'où sont exclus tous les facteurs à caractère psychologique, puisque – et jusqu'à nouvel ordre – les plantes ne pensent pas. Les associations sont des peuplements réglés par des facteurs physiques, chimiques et biologiques qui relèvent davantage de la démographie que de la sociologie. Le nombre et la diversité des individus sont en effet immédiatement fonction de la qualité et de la richesse du milieu : ce sont eux qui induisent et produisent l'association, laquelle en est le fidèle reflet.

Afin de mieux connaître les milieux, les botanistes spécialisés dans la sociologie des plantes, les phytosociologues, vont donc décrire les associations qu'ils observent en procédant d'une manière empirique, comme le font d'autres botanistes – les « systématiciens » – pour décrire de nouvelles espèces. Un curieux parallélisme existe entre les démarches des uns et des autres : l'un et l'autre partent de la discontinuité ambiante et tentent de mettre de l'ordre dans ce désordre apparent en repérant, en isolant et en décrivant des prototypes.

Le point de départ est naturellement l'individu, entité insécable et base de toute classification... et pas seulement en biologie : une voiture, un timbre-poste, un objet d'art, une pièce de monnaie ancienne sont également des « individus » que l'amateur va classer à leur place dans sa collection, tout comme le botaniste classera une plante à sa place dans la classification des végétaux. Par une démarche similaire, le phytosociologue cherchera à mettre en évidence des « individus d'association », comme on observe des individus animaux ou végétaux. Mais l'individu d'association n'est pas aussi immédiatement repérable dans la nature que ne l'est l'individu tout court.

L'individu d'association est en effet un ensemble d'individus formant un peuplement homogène. Le concept d'individu tombe sous le sens : un éléphant, un singe, un hortensia ou un géranium sont autant d'individus dont la « personnalité » et la « spécificité » propres ne sauraient faire de doute. La notion d'« individu d'association » est déjà beaucoup plus subtile, et ne fait plus seulement intervenir l'immédiate perception des sens, mais aussi un effort intellectuel de conceptualisation conduisant à repérer dans la nature des ensembles répétitifs, homogènes et cohérents, recouvrant une surface variable, qui regroupent un certain nombre d'espèces dont la réunion caractérise l'association. L'association est donc le peuplement adapté d'un milieu. Elle comporte une ou plusieurs espèces caractéristiques, directement liées à ce milieu, comme par exemple le bleuet à la moisson, la callune à la lande, ou l'aspérule odorante au sous-bois de la hêtraie. A ces espèces se mêlent des espèces indifférentes, parfois appelées espèces-compagnes, que l'on rencontre aussi en d'autres milieux, et des espèces accidentelles venues là par les hasards du transport de leurs graines par le vent ou les animaux, et dont la présence se maintiendra rarement plus d'une génération. C'est naturellement aux espèces caractéristiques que les spécialistes s'intéressent au premier chef. Celles-ci exigent, préfèrent ou tolèrent les conditions spéciales du milieu. Car leur tempérament les amène tout naturellement à rechercher le milieu auquel elles sont particulièrement adaptées. Un exemple puisé dans la sociologie humaine permettra de mieux comprendre ici la démarche des botanistes.

L'hôpital, l'église et l'hypermarché

Il est parfaitement clair que les personnes du quatrième âge représentent un type humain, une « espèce » en quelque sorte, éminemment caractéristique des centres gériatriques créés dans la grande frénésie organisationnelle et fonctionnelle des années 1960-1970. Ces centres, qu'on ose à peine qualifier de « mouroirs », sont des milieux « très spéciaux » de par la haute spécificité de leur fonction, destinée à une seule catégorie d'individus : les personnes âgées et impotentes ayant perdu toute autonomie et toute capacité personnelle d'organisation. Assimilons un tel centre à une association végétale : une telle association ne possède que très peu de types – d'espèces – caractéristiques : en l'occurrence, des vieillards hommes et femmes. Elle peut-être comparée, par exemple, à une mangrove. Les espèces végétales qui forment ces étranges peuplements littoraux caractéristiques des régions tropicales sont contraintes de supporter l'inondation biquotidienne de la marée. Elles doivent en outre inventer un système d'enracinement dans la vase, permettant néanmoins aux racines de s'aérer durant les brefs intervalles de la marée basse. Seules quelques espèces d'arbres sont capables de supporter de telles conditions. Tantôt ils installent leur tronc sur des échasses, tantôt ils émettent, de leurs racines souterraines, d'étranges expansions pointant hors de la vase et jouant le rôle d'un poumon. Car on oublie souvent que les racines elles aussi respirent. En fonction de la rigueur de ces conditions de vie très originales, la mangrove forme une association particulière, assez pauvre en espèces, donc très uniforme, offrant dans le monde entier la même physionomie : soit, pour le commun des mortels, un peuplement dense recouvrant le littoral et le rendant inaccessible aux baigneurs, donc impropre à l'exploitation touristique.

Les mangroves n'existent pas sous nos climats où les vases salées littorales, qui sont des milieux homologues, sont peuplées par des espèces herbacées de plus petite taille, pour lesquelles le problème de l'amarrage dans la vase ne présente pas les mêmes difficultés. Mais nos vases sont également peuplées par des espèces caractéristiques et exclusives de tout autre milieu, où elles ne pourraient en aucune manière se maintenir, telles que les spartines, les salicornes, les obiones, etc. Que la salure ou l'intensité de l'inondation biquotidienne diminuent et voici que s'installent aussitôt un cortège d'espèces nouvelles, qui les éliminent promptement en raison de leur incapacité à faire face à la moindre compétition. C'est qu'elles préfèrent ces milieux particuliers des littoraux vaseux, tolérant des conditions de vie que l'immense majorité des plantes ne saurait supporter. Elles s'y réfugient donc, ne survivant que là, incapables d'affronter ailleurs la compétition avec d'autres espèces – tout comme ces vieillards impotents qui trouvent dans les centres de gériatrie les seuls milieux capables de leur offrir les équipements, les aides et les moyens nécessaires à leur survie. Une survie dans un milieu marginal, mais une survie qui ne serait plus possible dans les conditions normales de sociétés comme les nôtres. Voici donc des associations ou des groupements marginaux : pour les mangroves et pour les vases salées entre terre et mer... pour les vieillards entre la vie et la mort.

Poursuivant la comparaison, nous constatons que le peuplement d'une église à la grand-messe dominicale montre une diversité de types déjà beaucoup plus large. Certes, certaines catégories peuvent être considérées comme caractéristiques de cette « association ». Ainsi, par exemple : les dames âgées, les cadres supérieurs, les représentants des classes moyennes, etc. En revanche, la présence d'un jeune prolétaire de vingt ans aura toutes chances d'être purement accidentelle [1]. Selon toute probabilité, elle ne se maintiendra pas. Certaines catégories sociales n'y seront jamais présentes, comme les clochards qui n'existent qu'en lisière de cette « association » – en l'occurrence à la porte des églises –, mais n'en font jamais partie. L'ouvrier spécialisé y est également chichement représenté. Une telle association, certes plus riche de prototypes, et donc plus diversifiée qu'un centre de gériatrie, est sélectionnée par ce milieu culturel et social particulier qu'est l'Eglise catholique, dans la forme qu'elle revêt en cette fin du XXe siècle.

Plus riche en types spécifiques et beaucoup plus diversifiée apparaît l'association qui peuple quotidiennement les hypermarchés. Contrairement aux idées reçues, les hommes et les femmes y sont en nombre égal, et appartiennent à toutes les catégories de la population. En cherchant bien, on y détecterait des curés sans soutane, des chercheurs sans blouse blanche, voire des auteurs célèbres noyés dans un immense anonymat, tous conscien-

---

1. Que les jeunes militants de la JOC ne voient ici aucune agression contre leurs convictions que l'auteur ne saurait mettre en doute ; constatons seulement qu'ils sont moins nombreux dans les églises que les personnes d'un « certain âge ».

cieusement appliqués à faire leurs achats en famille. Le milieu ici a perdu toute valeur sélective en raison de l'extrême variété des ressources qu'il met à la disposition des visiteurs, ressources présentées de surcroît comme particulièrement bon marché, donc fort attractives. La publicité attire naturellement des individus aux besoins très différents qui trouveront, dans ces milieux riches et diversifiés, matière à les satisfaire. D'où l'absence de prototypes vraiment caractéristiques, et la large population fréquentant ces grandes basiliques des temps modernes, dédiées aux dieux de la consommation, que sont les hypermarchés.

Avec toutes les réserves d'usage, et sans vouloir pousser trop loin le jeu des analogies, on peut les comparer à l'association du chêne pédonculé et du charme des bois humides d'Europe occidentale, avec ses dizaines et ses dizaines d'espèces herbacées ou arbustives, dont aucune n'est vraiment strictement caractéristique de ces milieux, puisqu'on peut toutes facilement les retrouver en d'autres groupements. Cependant, leur regroupement selon certaines modalités statistiques exprime le caractère accueillant et hospitalier de ces milieux forestiers peu différenciés et suffisamment riches en ressources pour accueillir des espèces nombreuses et variées.

Et puisque nous en sommes aux comparaisons, avec tout ce qu'elles peuvent comporter parfois d'aventureux, constatons que dans les très grandes villes, chaque quartier possède son peuplement, son « association » particuliers. Le mélange des ethnies et des classes sociales est radicalement différent à Belleville et à Neuilly, à Pigalle et à Saint-Germain. Et il n'est pas nécessaire de se livrer à des études statistiques, sociologiques et démographiques poussées pour constater la diversité des groupes humains qui les fréquentent, chacun formant un type d'association bien particulier, sélectionné par l'environnement tout comme l'est une association végétale par le sien.

Diviser, analyser, classer

Ainsi les botanistes se sont-ils employés à décrire une multitude d'associations végétales. L'association, comme l'espèce, est un concept intellectuel et immatériel, à la limite une pure vue de l'esprit, lequel est ainsi fait qu'il s'ingénie à mettre de l'ordre dans l'apparente diversité de la nature en repérant puis en regroupant tout ce qui se ressemble. Comme l'individu est par essence la seule réalité immédiatement perceptible, d'où découle par extension la notion d'espèce, de même le concept d'association naît de l'observation sur le terrain d'un certain nombre d'« individus d'association » que leur ressemblance autorise à considérer comme des prototypes. La description d'une association type naît donc de la comparaison des relevés botaniques effectués dans des milieux analogues et dans des conditions scientifiquement comparables : chaque relevé permet de repérer les mêmes plantes, approximativement présentes dans les mêmes proportions et distribuées selon les mêmes combinaisons. A partir de ces relevés, le phytosociologue extrapolera une description de l'association type correspondant à un milieu donné, typé lui aussi. Puis il classera les associations dans des catégories supérieures : les alliances, les ordres et les classes, exactement comme le font les botanistes classant les espèces en genres, en familles, en ordres, en classes et en embranchements. Notre esprit cartésien y trouve de grandes satisfactions, même s'il convient parfois de forcer un peu les choses pour tenter de faire rentrer « de force », dans un cadre rigide mais utile, des réalités vivantes souvent rebelles à nos propres catégories qui ne sont en vérité que la projection de notre « mental » sur une nature qui le dépasse infiniment.

L'impossible « synthèse » de la nature

Pourtant, ces concepts sont opératoires. A vrai dire, l'« individu d'association », bien qu'aisé à mettre en évidence sur le terrain – par exemple, la multitude des « mauvaises herbes annuelles » qui pullulent dans une plate-bande de laitues ou de radis, dans une couche au printemps –, est lui-même un pur concept, le simple reflet d'une réalité beaucoup plus complexe. En tout lieu colonisé par la Vie, des êtres généralement nombreux et divers entretiennent entre eux des relations multiples fondées sur des choix alimentaires, sur des réactions coopératives ou antagonistes, touchant au territoire, à l'habitat, à la sexualité, etc. Un tel système vivant en étroite relation avec le milieu constitue ce qu'on appelle un écosystème. La science écologique, jeune encore, est bien incapable de décortiquer l'ensemble des systèmes relationnels fonctionnant au sein d'un écosystème, entre tous les êtres vivants qui le constituent, et d'en proposer une analyse intégrale. Qui saurait dire avec précision le menu exact de tous les animaux de la forêt, les prélèvements qu'ils effectuent sur la biomasse végétale, les chaînes de perturbations qu'ils déclenchent lorsqu'un maillon du système vient à lâcher : par exemple, lorsqu'une espèce se raréfie ou disparaît par suite de pénurie alimentaire ou de maladie ? Et si l'analyse d'un écosystème, même très simple, reste un exercice éminemment difficile, car la Vie est toujours plus compliquée qu'elle ne nous apparaît de prime abord, son éventuelle synthèse est naturellement impossible. Imaginerait-on un groupe de scientifiques attachés à reconstituer de toutes pièces, sur un sol parfaitement désertique, une forêt en y apportant des volumes parfaitement définis d'oiseaux, de vers de terre, d'écureuils, en y plantant en proportions judicieuses arbres, herbes et arbustes, en ensemençant le tout de doses soigneusement mesurées de bactéries et de champignons, et en espérant naïvement voir tout ce monde s'équilibrer mutuellement comme dans une « vraie » forêt ? Hypothèse invraisemblable : tout laisse penser que la « mayonnaise » ne prendrait pas, telle espèce prenant le dessus, telle autre perdant pied, le tout se déséquilibrant promptement. Car les équilibres subtils que la vie a mis des millions et des millions d'années à créer, l'homme ne saurait les reproduire artificiellement.

Pas plus qu'il n'est possible de connaître et moins encore de maîtriser les relations physiologiques internes d'un écosystème, il n'est possible de décrire et de connaître dans tous les détails de son fonctionnement un individu... Chacun de nous, chaque animal, chaque plante sont le siège d'un nombre incalculable de réactions chimiques dont la biochimie moderne ne nous révèle que les plus caractéristiques et les plus constantes. Là encore, l'individu est infiniment plus que ce que nous percevons de lui ; et que dire des abysses de la psychologie des profondeurs si cet individu est un homme ! Car, malgré le fameux « connais-toi toi même » des Anciens, qui oserait prétendre vraiment savoir qui il est ? Qui il est *vraiment* ? A en croire l'Apocalypse selon saint Jean, ce ne serait qu'après notre mort que se retournerait enfin notre petit caillou blanc où apparaîtrait alors — et alors seulement — notre véritable nom : ce Nom qui, pour les Hébreux, est *toute* la personne !

Certes, les végétaux sont moins complexes et pourtant, la description par le botaniste d'une plante, ou par le phytosociologue d'une association végétale, consiste simplement à s'en tenir aux apparences, aux aspects physionomiques aisément perceptibles de la réalité — pour la part qu'elle révèle à nos sens : le sommet émergé de l'iceberg, en quelque sorte. L'association reflète l'écosystème mais n'en fait pas le tour, tout comme l'individu illustre l'espèce sans pour autant permettre de la cerner entièrement ! En définitive, comme toute science humaine, la connaissance des associations végétales démontre son intérêt dans les services qu'elle permet de rendre, car on juge un arbre à ses fruits. En l'occurrence, ceux-ci ne sont pas minces.

Du bon usage de la phytosociologie

Une bonne connaissance des associations est d'un grand intérêt pour la mise en valeur des milieux naturels. Chaque association correspond en effet à un milieu donné qui peut être favorable ou défavorable à l'implantation d'une culture, comme l'enseignent le vieil empirisme paysan ou de plus modernes essais agronomiques. La vocation de tel ou tel terrain pour telle ou telle culture étant connue, il est aisé de repérer tous les terrains analogues partout où ils existent, par le seul examen des associations qui les recouvrent. Là où se retrouvent les mêmes associations, on sait qu'existent les mêmes conditions écologiques : d'où la possibilité d'établir des cultures rationnelles et bien adaptées.

Mais les associations ne sont pas seulement une mosaïque de peuplements végétaux disposés dans l'espace. Elles sont également une photo, à un instant donné, de ce recouvrement. On a vu, en effet, que la dynamique des peuplements est fondée sur la succession d'associations qui se remplacent les unes les autres, des premiers pionniers jusqu'aux formations complexes représentant les *climax*, état de parfait équilibre entre la végétation et le milieu. Chaque association occupe donc une place particulière dans une ou plusieurs séries dynamiques. Il est donc possible, en « lisant » les associations, de connaître l'étape de la dynamique où l'on se trouve, et d'en déduire les stades successifs qui ne manqueront pas de lui faire suite, jusqu'à ce que soit atteint l'équilibre « climacique », c'est-à-dire la végétation potentielle du lieu où l'on se trouve. La phytosociologie n'est donc pas seulement l'analyse dans l'espace du tapis végétal ; elle permet aussi de déterminer son évolution dans le temps. Science « prédictive », elle indique les types de peuplements forestiers les plus compatibles avec chaque type de milieu, et, par là même, permet d'éviter les erreurs si souvent commises lorsque la mise en valeur des terres est menée sans une bonne connaissance préalable des caractéristiques du milieu. Pour prendre un exemple extrême, des botanistes décelant la présence de salicornes, d'obiones ou de toutes autres plantes « halophiles » – c'est-à-dire aimant le sel – en induisent immédiatement l'impossibilité rigoureuse de tenter avec succès quelque culture que ce soit sur de tels milieux, bien trop chargés en éléments minéraux : seul un considérable effort d'irrigation, abaissant le niveau des nappes souterraines chimiquement chargées, peut (et encore, dans certaines conditions seulement) modifier les conditions du milieu. Ce type de problème se pose fréquemment sous les climats arides où des remontées de sel en surface peuvent stériliser d'immenses territoires.

Le repeuplement végétal des régions arides pose d'ailleurs de multiples problèmes, dont, par exemple, la capacité d'introduire dans les associations végétales existantes ou d'y augmenter la densité d'espèces présentant les meilleures caractéristiques de palatabilité, c'est-à-dire de comestibilité pour les troupeaux. Encore faut-il que l'introduction de telles espèces n'entraîne pas un déséquilibre complet des associations préexistantes et leur remplacement par des populations monospécifiques bien plus fragiles, puisqu'il suffit, on l'a vu, qu'une maladie frappe l'espèce exclusive pour que la végétation dépérisse entièrement. Le remède s'avérerait alors bien pire que le mal ! Tout ici est donc affaire de mesure, de doigté, de jugement : c'est ainsi qu'on a pu, par sélection génétique, favoriser certaines races de Graminées d'une grande vitalité, dans la conquête de certains chaparals de Californie, les transformant en pâturages acceptables sans qu'il soit nécessaire de mettre en œuvre des moyens financiers démesurés, et tout en respectant l'équilibre caractéristique de ces milieux arides.

De même, pour les opérations de reboisement, la prise en considération des informations phytosociologiques peut éviter de fâcheux échecs, comme ce qui se produisit voici quelques années dans le Val d'Aoste. Cette vallée anormalement déboisée au cours des âges a vu son climat s'assécher au point de s'identifier quasiment au climat méditerranéen, notamment par ses étés secs. Toutes les cultures y exigeaient l'irrigation. Les versants non irrigués ne comportant qu'une médiocre végétation steppique, au très faible rendement pastoral, ont été reboisés avec de l'érable, du frêne, de l'orme et du robinier. Or aucune de ces essences n'a pu vraiment s'implanter ; seul le robinier se maintient péniblement et sans grande vigueur dans ces milieux très secs où le pin eût été la seule espèce capable de s'adapter, et encore, à condition de laisser préalablement se développer un stade « préparatoire » buissonnant à Prunus, genévriers, etc. Mais, faute d'études préalables, le reboisement de ces vallées n'a donné que de médiocres résultats.

De telles études auraient gagné à être menées par des phytosociologues qui auraient trouvé là matière à exercer leur compétence... On cherche des emplois pour des écologistes bien formés, diplômés... et chômeurs : les employer, dans un cas comme celui-ci qui n'est qu'un parmi d'autres, aurait eu des conséquences économiques éminemment favorables. En effet, une bonne étude écologique préalable permet de déterminer la « potentialité » optimale d'un milieu, donc de l'utiliser avec le meilleur rendement possible et dans les meilleures conditions. Tel pourrait être souvent le cas pour des forêts dont la replantation gagnerait à être précédée d'une étude écologique affinée, afin de tirer le meilleur parti du terrain et de ses potentialités optimales. Car écologie et économie ne sont pas nécessairement antagonistes, comme on voudrait trop souvent le faire accroire. Bien au contraire, c'est de leur réconciliation que dépendra notre aptitude à juguler la crise actuelle, dans une nouvelle alliance entre l'homme, la nature et la société, aujourd'hui plus urgente et plus nécessaire que jamais.

De la sociologie végétale à l'archéologie

La lecture du recouvrement végétal peut d'ailleurs rendre des services tout à fait inattendus et conduire à de surprenantes découvertes : n'est-ce pas en « lisant » la composition floristique et en relevant la présence d'associations phytosociologiques tout à fait insolites que des botanistes ont découvert, à proximité d'Orléans, le tracé d'une ancienne voie romaine dont les dalles calcaires souterraines induisaient une flore spécifique ? Des espèces calcicoles – c'est-à-dire aimant le calcaire – tranchaient étrangement avec la flore avoisinante dans une région, le Gâtinais, par ailleurs entièrement dépourvue de sols calcaires. L'apparition inopinée d'un cortège d'espèces calcicoles disposées en ligne droite sur une étroite bande de terre entraîna des fouilles qui devaient aboutir à la mise en évidence de ces restes archéologiques. Des villas romaines ont pu être exhumées de la même manière, ayant signalé leur présence par la nature des plantes qui recouvraient leurs vestiges...

Ainsi conçue, l'étude des sociétés végétales permet d'accumuler nombre d'informations sur les potentialités du sol et des milieux. On peut aussi en tirer de précieuses indications sur la nature des écosystèmes auxquels elles correspondent, et donc sur les espèces animales inféodées aux plantes qu'on ne manquera pas d'y trouver. Répétons-le : la notion d'écosystème est bien plus complexe que celle d'association, puisqu'elle intègre toutes les espèces vivantes dans leur relation au milieu, et dans leurs propres interrelations. Or, dans les associations végétales, les relations des plantes avec le milieu sont dominantes. Le mot « association », nous l'avons dit, ne doit pas être pris dans l'acception que lui donne la loi de 1901. En phytosociologie, il désigne un assemblage de plantes, non un groupement de personnes : les plantes ne s'unissent pas consciemment en vue d'un but déterminé. Mais il n'en reste pas moins que l'existence de telles associations crée des situations favorables ou défavorables pour d'autres individus ou pour d'autres espèces. Il en résulte des phénomènes de coopération et de compétition auxquels la phytosociologie n'a pas jusqu'ici réservé la place qu'ils méritent, postulant que les végétaux immobiles et enracinés sont plus dépendants des milieux physiques qu'ils ne sont dépendants les uns des autres. Il est néanmoins exact que la dépendance au milieu physique diminue du végétal à l'animal, et de l'animal à l'homme, au détriment de la dépendance vis-à-vis de la société, qui évolue en sens contraire. L'homme de jadis, pasteur ou cultivateur, dépendait des champs et du temps, autrement dit des sols, des climats, de la nature – comme les plantes. L'homme moderne dépend de son employeur et des multiples systèmes de protection sociale, c'est-à-dire des outils et des instruments de la société. Son lien avec la nature s'est atténué tandis que se renforçait son lien avec la société. Avec lui, la sociologie prend sa véritable dimension, par la diversité, la richesse et la multiplicité des relations sociales perceptibles au niveau des individus et des groupes humains. Quant aux animaux, ils se situent entre les deux, dépendant certes de leur environnement naturel, mais aussi des « règles » de comportement et de conduite qui régissent leur espèce.

Les relations sociales existent déjà cependant, au moins à l'état d'ébauche ou de projet, chez ces êtres beaucoup moins inférieurs que nous ne le pensons : les plantes. Par-delà leur rigoureuse inféodation au milieu qui les sélectionne ou qu'elles choisissent – c'est là une simple question de langage –, elles entretiennent des relations qui revêtent de multiples formes et qui ne manqueront pas de nous surprendre, tant elles nous rapprochent d'elles par des voies que nous n'aurions pas même soupçonnées.

Troisième Partie

LES RELATIONS SOCIALES

Que l'on pourrait aussi baptiser : « guerre et paix » chez les plantes.

Guerres et affrontements

Parce qu'elles reflètent les conditions du milieu qui les porte, les associations végétales contribuent à donner des végétaux cette image passive qu'on leur reconnaît généralement. Si l'on admet que les plantes doivent, elles aussi, se faire « une place au soleil », l'expression n'est plus guère utilisée que comme une métaphore : en l'employant, c'est bien à nous, avouons-le, que nous songeons exclusivement.

Guerre des plantes et lutte des classes

Pourtant, c'est mal se souvenir de l'œuvre des précurseurs, en particulier de celle de Darwin qui faisait de la compétition entre les individus et les espèces, et de la sélection naturelle accomplie par le milieu, le seul moteur de l'évolution. Marx et Engels, enthousiasmés par l'œuvre de Darwin, ne manquèrent pas de transposer à l'histoire humaine les lois et mécanismes que Darwin avait décrits comme étant ceux de l'histoire naturelle. Et en cette matière, comme le signalait déjà Malthus, la loi du plus fort s'impose sans ménagements. Aussi Marx pouvait-il écrire à son ami Engels : « Ce qui m'amuse chez Darwin, que j'ai relu, c'est qu'il déclare appliquer aussi la théorie de Malthus aux plantes et aux animaux. Il est remarquable de voir comment Darwin reconnaît chez les animaux et les plantes sa propre société anglaise avec sa division du travail, sa concurrence, ses ouvertures de nouveaux marchés, ses « inventions » et sa malthusienne lutte pour la vie ».

Bref, le coup de tonnerre que fut, en cette seconde moitié du XIXe siècle, la parution en 1859 de *L'Origine des espèces,* déclencha chez les pères du marxisme un grand coup de foudre : le 19 décembre 1860, Marx écrit encore à Engels qu'il voit dans l'œuvre de Darwin « le fondement fourni par l'histoire naturelle à notre façon de voir », et à Lassalle, le 16 janvier 1861, qu'il trouve chez Darwin « la base fournie par la science de la nature à la lutte des classes ».

Voici donc la lutte érigée en principe universel, premier et unique moteur de la vie, *primum movens* de toute évolution, de tout progrès, de toute innovation. Telle fut, semble-t-il, la faille radicale de ce XIXe siècle, dont nous payons aujourd'hui si chèrement les fruits, et qui ne sut voir que l'une des « pentes » de la dialectique de la vie, celle de la compétition et de l'affrontement dont jour après jour, heure après heure, dans un concert minutieusement réglé comme un ballet, les médias de tous bords et de tous styles nous relatent à l'envi les derniers avatars...

De fait, la lutte ou plutôt « les luttes », comme il convient de dire pour colorer le vocabulaire d'une teinte idéologique plus ardemment mobilisatrice, font bien partie de la vie. Car les phénomènes compétitifs et sélectifs n'épargnent ni les sociétés végétales, ni les sociétés humaines. Compétitions d'ailleurs plus ou moins régulées, qui parfois dégénèrent en conflits ; car si les hommes se font la guerre, l'observation de la nature nous apprend que les plantes se la font aussi !

Chez les plantes, et dans la mesure où celles-ci sont généralement fixées en terre, ce sont naturellement les guerres de position qui sont les formes de belligérance les plus classiquement adoptées.

Bien plus qu'à l'adolescent qui ne conquiert son autonomie qu'en liquidant l'œdipe qui l'oppose à son père, ou qu'à l'homme qui prétend ne pouvoir conquérir la sienne qu'en liquidant le conflit historique qui l'oppose à Dieu depuis Nietzsche, le vieux principe hégélien selon lequel on ne se pose « qu'en s'opposant » s'applique particulièrement aux plantes.

Si les concepts de compétition, de lutte pour la vie n'ont été popularisés par Malthus et Darwin qu'au siècle dernier, ils étaient déjà inclus à la pensée antique puisque Aristote avait cru les déceler chez les animaux. N'écrivait-il pas : « Les animaux sont en guerre les uns contre les autres quand ils habitent les mêmes lieux et qu'ils usent de la même nourriture ; si la nourriture n'est pas assez abondante, ils se battent, fussent-ils de la même espèce ». Si ces réflexions d'Aristote peuvent être mises sous la plume de Malthus, elles peuvent aussi bien être étendues au monde des plantes dont la compétition silencieuse mais féroce est peut-être moins spectaculaire, mais non moins réelle que celle qui oppose les animaux.

Mais une nouvelle distinction s'offre ici d'emblée : guerre étrangère ou guerre civile ? Les deux, naturellement. On distinguera donc soigneusement la compétition intraspécifique, opposant des individus de la même espèce, à la compétition interspécifique qui exprime la confrontation d'individus d'espèces différentes.

Élections et sélections

Bien que le concept de compétition soit multiforme et donc difficile à cerner, il exprime toujours un conflit entre deux individus ou deux espèces recherchant simultanément une ressource essentielle de l'environnement, mais disponible en quantité limitée, telle que la nourriture, l'espace vital, etc.

Ainsi définie, la compétition est un phénomène fondamental de la vie, dont les concours d'entrée aux grandes écoles, les sélections et élections en tous genres nous offrent, dans nos sociétés humaines, quelques exemples spectaculaires. Le langage, d'ailleurs, ne s'y trompe pas lorsqu'il parle de « combat politique », de « lutte économique », de « conflit social », de « compétition », de « bataille » ou de « campagne électorale », menées par des « militants » rompus à des disciplines quasi militaires et qui se déroulent toujours d'ailleurs dans une atmosphère de « guerre des nerfs ».

Dans le monde végétal, la compétition se déroule si l'on peut dire tous azimuts, et tous les moyens sont bons pour se faire une place au soleil. Car c'est bien de cela, rappelons-le, qu'il s'agit.

Les guerres de position

Bien entendu, comme à la guerre, la puissance numérique des forces en présence est un facteur essentiel. On ne saurait s'étonner de la puissance compétitive du paturin [1] ou du petit mouron [2], banales mauvaises herbes des jardins, lorsqu'on sait qu'on trouve en moyenne 10 800 000 graines de ce mouron et 25 500 000 graines de Poa dans 40 ares de terre arable. Le jonc fait encore mieux, puisqu'on a pu dénombrer – sans doute pas en les comptant une à une ! – 60 millions de graines dans 40 ares de prairie de montagne. Il faut déployer toutes les ressources de l'agriculture chimique, c'est-à-dire des désherbants sélectifs, pour venir à bout de tels compétiteurs !

1. *Poa annua.*
2. *Stellaria media.*

Mais les lois de Malthus sont implacables et les pullulations limitées par les ressources disponibles. Tout se passe, pour une espèce donnée peuplant un territoire déterminé, comme si une sélection continuelle éliminait les candidats moins chanceux, laissant seuls subsister les plus forts. Ainsi, dans une hêtraie non exploitée, on sait qu'au bout de 120 ans, il ne subsiste qu'un hêtre sur 2 000 par rapport au peuplement initial. Ce rapport exprime la férocité de la compétition intraspécifique en l'absence de toute intervention humaine : sur 1 048 660 jeunes hêtres âgés de dix ans et peuplant un hectare, il n'en reste plus que 4 460 à cinquante ans, et 509 à cent ans. Des calculs aussi cruellement réalistes ont pu être faits sur des populations de Suaeda, plantes grasses caractéristiques des vases salées littorales. On a dénombré en mai, dans la région de Montpellier, environ 2 000 germinations de Suaeda au mètre carré, atteignant en moyenne un à trois centimètres de haut. Mais, à la fin de l'automne, l'effectif s'était réduit à huit plantes seulement qui occupaient à elles seules tout le terrain.

On ose à peine comparer ces chiffres aux statistiques de mortalité infantile ; mais qu'il suffise de rappeler que la mortalité, très faible aujourd'hui avant 15 ans, atteignait plus de 50 % au Moyen Âge, et dépasse aujourd'hui encore largement ce chiffre chez certaines populations particulièrement défavorisées du globe. Les ressources alimentaires étant fixes et les besoins croissants, la mortalité régule au bénéfice des plus forts. C'est bien ce qui se passe aussi dans les conflits guerriers, lorsque l'intendance ne suit pas. L'armée napoléonienne, dit-on, égarée dans les immenses forêts de la taïga et coupée de ses arrières, perdit plus d'hommes par manque de ressources alimentaires que par les effets directs du combat.

La loi du plus fort

La cruauté de la compétition végétale peut être aisément observée par tout à chacun au cours d'une promenade dans une forêt d'épicéas. Ces forêts, notamment en plaine, sont toutes d'origine humaine, puisque les épicéas ne font pas partie de la végétation spontanée des plaines européennes. Elles ont donc été plantées en raison du fort rendement en matière végétale destinée à la production de bois et de pâte à papier.

Or, il est aisé de constater l'inégalité de condition des arbres de ces forêts, pourtant plantés à égalité d'éloignement et en peuplements parfaitement homogènes à l'origine. Certains s'élancent, puissants et compétitifs, et élèvent leur cime altière d'un seul jet. D'autres, en revanche, misérables et souffreteux, perdent abondamment leurs aiguilles, roussissent leurs branches et ne conservent plus à leur sommet qu'une ombre de vie, dont on sent bien qu'elle ne durera guère. D'autres enfin, plus misérables encore, sont déjà réduits à l'état de squelettes, tués par les plus forts.

En creusant le sol sur quelques dizaines de mètres carrés, le même phénomène apparaît inversé. Les individus puissants et conquérants couvrent littéralement de leurs racines l'enracinement chétif des individus médiocres et souffreteux. Quant aux individus déjà morts, leurs racines ne sont plus qu'une chevelure diffuse en voie de pourrissement. La compétition s'exprime ici dans toute sa pureté et toute sa cruauté. Elle révèle l'inégalité profonde de la nature, la dure domination des plus forts sur les plus faibles, l'élimination des moins nantis et des moins chanceux parmi ces populations d'individus, pourtant sélectionnés au départ en vue d'une plantation, mais qui néanmoins ne possédaient pas dans leurs gènes les mêmes aptitudes biologiques, comme le prouve l'inégalité de leurs chances à l'arrivée !

Ici apparaît une notion capitale : la diversité du patrimoine génétique des individus constituant une population. Chacun vient au monde avec son hérédité, et ce « fardeau génétique » est, comme chacun sait, plus ou moins lourd selon les individus. Mais chaque individu a une hérédité différente et ce facteur contribue à la diversité des populations. Or, on sait depuis peu que la diversité génétique est nettement plus accusée chez les végétaux que chez les animaux ; les plantes, par conséquent, sont aptes à affronter des situations plus diverses, à subir des milieux plus sévères et plus variables que les bêtes ; car leurs populations sont plus diversifiées et comportent toujours, de ce fait, certains individus capables, grâce à leur équipement génétique, de faire face aux exigences de l'environnement.

Cette richesse génétique est d'autant plus indispensable aux végétaux que, fixés à leur support et incapables de se déplacer, ils ne possèdent de surcroît aucun système d'homéostasie et subissent donc de plein fouet les contraintes du milieu. Une graine, comme le note Ruffié[1], « n'a d'autre ressource que de se développer là où le hasard l'a mise, ou de disparaître. Il importe donc qu'elle soit génétiquement polymorphe pour faire face à de multiples situations. Au contraire, l'animal a la faculté de chercher activement le site qui lui convient le mieux. Il est donc moins soumis aux contraintes de la sélection que le végétal ». Ainsi peut-on dire assez curieusement qu'au-delà des apparences, l'individualisme, le « personnalisme » est plus marqué chez les plantes que chez les animaux ! Et cette diversité fait leur richesse en assurant la stabilité des populations face à des milieux toujours changeants. Mais elle favorise aussi la compétition qui en est la conséquence logique.

1. J. RUFFIÉ, *op. cit.*

Il est certes de l'ordre de la plante ou de l'ordre de l'animal de devoir souffrir ou périr lorsque la compétition tourne radicalement en sa défaveur ; sans conscience suffisante – tout nous porte à le croire, mais le saurons-nous jamais vraiment ? –, la plante ou l'animal n'ont aucun moyen de retourner en leur faveur de telles situations, la capacité d'effectuer un tel retournement ne faisant pas partie de leur programme génétique. Il n'en est pas de même pour l'homme dont la souffrance peut revêtir une signification salvatrice. Pascal déjà, dans un texte célèbre, parlait du « bon usage des maladies », du message qu'il convenait d'en tirer et du progrès spirituel qui devait en être, selon lui, la conséquence. Bien des philosophes ont insisté, avant et après lui, sur la signification de la souffrance. Que de génies, d'artistes et de saints ont puisé dans les fermentations, les macérations et les lacérations de la chair, l'inspiration de leurs œuvres et de leur vie ? Comme si l'Être ne pouvait « suinter » à l'intérieur d'une forme humaine qu'à travers les failles et les déchirures que produisent, dans le tissu patiemment tissé des sécurités et des stabilités, les ruptures et les souffrances de l'existence. Comme si les pressions sélectives, les forces de compétition et d'affrontement contraignaient, en l'acculant, celui qui les subit à passer à un autre niveau, à se situer sur un autre registre et, comme l'électron de l'atome, à absorber ces énergies en apparence néfastes pour changer d'orbite... Il en résulte ces morts successives, ces renoncements, ces abandons, ces pertes de ce qu'il y a de plus cher, exigeant l'acceptation en profondeur d'un processus de dépouillement, débouchant mystérieusement sur de nouvelles naissances et de nouveaux progrès pour l'esprit et le cœur ; comme si la matière, le corps, la chair, l'âme, en butte aux affronts et aux affrontements, au mal et aux maladies, aux rejets et aux abandons, étaient appelés par ces processus mêmes, conformément à ce qui serait le programme génétique de l'homme, à se convertir ou – pour employer un terme plus moderne – à se reconvertir en esprit...

Une fois franchi le « pas de la réflexion », comme le dit si pertinemment Teilhard de Chardin, l'homme débouche sur des perspectives entièrement neuves auxquelles plantes et animaux n'ont point accès et qui permettent, à partir de ce seuil, de décoder le vrai sens et le vrai message de la souffrance, du mal et de la maladie, qui ne sont point d'abord signes de mort, mais plutôt appels à une vie nouvelle plus libre et, sur les appétences du « moi » égoïste, plus paisiblement et sereinement souveraine.

Voilà certes par où nous semblons bien nous différencier quelque peu des plantes, moins douées que nous sans doute pour tirer profit, au moins potentiellement, de la compétition et de ses aspérités...

L'implantation en territoire occupé

La compétition peut aussi s'exercer entre des herbes et des arbres, et cela lorsque l'arbre n'est encore qu'une jeune plantule. Dans ces cas, il n'est pas rare que l'arbre disparaisse, étouffé. Mais s'il subsiste, c'est lui qui dominera et éliminera ensuite l'herbe. Le cas des pins est tout à fait caractéristique ; sur des sols incendiés, une Graminée : la canche, peut se propager très rapidement et former un tapis continu avec, dans le sol, un entrelacs impénétrable de racines, profond de huit centimètres environ. Sur ces « territoires occupés », aucune germination de graines de pin ne peut réussir, car le système souterrain de la canche est trop dense pour l'autoriser.

Cette compétition au niveau des racines est régulée par de subtils systèmes d'organisation, où chaque racine de chaque espèce occupe une strate qui lui est propre. Ainsi, par exemple, les racines de l'orge sont plus concentrées en surface que celles du blé. Si une plante sauvage, comme l'avoine folle, vient à s'installer, elle le fait donc plus aisément dans un champ de blé, où la concurrence est moins marquée dans les premiers centimètres du sol, que chez l'orge. La compétition est également sévère entre la fougère aigle et les jeunes plants d'essences forestières ; en effet, les organes permanents souterrains de la fougère résistent à l'incendie et s'étendent promptement lorsque le sol est entièrement découvert. Les forestiers ont alors toutes les peines du monde à sauver les jeunes plants d'essences forestières en les laissant « passer au-dessus » de la fougère aigle, totalement envahissante, et qui ne s'avouera finalement vaincue que lorsque la forêt aura réussi à se réinstaller en la privant de lumière.

La compétition, dans ces exemples, se développe surtout dans le sol au niveau des racines qui tendent à exploiter une surface maximale, de sorte que le sol finit par s'en saturer. Ce phénomène a été bien étudié pour les aulnes, qui ont su modérer l'appétit compétiteur de leurs petits : leurs jeunes plantules ne se développent en effet qu'à trois ou quatre mètres des adultes, alors qu'elles sont systématiquement éliminées en dessous. Il en résulte, en Finlande, de curieuses dispositions concentriques, chacune parallèle au rivage ; et chaque rangée d'arbres exploite ainsi une tranche bien délimitée de sol : le mécanisme compétitif s'atténue ici au profit du commensalisme !

On a d'ailleurs constaté que l'agressivité d'une espèce est souvent liée à la production d'un appareil souterrain, rhizome, stolon ou racines, particulièrement développé : c'est ce type de développement qui fait d'ailleurs la force des Graminées dans les pelouses et les prairies ; ce développement, dit cespiteux, peut être tel qu'un pied de fétuque [1],

Graminée très commune, a pu occuper, uniquement par développement végétatif et lorsqu'il s'est trouvé seul et sans compétiteur, une surface de près de 216 mètres de diamètre !

Bref, à chaque type de plante et de milieu sa propre stratégie en matière d'occupation du sol. Les mauvaises herbes des jardins et terrains labourés font des graines innombrables et se défendent par le nombre ; les herbes des **pâturages** envahissent le sol par leurs stolons et leurs racines, comme excellent à le faire les Graminées des pelouses et des prairies. Face à une occupation aussi massive et aussi exclusive du sol, **on** conçoit qu'une graine quelconque n'ait plus **aucune** chance de germer, et l'on retrouve ici l'une des hypothèses de la célèbre parabole du semeur...

Mais des occupations aussi massives et aussi exclusives précisément sont rares dans la nature. Car le compétiteur est toujours là pour rogner les ailes à la plante par trop envahissante : rogner les ailes... ou plutôt les racines ! Un pied d'avoine sans concurrence produirait environ 86 kilomètres de racines au cours d'une seule saison, alors qu'un pied normal n'en élabore à peine qu'un kilomètre... Ce qui n'est déjà pas si mal, car d'autres pieds, autour de lui, lui « pompent l'air... et l'eau » ! Le seigle fait mieux : un seul plant produit 14 millions de racines en quatre mois, soit 500 kilomètres, à un rythme qui peut atteindre 5 kilomètres par jour. Mais il est bien rare qu'un plant de seigle se retrouve tout seul dans la nature... Sans doute ne s'étonnera-t-on pas trop de ce que les chances d'implantation et de germination dépendent amplement du milieu d'accueil : si la couverture est déjà très dense, ces chances pour un nouvel arrivant seront naturellement fort limitées ; les prostituées le savent, qui doivent défendre pied à pied leur bout de trottoir... Et si, de surcroît, cette couverture est essentielle-

---

1. *Festuca rubra.*

ment constituée d'espèces étrangères, alors les chances d'implantation dans cet environnement hostile deviennent nulles et tournent au désastre pour le nouvel arrivant : que l'on songe à une péripatéticienne qui prétendrait exercer son art sur un parvis d'église ; elle ne tarderait pas à être promptement éjectée. Tel est bien le sort des graines semées dans des associations végétales qui leur sont étrangères et où leur espèce n'est pas représentée : quelques germinations chétives, un rapide étiolement, bientôt la disparition de ces plantules décédées avant terme en terre étrangère. Au contraire, un ensemencement de graines dans un milieu et une association végétale contenant déjà beaucoup d'individus de cette même espèce entraînera des germinations abondantes, un effet de groupe se produisant qui équilibre l'effet de compétition ; le bilan final est généralement positif, car la dynamique coopérative l'emporte alors sur l'affrontement compétitif ; les graines semées, se retrouvant sur leur terrain, se sentent chez elles et font preuve d'un dynamisme qu'elles ne manifesteraient pas en milieu étranger. L'homme aussi plonge plus aisément ses racines dans un milieu familier qu'en terre inconnue, car la loi d'identification et d'appartenance au milieu joue aussi bien pour les plantes que pour lui.

Dans ces luttes sévères pour l'occupation du terrain, il arrive que la prime aille au premier venu. Ce fait est tout à fait caractéristique pour la végétation des bords de rivières ou d'étangs. On y trouvera souvent, en populations quasiment pures, tantôt le roseau, tantôt le scirpe, tantôt la massette ; mais il est exceptionnel que ces trois espèces y cohabitent en même temps. C'est que la première espèce arrivée occupe tout simplement le terrain et étend aussitôt son empire, excluant d'emblée l'implantation de ses concurrentes. Et si d'aventure une roselière associe aux banals roseaux quelques scirpes et quelques massettes, c'est que les deux ou trois espèces ont atterri en même temps et n'ont donc pas su – ou plutôt pas eu le temps – de s'exclure mutuellement.

Dans ces quelques exemples, la guerre revêt toujours l'allure d'un conflit pour le territoire, et illustre les violents conflits en matière d'occupation de l'espace qui opposent dans les villes modernes les promoteurs, puissants et organisés, à la multitude des petits expropriés appelés à débarrasser promptement le terrain. Mais l'« animalité humaine » marque ici son avantage : le dispositif de fuite affecte l'individu lui-même et non pas sa descendance par graine interposée. En d'autres termes, l'homme et l'animal peuvent changer de territoire ; la plante ne peut que disséminer ses spores ou ses graines avant de mourir.

Les plantes et la guerre conventionnelle

La guerre moderne prend de multiples formes, conventionnelle ou atomique, bactériologique ou chimique : les plantes en font autant ; bien avant nous, elles avaient inventé bon nombre de nos armes.

En vérité, elles ont une prédilection pour l'arme blanche : dard acéré des longues feuilles d'agaves, tiges aux nombreuses dents tranchantes et alignées, à la manière d'une scie, chez les palmiers rotangs, pomme piquante du Datura ou cactus hérissés d'épines en forme de fléau d'armes, Graminées ou Carex à feuilles coupantes comme une lame, autant de modèles offerts à l'imagination fertile de l'*homo faber*. Sans oublier l'ortie piquante, dont chaque poil pratique l'injection intradermique d'une dose de venin, simulant l'agressivité d'une flèche empoisonnée en modèle réduit. Les *Laportea*, espèces américaines voisines des orties, sont encore beaucoup plus agressives, provoquant des brûlures violentes, aux effets beaucoup plus longs.

On n'en finirait pas d'établir la longue liste des plantes hérissées, piquantes, urticantes qui n'invitent guère à un aimable commerce. Encore que le lynx s'installe sans trop de dommages, semble-t-il, au sommet de ces immenses cactus-cierges qui font le charme des paysages américains, et que les chèvres ne semblent guère rebutées par l'agressivité des feuilles de chardon, et moins encore par le feuillage de l'arganier, cet arbre marocain particulièrement agressif des fruits duquel elles se délectent pourtant. Pourtant, il n'est pas interdit – mais pas non plus nécessaire ! – de voir, dans la prolifération des dispositifs défensifs mis en œuvre par les plantes supérieures, une riposte au raz de marée animal que déclencha, il y a quelque cent millions d'années, la multiplication des espèces botaniques ; celles-ci offraient en effet aux animaux des niches écologiques nouvelles, mais surtout des aliments succulents : nectars floraux ou fruits savoureux, dont il importe de se souvenir qu'ils ont été inventés par la nature pour nourrir les bêtes qui, en échange, se chargent de disséminer les graines, après transit intestinal. L'homme, en définitive, n'est que le dernier venu des animaux qui, en consommant les fruits, rend aux plantes le même service, du moins quand ses excréments ne finissent pas dans les systèmes d'évacuation ou d'épuration où les graines risquent fort de ne plus retourner à la terre !

Certaines plantes réussirent mieux que d'autres à se hérisser d'épines, à se barder de piquants ou à se charger de poison, mais d'autres mécanismes, on le verra, notamment ceux de l'adaptation à la sécheresse, permettent également d'expliquer l'apparition des épines. L'ajonc, par exemple, fait d'autant plus d'épines qu'il vit en terrain plus sec, et peut les perdre presque complètement si on le cultive artificiellement en milieu très humide. Et les *Acacia seyal*, arbustes buissonnants et impraticables du Sénégal, font des épines qui dépassent 10 à 15 centimètres de long ! Pour échapper à l'agressivité du prédateur, tous les moyens sont bons : n'est-on pas allé jusqu'à interpréter comme un système de camouflage la curieuse particularité du *Mimosa* pudique, si abondamment répandu sous les tropiques, de rétracter brutalement ses feuilles au moindre contact physique ? On a pu dire qu'il faisait ainsi « le mort » pour décourager l'animal qui voudrait le brouter et qui, en le piétinant, le voit subitement disparaître, tandis que le sol sous-jacent, brusquement découvert, lui apparaît sombre et nu ! En sus de ce système de camouflage, le *Mimosa* pudique est souvent pourvu de minces aiguillons, signe d'une agressivité que sa modestie ne laisserait pas a priori suspecter.

Les hommes n'ont pas manqué d'attribuer aux plantes les plus agressives les attributs de la virilité. Ainsi, dans telle ethnie africaine, les *Scleria* aux feuilles très coupantes sont considérées comme des plantes mâles, par opposition à une Cyperacée d'aspect voisin, le *Cyperus umbellatus,* qui doit à ses feuilles moins coupantes d'être considérée comme femelle. Mais voici qu'une troisième espèce, *Eleusina indica,* vient brusquement déranger l'harmonie de ce couple ; voisine par l'apparence du *Cyperus umbellatus,* elle est tout naturellement considérée comme femelle ; mais comme elle est totalement dépourvue d'agressivité, le seul fait de la comparer audit Cyperus induit immédiatement un changement de sexe de ce dernier ; car dans le nouveau couple ainsi formé, le Cyperus légèrement coupant devient mâle, alors qu'il était femelle lorsqu'on le comparait au Scleria, beaucoup plus coupant que lui. En fait, ce Cyperus possède une « sexualité » indécise, variant selon le partenaire ! La « pensée sauvage » et son langage attribuent à cette espèce africaine hérissée et agressive l'un ou l'autre sexe, en faisant littéralement une plante hermaphrodite. Hermaphrodisme ici purement symbolique, mais qui s'accorde à l'hermaphrodisme biologique effectif des fleurs de Cypéracées qui, de fait, portent, comme la plupart de leurs consœurs, les deux sexes !

Mais les plantes n'ont pas seulement inventé l'arme blanche pour se défendre contre la dent des animaux ; elles ont même mis au point des modèles, certes primitifs, de fusil et de mitrailleuse, encore que l'efficacité guerrière du stratagème soit cette fois prise en défaut ; car il s'agit simplement, pour la plante, de diffuser ses graines en les expulsant violemment, ce que font fort bien les Balsamines dont les fruits explosent au moindre contact, et mieux encore une Euphorbiacée tropicale : *Hura crepitans*, qui expulse ses graines de sa capsule à grand bruit, d'où son nom. Celle-ci, de plus, revêt son tronc de puissantes épines, ce qui lui vaut d'être plantée dans les villages : un tel arbre, en effet, décourage les serpents, et l'on peut se reposer sous son feuillage sans risquer, venant des frondaisons, une visite inopportune.

De nombreuses Euphorbiacées cactiformes présentent cette même particularité d'éjecter bruyamment leurs graines. Lorsque le soir tombe dans le magnifique jardin exotique de Monaco, il n'est pas rare d'être surpris par de constantes et bruyantes explosions, dont l'origine à première vue reste mystérieuse. Seul un botaniste averti saura qu'il assiste à l'éjection violente de graines d'euphorbes cactiformes, favorisée par la chute de température liée au coucher du soleil.

Les Balsamines, l'Érodium, le Concombre d'âne éjectent eux aussi, avec beaucoup d'énergie, leurs graines qui, dans le dernier cas, sont émises à la vitesse incroyable de 12 mètres à la seconde !

A la guerre conventionnelle se rattachent également les stratégies développées par la Dionée qui a, comme le remarque pertinemment Pierre Delaveau [1], inventé le piège à loup miniature. Ses

1. Pierre DELAVEAU, *Plantes agressives et Poisons végétaux*, Éditions Horizons de France, Paris, 1972.

feuilles particulières, aux fortes épines, pivotent autour d'un axe constitué par leurs nervures ; lorsqu'un insecte s'y pose, la feuille se replie comme un livre que l'on ferme, et les longues épines se chevauchent et s'entrecroisent, emprisonnant le malheureux animal. La Dionée, comme le Drosera, les Sarracenia ou les Utriculaires, est une plante carnivore. Aussi ne se contente-t-elle pas d'enfermer son prisonnier ; ensuite elle le digère, et nous entrons avec elle dans les stratégies de la guerre chimique.

Les plantes et la guerre chimique

Les plantes ont su inventer un riche arsenal de substances chimiques diverses dont elles se servent pour défendre leur territoire. En effet, au cours de l'évolution, la sélection naturelle n'a pas seulement porté sur les caractères morphologiques d'adaptation au milieu de vie : par exemple, plus ou moins grande capacité à mettre de l'eau en réserve dans une région sèche, par acquisition du port de plante grasse, ou meilleure adaptation à la pollinisation par le vent par allongement du filet des étamines ; elle a également transformé les caractères chimiques. Les modifications de la composition chimique des plantes, dues à des mutations, ont conduit certains individus à acquérir de nouvelles possibilités de synthèse, à élaborer de nouvelles molécules qui leur assurèrent, sur telle ou telle espèce voisine, de nouveaux avantages : visites plus fréquentes par les insectes grâce à l'acquisition d'une couleur voyante ou d'une odeur attractive, donc meilleures chances de fécondation, ou au contraire rejet plus marqué de la part des herbivores en raison de la présence d'une substance toxique, donc meilleures chances de survie et de prolifération ; ou encore – et c'est ce qui nous intéresse ici – émission dans le sol ou dans l'atmosphère de molécules agressives contribuant à la défense du territoire et rendant improbable, voire impossible, l'implantation à proximité de tout compétiteur.

La bataille des molécules

Car les mécanismes d'évolution et de sélection ne se sont pas contentés d'agir sur les sociétés végétales, animales ou humaines : ils fonctionnent aussi au niveau des sociétés moléculaires. La guerre s'exerce donc à tous les niveaux et l'on va voir que la guerre des molécules n'est pas toujours des plus tendres. A la compétition pour la nourriture ou le partenaire sexuel, à laquelle se livrent systématiquement tous les êtres vivants, correspond la compétition pour le site récepteur où ces molécules se fixent dans les cellules, à laquelle se livrent les molécules. Et que ces récepteurs soient induits en erreur et bloqués par des molécules perverses, comme une fausse clé entrant dans une serrure vient la bloquer, et voici que les processus vivants sont stoppés par les subtils mécanismes chimiques de la toxicité et du poison ; or, les plantes s'empoisonnent les unes les autres – et parfois elles-mêmes – avec une ardeur proprement inimaginable, grâce à de puissantes émissions de molécules.

L'exemple le plus connu est naturellement celui des antibiotiques. Ces substances sécrétées généralement dans le sol par des microbes, tels que bactéries ou champignons, ont la propriété d'inhiber ou de détruire à distance d'autres espèces bactériennes ou fongiques. En découvrant et en utilisant depuis une quarantaine d'années les antibiotiques, l'homme ne fit que reprendre à son propre compte des stratégies en œuvre dans la nature depuis la nuit des temps. S'il s'agit d'une grande invention, le mot doit être pris dans son sens premier : celui que sainte Hélène utilisa lorsqu'elle « inventa » la Sainte Croix ; en d'autres termes, lorsqu'elle la retrouva – ou crut la retrouver – en Orient. En extrayant des antibiotiques de champignons et de bactéries, puis en les administrant au malade pour le protéger de l'attaque de microbes antagonistes connus pour leur sensibilité à ces antibiotiques, l'homme ne faisait en effet que copier – mais en les transférant de la nature à son propre organisme – les stratégies immémoriales de la guerre microbienne, à travers la déjà très longue histoire des antibiotiques. Histoire dont on craint qu'elle ne s'essouffle quelque peu, car les résistances acquises contraignent les chercheurs à avoir recours à des substances toujours nouvelles dont il se pourrait bien que le stock potentiel finisse par s'épuiser. Il n'est pas sûr que l'on ne doive amèrement regretter, dans les décennies à venir, l'usage inconsidéré et immodéré qui aura été fait des antibiotiques, précipitant le mécanisme des résistances acquises et gaspillant ainsi une arme thérapeutique d'une valeur sans précédent.

Certes, des résultats spectaculaires ont été obtenus à nouveau, depuis environ 1976 où la bataille des antibiotiques contre les bactéries a remporté quelques spectaculaires succès, notamment en ce qui concerne la découverte de leur mode d'action, c'est-à-dire le repérage de la fraction de leurs molécules capable de « duper » la bactérie en bloquant les mécanismes d'élaboration de sa membrane. Les bactéries se sont vu de surcroît infliger récemment une autre défaite avec la découverte, elle aussi toute récente, d'une substance bloquant leurs facultés de détruire la partie active de la molécule antibiotique qui les agresse et les tue. Les voici donc, pour l'instant, à nouveau sans défense. Mais gageons que leur capacité proprement fabuleuse de s'adapter ne va pas tarder à se manifester à nouveau, renvoyant les chimistes à leur perplexité et stimulant leur imaginaire... Étrange course de vitesse en vérité que celle des bactéries qui s'adaptent et des chimistes qui inventent sans cesse de nouveaux produits pour les empêcher de le faire !

Des plantes qui se font souffrir

Mais si l'exemple des antibiotiques est bien connu, celui des phénomènes d'antibiose au niveau des plantes supérieures l'est beaucoup moins. Les différents types de guerre chimique entre êtres vivants se résument toujours à des phénomènes d'« empoisonnement à distance », empoisonnement dû à l'émission par une plante d'une substance toxique. S'il s'agit de bactéries ou de champignons microscopiques, on parlera d'antibiose ; s'il s'agit de plantes supérieures, d'« allélopathie », ce qui veut dire en clair : « Je fais souffrir les autres ». Les substances allélopathiques sont des corps libérés par une plante supérieure (excrétion par les racines, lessivage des feuilles par la pluie, émission d'essences volatiles) ou par ses détritus, qui inhibent la germination ou la croissance d'autres plantes.

On savait depuis fort longtemps que les racines exsudent des sécrétions que Liebig, en 1860, avait déjà mises en évidence. Il avait en effet observé la corrosion d'une plaque de marbre par les excrétions des racines de maïs. Avant lui, Macaire, en 1833, écrivait dans son *Mémoire pour servir à l'histoire des assolements* : « On sait que le chardon nuit à l'avoine, l'euphorbe et la scabieuse au lin, l'ivraie au froment ; peut-être les racines de ces plantes suintent-elles des matières nuisibles à la végétation des autres » – et d'ajouter : « La plupart des végétaux exsudent par leurs racines des substances impropres à leur végétation. La nature de ces substances varie selon les familles des végétaux qui les produisent ». Ce texte vraiment prémonitoire, écrit voici 150 ans, n'a pas été démenti par les progrès de la science, et les sécrétions végétales sont aujourd'hui bien connues. Le sujet est même tout à fait à la mode, et il ne se passe pas de jour que quelque scientifique ne découvre de nouvelles plantes à propriétés allélopathiques.

Les paysans d'autrefois se méfiaient de ces plantes dont ils constataient qu'elles avaient l'art de faire le vide autour d'elles ! Un curieux décret paru sous Napoléon III dit que, pour chaque noyer planté, l'État s'engageait à construire ces sortes de tas de pierres d'environ un mètre cinquante de hauteur que l'on n'aperçoit plus guère aujourd'hui dans les champs, mais qui permettaient jadis aux paysans de déposer les sacs qu'ils portaient sur le dos, afin de pouvoir se reposer quelques instants. C'est qu'en effet, les paysans n'aimaient plus les noyers et n'en plantaient pas. Ils avaient constaté que ces arbres gênaient la croissance de la luzerne, des tomates, des pommes de terre, des Graminées, des pommiers, etc. Le principe allélopathique du noyer est aujourd'hui bien connu : il s'agit de la juglone. Cette molécule existe dans tous les tissus de l'arbre sous sa forme réduite ; elle est oxydée dans le sol où elle aboutit, soit entraînée par les eaux de pluie qui lessivent les feuilles, soit par la chute des feuilles et des fruits qui en contiennent des proportions importantes. A la dose infime de 10 parties par million, la juglone inhibe à 50 % la germination des plants de tomates. Elle est toxique aussi pour les petits animaux sur lesquels elle produit un effet sédatif, et ses effets inhibiteurs s'exercent même sur les bactéries et sur les champignons. Ainsi, les observations de Pline l'Ancien, qui attribuait au noyer la propriété de tuer les plantes qu'il recouvre de son ombre, étaient-elles parfaitement justifiées.

Les retombées thérapeutiques de la guerre chimique

Nombreux sont les arbres qui ont la particularité d'inhiber la croissance des végétaux sous leur frondaison. L'exemple des conifères est sans doute le plus connu. De brillantes recherches menées par le professeur Masquelier conduisirent ce chercheur perspicace à découvrir de nouveaux médicaments en observant les phénomènes allélopathiques liés aux conifères.

Il est aisé de constater que, dans une forêt de conifères, pessière ou sapinière par exemple, la végétation herbacée est rare, souvent inexistante. Seul persiste un épais tapis d'aiguilles mortes sur lequel croissent, ici ou là, des champignons. La première interprétation qui vient à l'esprit tend à rendre l'obscurité responsable de cette situation. Dans une forêt d'épicéas, par exemple, la quantité de lumière reçue au sol est inférieure à 1 % de la luminosité au niveau des cimes, donc insuffisante pour permettre la photosynthèse. Mais il n'en est pas de même des forêts de pins, comme les forêts landaises, où l'éclairement au sol est nettement supérieur et où, cependant, les espèces herbacées restent rares. C'est cette constatation qui a amené Masquelier à s'interroger : la grande pauvreté du tapis herbacé ne serait-elle pas due à l'émission par la litière de substances inhibitrices de la germination des graines ? Une décoction d'aiguilles de pin permit de confirmer cette hypothèse au laboratoire. Masquelier entreprit donc l'analyse chimique de l'extrait obtenu et montra que le principe inhibiteur était un complexe de substances appartenant au groupe des Leucoanthocyanes. Non seulement ceux-ci gênent la germination de nombreuses graines, celles du blé en particulier, mais, de plus, ils empêchent les boutures de peupliers de former des racines. Ayant démontré que la fraction active était un leucoanthocyanidol légèrement polymérisé [1], Masquelier put ensuite démontrer que cette substance agit en perturbant le mécanisme d'action des hormones de croissance qui détermine la division et l'élongation cellulaire des végétaux. On retrouve ici des propriétés qui s'apparentent aux effets anticancérigènes, et, de fait, un grand nombre de substances de ce groupe ont été testées avec quelque succès pour leurs propriétés anticancéreuses. Cependant, le leucoanthocyanidol monomère ou dimère, obtenu par synthèse, perd ces propriétés ; il est par contre capable de renforcer la résistance des petits vaisseaux sanguins, et c'est à ce titre qu'il a été introduit en pharmacie. Le caractère exemplaire de ces travaux montre tout le parti que l'on peut tirer, dans la découverte de nouveaux médicaments, d'une bonne observation de la nature. Or, curieusement, ce type d'approche est à peu près totalement négligé dans les méthodes de recherche contemporaines.

Pourtant, on voit d'emblée les vastes possibilités que de telles observations pourraient avoir sur de nouvelles stratégies thérapeutiques. N'est-ce pas d'ailleurs dans l'observation fine des phénomènes biologiques que se trouve la clé de la plupart de nos problèmes ? Tout se passe en effet comme si l'intelligence humaine réinventait en quelque sorte l'intelligence enfouie dans la vie, et qui s'exprime déjà, au niveau cellulaire, dans ce que Haeckel appelait l'« âme cellulaire », puis, à un niveau de complexité supérieur, dans l'instinct. Cette intelligence au sujet de laquelle Edgar Morin se demandait : « Pourquoi, dans le comportement instinctif, une intelligence aussi prodigieuse est aussi totalement bloquée ? L'intelligence de

---

1. La polymérisation résulte de l'accolement de nombreuses molécules identiques dont chacune constitue un élément monomère ; par analogie, on peut dire que le monomère est un maillon et le polymère une chaîne.

l'homme semble provenir d'une fuite dans les conduites de l'intelligence inconsciente ; l'homme, jusqu'à présent, ne fait que remettre partiellement en activité une intelligence qui avait déjà organisé et créé les êtres vivants, y compris lui-même. Son intelligence redécouvre les inventions, processus, techniques, trouvailles qui, il y a deux milliards d'années, ont déjà constitué l'organisation cellulaire [1]... »

Les pins et les noyers ne sont pas les seuls arbres à provoquer la débâcle des herbes sous leur frondaison. Les Eucalyptus possèdent aussi cette propriété à un haut degré. Il est bien entendu hors de question d'attribuer la désertification des sols sous les Eucalyptus à un manque de lumière solaire : on sait au contraire que les feuilles de cet arbre sont disposées verticalement, ce qui leur permet de capter le maximum de lumière disponible. La pauvreté du couvert herbacé sous nos Eucalyptus fait un vif contraste avec la riche et dense végétation des milieux où ces mêmes arbres poussent spontanément en Australie, leur pays d'origine. Les Eucalyptus y coexistent naturellement avec un certain nombre d'espèces adaptées à leur environnement chimique. Transplantés en Europe ou en Afrique du Nord sans ce cortège d'espèces-compagnes, ils reconstituent des environnements végétaux extrêmement pauvres du fait de leurs fortes propriétés allélopathiques. D'où les polémiques que développent les écologistes en Europe du Sud et au Portugal notamment contre les plantations d'Eucalyptus, dont les effets désertifiants sont comparés à ceux produits par la prolifération des plantations d'épicéas dans les plaines de l'Europe tempérée. Récemment, des travaux sur le châtaignier et le marronnier ont révélé des faits analogues, ces arbres semblant également puissamment allélopathiques.

1. Edgar MORIN, *Le Journal de Californie*, Éd. du Seuil, 1970.

Tous ces exemples montrent qu'il y a rupture d'équilibre lorsqu'une espèce arborescente est massivement acclimatée dans un milieu où la flore indigène ne comporte pas d'éléments ayant acquis, au cours d'une longue évolution commune, un « tempérament » compatible avec elle. Cette compatibilité est en effet le fruit d'une longue adaptation sélective, conduisant des espèces différentes à vivre les unes avec les autres au cours des temps. De tels équilibres ne sauraient se constituer instantanément lorsqu'une espèce est transplantée et cultivée dans des régions où elle ne croît pas spontanément et où elle n'a donc pas pu établir avec les espèces indigènes ces contacts et ces rapports de bonne et loyale intelligence.

Les plantes et la guerre civile

Les phénomènes d'allélopathie sont particulièrement importants dans les régions arides, comme l'ont montré les brillantes études de Muller et de ses collaborateurs sur le chaparal. Le chaparal est une végétation de type « garrigue », caractéristique des régions semi-arides de Californie du Sud. Elle est caractérisée par des plantes adaptées à la sécheresse, à feuilles dures, raides, parmi lesquelles des arbustes [1] dont les « cousins » européens fournissent une infusion réputée antiseptique : la busserole. On y voit également des plantes à essences, notamment une armoise [2] et une sauge [3]. L'armoise, dont on a fait l'analyse, contient de l'eucalyptol, essence odorante des Eucalyptus. La sauge contient du camphre, mais aussi de l'eucalyptol. Voilà donc une végétation qui se caractérise

1. *Arctostaphyllos* divers.
2. *Artemisia californica.*
3. *Salvia mellifera.*

par une densité importante de plantes dont la chimie est familière ; car ce sont des espèces à « couleurs pharmaceutiques ». Or, le « fonctionnement » du chaparal est très curieux. Il n'y pousse aucune espèce annuelle, car les graines des plantes annuelles, que l'on trouve en abondance sur le sol, n'y germent pas. Par contre, lorsque le chaparal brûle, ce qui arrive souvent, on assiste à une brusque flambée de germinations, puis de floraisons d'herbes annuelles. Puis ces herbes sont éliminées par les espèces citées, au fur et à mesure de leur réapparition. Plus étrange encore : lorsque le feu n'intervient pas régulièrement, c'est toute la végétation qui se met à dépérir. En effet, les busseroles donnent encore des graines, mais qui, dans ces milieux « vieillis », ne germent plus.

On s'est alors posé la question de savoir ce qui pouvait bien faire que cette végétation soit entrée dans un cycle ne fonctionnant que par l'intervention régulière du feu, et, lorsque le feu n'intervient pas, disparaisse en se stérilisant totalement.

Des études ont montré que les busseroles, très riches en phénols, répandent dans le milieu des doses importantes de ces substances qui finissent par empêcher toute germination des annuelles. En fait, les phénomènes de germination s'appuient sur des phénomènes microbiologiques, et il y a sans doute inhibition de la flore microbienne du sol par les phénols, ennemis héréditaires bien connus des bactéries. De plus, les phénomènes de division cellulaire semblent entravés. De leur côté, les sauges et les armoises dégagent dans le milieu des essences qui contribuent également à créer des inhibitions : on peut retrouver ces essences condensées à la surface et à l'intérieur du sol. Il semblerait que le camphre et l'eucalyptol soient absorbés sur l'épiderme des racines, pénètrent dans les cellules et bloquent leur division.

C'est le feu qui entretient le rythme cyclique de cette végétation ; son passage détruit par la chaleur les substances allélopathiques, notamment les essences très combustibles, ainsi que les plantes génératrices de ces substances ; cette situation nouvelle favorise naturellement la germination des graines d'annuelles dont un certain nombre, comme on a pu le montrer, sont parfaitement adaptées à la chaleur et résistent au passage du feu. Enfin, on a observé que les phénomènes d'allélopathie sont beaucoup plus spectaculaires en année très sèche qu'en année humide ; il existe une sorte de complicité entre allélopathie et sécheresse, probablement liée aux quantités d'essences produites par les plantes, qui augmentent en même temps que l'aridité du climat. L'expérience courante prouve d'ailleurs que les espèces à essences sont beaucoup plus nombreuses dans les régions à étés secs, comme la région méditerranéenne, que dans les zones à étés plus froids et plus humides.

L'intérêt des recherches sur le chaparal tient au fait que le passage de l'allélopathie à l'autotoxicité a pu être démontré sans ambiguïté : que le feu n'intervienne pas, et les formations âgées d'arbustes dépérissent spontanément ; en d'autres termes, à partir d'une certaine dose de substances toxiques répandues dans le milieu, les émetteurs finissent par s'intoxiquer eux-mêmes. Ne faut-il pas voir dans cet exemple un cas de maladie professionnelle ou même d'aveuglement ? Ces plantes réussissent à produire, au travers de subtiles synthèses sans doute coûteuses en énergie, des substances qui ne leur assurent une réelle protection que dans la mesure où elles en « dosent » exactement les quantités émises.

Des phénomènes semblables ont pu être observés chez d'autres espèces : la guayule [1] est une Composée mexicaine des régions désertiques. Pendant la Première Guerre mondiale, on l'a utilisée pour produire un caoutchouc de composition identique

____

1. *Parthenium argentatum.*

à celui de l'hévéa. Actuellement, des essais de cultures pilotes sont à nouveau réalisés au Mexique et aux USA en vue d'exploiter rationnellement cet arbuste au profit des grandes firmes de pneumatiques. Plusieurs pays étrangers (Israël, URSS, Australie) tentent également d'acclimater la guayule aux mêmes fins. Mais cela ne va pas sans mal.

Dans leur habitat naturel quasi désertique, ces arbrisseaux sont régulièrement espacés les uns des autres, chacun ayant son propre territoire. Mais dans les champs de guayules cultivées, un phénomène étrange ne tarda pas à se manifester : les plantes poussant au centre restaient misérables et chétives, en moyenne deux fois plus petites que celles poussant à la lisière du champ ; quant à ces dernières, on s'aperçut que celles qui poussaient aux quatre coins étaient nettement plus vigoureuses que les autres. On songea à des phénomènes allélopathiques que les recherches confirmèrent : les racines émettent d'importantes proportions d'une substance inhibitrice : l'acide transcinnamique, qui agit aussi bien sur la plante qui l'émet que sur d'autres espèces vivant dans son voisinage. Son effet allélopathique est déjà sensible sur la guayule à la concentration de dix parties par million. On comprend alors le mécanisme du phénomène observé : la concentration de toxiques sécrétés par les racines est beaucoup plus faible sur les bords qu'au centre, où les excrétions radiculaires toxiques proviennent de toutes les directions ; et à nouveau beaucoup plus faible aux quatre coins que sur les bords, puisque l'émission ne provient alors que d'une seule direction. Cet exemple prouve que dans cette espèce, chaque individu protège isolément son propre territoire en milieu naturel ; mais que l'homme vienne modifier cet « arrangement », et l'espèce alors s'auto-intoxique par effet de surdensité.

Ainsi, lorsqu'on est guayule et de surcroît cultivé, est-il fort avantageux de se trouver placé en bordure du carré : c'est le meilleur moyen d'échapper aux agressions chimiques émanant du centre. Mais c'est tout le contraire lorsqu'on est un grenadier de la Garde impériale. Lorsqu'à Waterloo, à l'arrivée de Blücher, Napoléon fit donner le dernier carré de la Garde, mieux valait certes être au centre, protégé par quelques « épaisseurs humaines » des armes ennemies ! En l'occurrence, un carré n'en vaut pas un autre et le choix du bon endroit dépend donc des circonstances.

L'autopollution des piloselles

On pourrait également citer l'exemple de la piloselle, cette petite Composée jaune qui forme des îlots de population tendant à s'accroître au détriment de la végétation environnante. Mais lorsqu'on suit attentivement la progression des populations de piloselle, on note que les individus du centre tendent peu à peu à dépérir, de sorte que le sol se dénude, alors que la piloselle continue à progresser en cercles concentriques sur les bords de son peuplement. Puis, au bout de quelque temps, et notamment lorsque les zones dénudées du centre ont été copieusement lessivées par les pluies, les graines de piloselle présentes germent à nouveau et redonnent de nouveaux individus.

Le cas de la piloselle est tout à fait frappant ; on observe en effet chez elle un pouvoir agressif élevé à l'égard des espèces voisines dont la taille et le nombre diminuent rapidement ; ainsi voit-on par exemple la millefeuille et le millepertuis cesser de fleurir. D'autres espèces deviennent misérables et chétives, comme l'origan et le mélampyre ; telle Orchidée croissant dans cet environnement dangereux voit sa taille moyenne diminuer des deux tiers. Seules quelques espèces, comme le thym et le serpolet, résistent vaillamment et tiennent tête à la piloselle : c'est qu'elles sont capables d'effectuer le même travail de sape que la piloselle. Quant aux espèces cultivées, elles ne sont pas non plus à l'abri de ses effets destructeurs : ainsi le lin y est-il très sensible, le blé un peu moins, le radis moins encore.

La piloselle exerce donc un effet agressif sur ses voisines et, à la limite, collectivement suicidaire sur elle-même, lorsque sa concentration atteint un certain seuil : d'où l'auto-élimination que l'on observe au centre des peuplements, jusqu'à ce que l'effet de lessivage par les pluies ait éliminé les substances toxiques, permettant aux graines momentanément inhibées de germer.

L'autotoxicité ne se manifeste pas que chez la piloselle, mais aussi chez la violette ou les crocus, par exemple. De Candolle écrivait, voici plus d'un siècle : « Des haricots languissent et meurent dans de l'eau qui renferme la matière préalablement exsudée par les racines d'autres individus de la même espèce » ; il ajoute : « Un pêcher gâte le sol pour lui-même, à ce point que si, sans changer la terre, on replante un pêcher dans un terrain où il en a déjà vécu un autre auparavant, le second languit et meurt, tandis que tout autre arbre peut y vivre. Les arboriculteurs n'ignorent pas que pour réussir un poirier après un autre poirier, il ne suffit pas d'apporter du fumier, il faut aussi changer la terre. La responsabilité véritable de ces phénomènes incombe aux exsudats racinaires toxiques ».

On pourrait multiplier les exemples d'espèces télétoxiques : ainsi sait-on que la lavande et le ciste de Montpellier, si caractéristiques des garrigues méditerranéennes, maintiennent le séneçon vulgaire à leur immédiate proximité à l'état nain. Pourquoi ? On l'ignore, car on ne connaît pas toujours les substances chimiques responsables de ces phénomènes : qui peut dire pour quelles raisons l'absinthe s'acharne à gêner le développement du fenouil, même lorsque celui-ci est distant d'elle d'au moins un mètre ?

Pourquoi ces mystérieuses guerres chimiques ?

Il semble bien, en tout cas, que de nombreuses substances interviennent, appartenant à des groupes chimiques fort divers ; ces substances exercent, dans la plante qui les sécrète, des propriétés particulières dont les phénomènes de télétoxie ne seraient qu'un effet secondaire, n'apparaissant que lorsque les concentrations émises dans le milieu externe atteignent un certain seuil. Ainsi, par exemple, les phénols auxquels on peut attribuer de forts effets allélopathiques servent-ils à augmenter la résistance épidermique de nombreuses plantes contre l'attaque des agents pathogènes ; ils exercent donc un rôle protecteur et défensif. Mais personne n'a jamais pu prouver que les produits allélopathiques étaient sécrétés par les plantes pour se défendre contre la menace ou l'attaque d'autres plantes. Par contre, beaucoup de substances allélopathiques manifestent un rôle protecteur contre l'envahissement des tissus végétaux par des micro-organismes ou d'autres agents pathogènes. Ce serait l'excès de production de telles substances qui induirait leurs effets télétoxiques, ou encore leur relargage dans le milieu au moment de la décomposition des cadavres végétaux. Bref, l'allélopathie serait en quelque sorte un phénomène secondaire, une conséquence indirecte de la capacité qu'ont les plantes de synthétiser diverses substances, généralement spécifiques du monde végétal. A ces molécules végétales de structures souvent très sophistiquées, dont le rôle est mal connu ou méconnu, on a donné le nom de substances secondaires, pour les différencier des composés fondamentaux de la Vie, communs à tous les êtres vivants : bactéries, végétaux et animaux. On pourrait donc dire que les effets allélopathiques sont en quelque sorte des effets secondaires produits par les substances secondaires des végétaux.

Les animaux eux-mêmes n'échappent pas toujours à l'effet de ces substances toxiques : ne voit-on pas, en été, le tilleul argenté provoquer des hécatombes d'abeilles et d'autres insectes, en raison de la toxicité de ses fleurs ? On a même observé dans l'Ouest américain une sorte de perversion des troupeaux, qui recherchent systématiquement certaines Légumineuses toxiques, au point qu'on a pu risquer à leur sujet un parallèle avec le comportement des toxicomanes...

Mais les phénomènes de compétition, même lorsqu'ils s'exercent par molécules chimiques interposées, n'excluent pas les phénomènes de coopération, les uns et les autres intervenant parfois, de manière surprenante, simultanément.

Où l'immunologie apparaît...

Deleuil a pu observer dans la région marseillaise la curieuse coexistence de trois espèces : un ail [1], une chicorée [2] et une pâquerette [3], formant des sortes de « tonsures » de 2 à 4 mètres carrés, isolées les unes des autres à l'intérieur d'une association à Graminées très courante en zone méditerranéenne [4]. Cet écologiste constate que l'on trouve tantôt les trois espèces à la fois, tantôt l'ail et la pâquerette, ou la pâquerette et la chicorée : en revanche, on ne voit jamais l'ail et la chicorée ensemble à une distance de moins de 20 centimètres. Les expériences effectuées en laboratoire révélèrent que l'ail sécrète une substance toxique qui détruit les jeunes plantules de chicorée aussitôt après leur germination. En revanche, la pâquerette

1. *Allium chamaemolly.*
2. *Hyoseris scabra.*
3. *Bellis annua.*
4. *Brachypodium ramosum.*

n'est pas sensible aux effets de cette substance. Mieux, elle émet une substance antitoxique neutralisant l'émission allélopathique de l'ail, puisque sa présence conjointe à celle de l'ail protège la chicorée des effets toxiques de cette dernière et lui permet de se maintenir. Étudiant le phénomène plus en détail, l'auteur constate ainsi que la pâquerette, mise en présence de l'ail, éprouve d'abord une certaine difficulté à se développer ; puis la plante prend le dessus et émet une antitoxine, ce qui se démontre par la mise en évidence des propriétés protectrices à l'égard de la chicorée qu'elle acquiert alors. Et l'auteur conclut : « Ces observations font penser au mécanisme toxine-antitoxine bien connu des bactériologistes ; le parallélisme est très étroit : la pâquerette élabore une substance anti-ail qui rend la chicorée insensible au poison sécrété par l'ail, comme le cheval fabrique l'antitoxine diphtérique qui guérit ou protège l'homme de l'attaque diphtérique ».

Il est regrettable que ces études n'aient pas été poussées au niveau de l'identification des principes chimiques en cause ; mais l'on assiste ici à des phénomènes proprement immunologiques, où une plante en protège une autre contre l'agression d'un tiers, et où l'on voit jouer simultanément des phénomènes de compétition et de coopération.

L'ail lui-même, dont l'effet puissamment allélopathique a pu être mis en évidence sur de nombreuses espèces, en particulier sur la pervenche qu'il élimine lorsque ses populations atteignent une densité suffisante, émet dans le sol des substances que les bactéries dégradent en sulfure. Or ces sulfures provoquent de manière spécifique la germination et le développement de certains champignons comme *Sclerodium cepivorum*. L'ail n'est donc pas non plus allélopathique pour tout le monde, et sait aussi rendre service, le cas échéant, à autrui.

De la compétition à la coopération

La dialectique de la compétition et de la coopération est d'ailleurs plus subtile qu'il n'y paraît. Les recherches de Becker et de Guyot ont en effet montré que le mode d'action de certains inhibiteurs peut se rapprocher de celui de certaines substances de croissance : « Aux concentrations très faibles, les inhibiteurs de la germination et de la croissance se montrent parfois capables de stimuler celles-ci ». Ils ont en effet remarqué que plus l'extrait est concentré, plus l'effet inhibiteur est marqué, et qu'un effet stimulateur peut se substituer à l'effet inhibiteur lorsqu'on augmente sensiblement la dilution des principes actifs. Cet effet stimulant a pu notamment être mis en évidence dans le cas de Labiées telles que le thym ou les origans, mais non dans le cas de la piloselle.

On observe des phénomènes voisins, mais de signification différente, avec les feuilles de hêtres qui persistent parfois longuement en hiver sur les arbres ; ces arbres vêtus de feuilles sèches inhibent la germination printanière de la plupart des essences forestières ; mais lorsque les feuilles sont tombées au sol depuis quelque temps, ces phénomènes d'inhibition cessent et elles deviennent au contraire stimulantes pour la germination des épicéas par exemple. C'est pourquoi, dans l'Est de la France, l'épicéa régénère bien sous les hêtres, à condition d'éliminer les hêtres de faible vigueur qui ont tendance à conserver leurs feuilles sèches jusqu'au printemps, gênant cette régénération. Tout donne à penser que les feuilles sèches marcescentes conservent des principes que les pluies entraînent au sol et qui disparaissent au contraire lorsqu'elles commencent, après leur chute, à se décomposer.

L'inversion de l'effet avec la dose est une loi bien connue des pharmacologues, car les réactions des molécules sur l'organisme humain s'apparentent étroitement aux effets qu'elles produisent soit sur des organismes infiniment plus simples comme des végétaux, soit au contraire sur des systèmes infiniment plus complexes comme des écosystèmes naturels : la Vie est une, et n'a qu'une seule logique !

On pourrait multiplier les exemples, désormais classiques, d'inversion des effets en fonction des doses : l'adrénaline est d'abord hypotensive, puis hypertensive, en raison de son action successive sur les récepteurs nerveux. Le bismuth peut être, selon la dose, constipant ou laxatif, et les teintures végétales peuvent présenter des effets significativement différents selon qu'elles sont expérimentées à dose homéopathique ou allopathique : ainsi la teinture de thuya, fortement psychotrope, abolit les conditionnements réalisés sur des rats, ces mêmes conditionnements étant récupérés grâce à l'administration ultérieure d'une dilution homéopathique de cette même teinture de thuya. Rien n'est donc plus aléatoire, en pharmacologie, que la relation dose/effet, qui n'est jamais linéaire. Sinon, il suffirait pour guérir d'avaler tous ses médicaments d'un seul coup !

La recherche systématique de drogues anti-cancéreuses a montré que de nombreux agents antitumoraux expérimentés en clinique ont révélé, soit sur d'autres tumeurs, soit dans d'autres conditions expérimentales, des effets cancérigènes ! Et Farnworth cite le cas d'un extrait végétal testé sur la leucémie de la souris, dont l'efficacité est inversement proportionnelle aux doses mises en œuvre, l'activité maximale étant produite avec la dose la plus faible. Ce même extrait, décidément capricieux, s'avère en outre anti-œstrogénique à faible dose et œstrogénique à dose élevée ! Devant ces faits expérimentaux indéniables, mais qui prennent notre logique en défaut, on comprend mieux pourquoi une infusion de tilleul empêche chez certains le sommeil qu'elle devrait pourtant induire, ou pourquoi le café engendre paradoxalement chez d'autres une profonde détente nerveuse, à l'inverse de ses effets usuels. On sait aussi que tel hypnotique ou tel anxiolytique produira une agréable détente chez les uns et, au contraire, une tension accrue chez d'autres. La pharmacologie est une science subtile, chaque individu réagissant avec sa sensibilité propre et selon son terrain ; en ce domaine plus qu'en tout autre, les mêmes causes sont loin de toujours produire les mêmes effets.

Cette même loi d'inversion des effets avec la dose se retrouve au niveau des relations sociales où l'optimum relationnel pour l'homme semble se situer aux environs de 500 personnes individuellement connues. Lorsque ce chiffre augmente considérablement, la pression relationnelle devient intolérable et des phénomènes d'agressivité se déclenchent ; très en dessous, la pauvreté relationnelle provoque un sentiment d'isolement et de frustration.

Sélections meurtrières et coopérations créatrices

De l'ensemble des faits relatés ici, une évidence se dégage : la compétition et son corollaire la sélection existent de tout temps et en tout lieu, comme une contrainte à laquelle aucun être vivant ne saurait se soustraire. Lorsqu'elle devient sévère, lorsque brutalement les milieux changent, par exemple par ces phénomènes de régression marine qui firent émerger de l'océan primitif les terres continentales, ou par des modifications climatiques de grande ampleur, la pression sélective devient telle qu'en ces périodes de grandes crises, de nouvelles inventions jaillissent à partir des individus les plus adaptables, donc les plus aptes à franchir le pas. Reprenant à son compte une thèse célèbre de Hegel, Charles de Gaulle n'alla-t-il pas jusqu'à suggérer que la guerre est accoucheuse de société, parce qu'elle provoque la rencontre et le croisement – même s'il est meurtrier – des cultures ? Hegel et Nietzsche allèrent jusqu'à rapprocher le rôle de la guerre dans l'histoire humaine de celui de l'évolution biologique dans l'histoire de la Vie : car la guerre fait et défait les empires comme l'évolution crée et élimine les espèces. De fait, la Vie renaît de la mort, comme la plantule de la graine qui pourrit ; car sous l'apparence des affrontements meurtriers, des forces implacables qui compriment les énergies vitales et laissent d'innombrables créatures misérables, moribondes et exsangues, d'autres phénomènes, parfois indécelables dans la tragédie du moment, amorcent de nouvelles adaptations et portent en germe de nouveaux mondes : « Car si le grain ne meurt, il ne porte point de fruit ». Soumis plus que tout autre peuple aux pressions de sélection les plus meurtrières, Israël doit sa pérennité à un extraordinaire sentiment de solidarité et d'appartenance, transcendant les frontières du temps et de l'espace : des liens de solidarité exceptionnels se maintiennent entre citoyens d'un peuple qui n'avait plus, tout au moins en apparence, ni patrie ni futur. La pression imposée du dehors suscite la coopération au-dedans ; c'est l'histoire de toutes les résistances, de toutes les solidarités !

Point donc d'insurmontable opposition entre coopération et compétition, ces deux pôles dont les tensions sont source et de vie et de mort, car les réactions de coopération, de solidarité apparaissent en première analyse comme une des réponses normales de la vie à la pression sélective et agressive du milieu. C'est à l'ensemble des mécanismes associatifs, de la coopération moléculaire à la coopération sociale, que la vie doit son prodigieux essor. Essor qui eût sans doute pris des formes monstrueuses, proprement cancéreuses, si la compétition n'avait dès l'origine joué le rôle d'un

frein, d'un régulateur de cet extraordinaire phénomène d'explosion et de bourgeonnement. Ainsi la
sélection, à la différence de la vision darwinienne,
doit-elle être considérée, semble-t-il, comme un
phénomène second. Elle régule quantitativement
la Vie que la coopération crée qualitativement et
diversifie à l'infini. Le jardinier taille ses arbres,
mais encore faut-il qu'il y ait des arbres à tailler !
Le sélectionneur choisit les meilleurs plants...
encore faut-il qu'il y ait eu d'abord création de
mutants ou d'hybrides à sélectionner ! A quoi
serviraient un rein, un foie, triant, détoxifiant,
filtrant et éliminant les déchets de l'organisme s'il
n'y avait d'abord un cœur et du sang pour le faire
fonctionner ? A quoi servirait un jury d'élus
chargés de sélectionner le meilleur projet architectural s'il n'y avait eu, avant le concours, le lourd
et long travail imaginatif que toute équipe d'archi-
tectes travaillant « en charrette » connaît bien ? Et
à quoi serviraient examens et concours, si sélectifs
soient-ils, s'ils n'étaient d'abord le fruit d'un long
et lourd travail de création, d'élaboration et de
maturation ? Ignorer le projet pour ne songer qu'au
jury, telle fut l'aberration de ce XIXe siècle dont nous
nous obstinons à conserver intégralement l'héritage. Héritage dont un des moindres paradoxes
n'est pas que le mot « lutte » soit aujourd'hui paré
de tous les prestiges et de toutes les vertus, tandis
que le mot « solidarité », lui, n'appartient plus qu'au
vocabulaire d'un peuple écrasé !

Espoir ou utopie ?

En fait, la tension dialectique entre coopération
et compétition est à la base de tous les équilibres,
ceux de la nature comme ceux de la société. Que
la compétition l'emporte et c'est la guerre. Que la
coopération l'emporte et élimine totalement la

compétition – pure hypothèse d'école ! – et c'est la très hypothétique société conviviale d'Ivan Illich, la société « sans classe » des communistes, à laquelle Staline en vérité ne croyait guère, ou ce socialisme à visage humain à faire et à refaire chaque jour. Encore que la compétition ne saurait être, même dans ces hypothèses, totalement éliminée ; car l'« inégalité profonde » de la nature est un fait biologique irrécusable. Mais elle pourrait être conjurée par un double effort, dialectique lui aussi : pousser la justice sociale et la protection des faibles au maximum possible (les sociétés modernes en sont encore fort loin), et accepter les inégalités résiduelles, assumées dans une profonde acceptation personnelle de son statut et de son état, au sein d'une société où chacun joue son rôle dans la diversité, le pluralisme, le respect de la différence. Que ces critères fondamentaux deviennent nos objectifs et un monde nouveau naîtra peut-être sous nos yeux, que toutes les politiques et toutes les idéologies prétendent précisément construire, empruntant aux plus authentiques traditions philosophiques et religieuses de l'Orient et de l'Occident. Mais il faudrait, pour ce faire, commencer par changer notre vocabulaire, en éradiquant sans hésiter les perversités du langage qui contaminent si dangereusement notre entendement des choses.

Ainsi de la justice et de la liberté. La justice, qui ne le voit, ne sera jamais que la justice des hommes ; que de sang versé, de guerres en révolutions, en son nom ! Et que de misères accumulées d'âge en âge, justifiant pleinement et tragiquement la parole de celui qui disait, voici 2 000 ans : « Vous aurez toujours des pauvres parmi vous ». Et plus pervertie encore est la notion de « liberté », avec son corollaire magique et mystificateur de « libération ». Comme l'amour, si diversement perçu selon qu'il s'agit de le faire avec n'importe qui ou d'y puiser l'inspiration de sa vie ; comme la démocratie, si différente selon qu'elle est libérale ou populaire ; comme le socialisme, si riche d'acceptions et d'espérances contradictoires, la liberté fait partie du cortège de ces mots dégénérés qui, par souci premier de clarification, gagneraient à être évacués du vocabulaire. La liberté des libertaires n'est pas celle des libéraux et la liberté des rois n'est pas celle des saints ; les puissants l'invoquent pour s'offrir ce qui leur plaît, les humbles – les moines, par exemple – pensent au contraire la servir et la mériter en se privant de tout. Pour un adolescent, elle est le droit de transgresser les interdits ; pour un philosophe kantien, l'obéissance rigoureuse à la loi. Pourtant, ces trois syllabes magiques soulèvent l'espoir de millions d'êtres humains qui, avec Paul Éluard, continuent de dire : ... sur les murs j'écris ton nom liberté.

La liberté désigne ici l'aptitude à dépasser – généralement à travers une situation de crise – le poids des aliénations qui conditionnent nos automatismes et nos habitudes. Elle brise les cercles vicieux. Elle appelle imagination et créativité. Elle rend brusquement crédibles à nos yeux étonnés de nouveaux modèles de comportements individuels ou collectifs. Elle pousse nos destinées au-delà des frontières que leur assignent les systèmes, et débouche sur un futur ouvert. Elle dépasse les fausses alternatives dans lesquelles les sociétés piétinent et s'emprisonnent. Bref, elle étend à l'infini, dans un mouvement d'intériorité et d'approfondissement, le champ du possible.

La liberté est l'aptitude lentement mûrie à recoder les valeurs, à prendre du recul, à ne plus se situer exclusivement par rapport au système politico-économique, qu'il soit agi ou subi, chéri ou honni. On ne cherchera pas à aggraver la crise en accentuant les contradictions sociales, pour casser les automatismes économiques et les systèmes politiques qui les engendrent ; car la liberté n'est pas révolutionnaire. On ne cherchera pas davantage à sauver le système en l'amendant, en le bricolant par une série de réformes appropriées : car la liberté n'est pas réformiste. Elle se situe d'emblée hors de cette problématique et de cette dialectique, et ne choisit plus ses référents dans les systèmes existants. On parlerait en cybernétique d'un changement d'échelle.

Cette nouvelle sensibilité se décèle dès à présent chez bon nombre de nos contemporains. Elle annonce l'éclosion d'une nouvelle culture. Car voici le temps des remises en cause, et chacun de s'interroger sur le sens de la vie, sur le sens de sa propre vie. Mais cette interrogation resterait vaine si elle n'engageait à de profonds changements d'attitude et de comportement. Or ces changements sont possibles, car l'homme détient l'insigne privilège de pouvoir, sinon modifier son programme génétique, du moins choisir ses environnements et se placer librement dans des conditions qui favorisent de nouvelles manières de vivre, de sentir et d'agir.

Mais il nous faut en revenir aux plantes, à leurs luttes et à leurs conquêtes, car ce thème n'est point encore épuisé ; puis, pour faire bonne mesure, à leurs œuvres d'amitié et de solidarité !

CHAPITRE 7

Les envahisseuses

Ce titre peut surprendre, s'agissant de plantes dont la caractéristique première est la fixité au sol. Comment pourraient-elles déployer les stratégies éclairs des guerres modernes : déplacements rapides de contingents importants, envahissements et occupations massives de territoires, bref, les stratégies classiques de la guerre de mouvement ?

Les plantes et la guerre de mouvement

Mais les plantes se propagent par leurs graines et déploient ainsi des offensives spectaculaires. D'autres possèdent de surcroît des moyens de reproduction végétative, par bulbes ou par boutures, qui leur permettent de se propager avec une rapidité foudroyante. Bref, les envahisseuses enfoncent le front dans tous les sens, sans ruse ni calcul, uniquement en fonction du champ de dissémination de leurs graines ou de leurs boutures.

Parmi les plus célèbres figurent la Jacinthe d'eau et l'Élodée du Canada. La première est une plante flottante d'Amérique tropicale, à superbes fleurs bleu clair, introduite pour ses qualités en divers jardins botaniques du monde ; mais elle ne tarda pas à s'en échapper et colonise aujourd'hui la plupart des cours d'eau des zones intertropicales, où elle se développe en surface avec une rapidité telle qu'aucune espèce ne peut lui résister. Chaque matin, sur les canaux de Bangkok les moins fréquentés, les Thaïlandais sont obligés de se frayer un passage à travers le dense recouvrement des jacinthes qui se referment sur l'étrave des embarcations qui les traversent. Les feuilles portent à leur base des ballonnets spongieux, gonflés d'air, qui servent de flotteurs. Les racines, suspendues dans l'eau, ressemblent à des plumes, avec leurs très fines radicelles colorées en violet qui absorbent l'eau et les éléments nutritifs qu'elle contient. Envahisseuse redoutable entre toutes, dont la productivité végétale est d'une intensité exceptionnelle, la jacinthe doit être considérée comme une ressource potentielle de matière végétale, dont on ne sait malheureusement encore trop que faire : peut-être sera-t-elle un jour une grosse productrice de méthane, lorsque les sources d'énergies vertes entreront en compétition avec les énergies « dures », nucléaires ou autres ?

L'épidémie des Élodées

Plus modeste, mais aussi efficace dans son rôle d'envahisseuse, l'Élodée du Canada forme de véritables prairies au fond des canaux et rivières d'Europe. Observée pour la première fois en Irlande en 1834, puis en Grande-Bretagne en 1836, elle a atteint le continent en 1859, et s'y est propagée promptement. Cet envahissement est dû exclusivement à des pieds femelles (l'espèce possède en effet des individus mâles et des individus femelles), ce qui permet de penser que toutes les plantes actuellement présentes en Europe proviennent d'un seul individu importé : preuve du pouvoir de multiplication extraordinaire de cet individu-souche ! Toutefois, l'épidémie des Élodées semble aujourd'hui stoppée un peu partout. Peut-être faut-il y voir, au moins localement, l'effet de compétition avec une autre Élodée : *Elodea nutalii,* également originaire d'Amérique du Nord et naturalisée en Europe vers 1940 – année des invasions ! –, qui se répand rapidement et, dans certaines régions, semble bien remplacer et déplacer l'Élodée du Canada. Dans cet exemple, on peut dire à juste titre qu'une plante chasse l'autre ! *Elodea nutalii* provient elle aussi d'une bouture femelle qui s'est propagée généreusement comme la précédente, en dehors de toute reproduction sexuée et en l'absence d'individus mâles. Ainsi, ces plantes n'ont nullement besoin de « faire l'amour » pour se multiplier. Avantage de la reproduction végétative propre au monde végétal, que les animaux ont perdu, payant ainsi le prix de leur plus grande sophistication par une réduction de leur potentiel global de reproduction, désormais limité à la seule voie sexuée...

Toujours dans les eaux européennes, la petite fougère aquatique *Azola filicoides* apparaît et se développe de façon foudroyante à la surface des étangs. L'étang, entièrement recouvert, est vert en été et vire au rouge sang en automne de manière tout à fait spectaculaire. Puis, deux à trois ans plus tard, ces azoles disparaissent subitement et entièrement, sans doute pour avoir consommé les ressources minérales qui étaient nécessaires à leur prolifération. La vie aquatique de ces azoles se développe donc sous forme d'épidémies successives, par à-coups, ce qui est d'ailleurs le propre de toute épidémie.

Mais le record toutes catégories des envahisseuses aquatiques est sans doute détenu par une autre fougère, *Salvinia auriculata*. Cette herbe, observée en 1959 sur le lac Kariba, en Afrique, a réussi à recouvrir 199 km² d'eau en un an, et 1 002 km² en quatre ans. Éliminant toute concurrence, elle recouvrit le lac à une vitesse encore jamais observée dans le monde végétal.

Pour terminer ce tour d'horizon des grandes envahisseuses aquatiques, voici *Calitriche optusangula*, plante aquatique immergée, traditionnellement présente sur le littoral méditerranéen et atlantique, et qui gagne promptement l'Europe du Centre et de l'Est en remontant le cours des fleuves. Il semble que sa progression soit favorisée par le réchauffement des eaux fluviales dû à la pollution par rejets d'eaux chaudes. Ce qui expliquerait que cette plante, qui n'occupait que quelques rares stations en France et en Allemagne il y a 50 ans, soit très répandue aujourd'hui, jusque dans les pays de l'Est et même en Russie. Dans ce cas, l'envahissement est la conséquence logique d'une modification du milieu aquatique par l'homme.

Les lentilles d'eau provoquent aussi des envahissements spectaculaires, recouvrant entièrement mares et étangs aux eaux stagnantes. Chacun a pu observer le voile compact dont elles recouvrent des surfaces parfois considérables.

Les envahissements permettent d'ailleurs, en identifiant leurs protagonistes, de connaître le degré de pollution des eaux : les Riccia choisissant les eaux les plus pures, les Azoles les eaux les plus chargées, et les diverses espèces de lentilles d'eau, les eaux de qualité intermédiaire [1].

Une espèce parricide : la Spartine

Très spectaculaire aussi est le phénomène d'envahissement des vases littorales par une espèce nouvellement venue dans l'histoire de la vie : la Spartine d'Angleterre. Cette spartine est peut-être la seule espèce vivante que l'homme ait vu naître, par hybridation entre deux parents, l'un européen : la Spartine maritime, répandue de Mauritanie jusqu'au nord de la Tamise, l'autre venu d'Amérique au XIXe siècle : la Spartine alterniflore,

---

1. Le gradient étant, des eaux les plus pures aux eaux les plus polluées : les *Riccia, Lemna trisulca, Lemna spirodela, Lemna gibba* et *Azolla.*

implantée dans quelques fonds d'anses marines de l'Europe de l'Ouest, où les eaux sont un peu moins saumâtres, notamment derrière l'île de Wight en Angleterre, au fond de la rade de Brest ou des rias basques. Ces deux espèces s'hybridèrent en Angleterre à proximité de Southampton, et la nouvelle Spartine apparaît là pour la première fois en 1879. En 1906, elle a déjà gagné les vases salées du Mont-Saint-Michel, et sa progression provoque le rapide recul de son parent européen. Il s'agit donc d'une espèce à proprement parler parricide. La progression se fait par les lacis conquérants du rhizome souterrain, par dispersion d'innombrables boutures spontanées, arrachées à la plante par la mer, et par dissémination des graines par les courants marins côtiers. Aujourd'hui, la Spartine d'Angleterre occupe des milliers d'hectares sur les littoraux atlantiques et on la voit par exemple en rapide expansion sur les bords de la Gironde.

A l'ardeur compétitive de la Spartine, on peut comparer les avancées plus modestes, mais cependant non négligeables, des Salicornes ou passe-pierres dans les prés salés des littoraux. Ainsi le pré salé a-t-il avancé de 200 mètres par an environ au cours des dernières années dans la baie du Mont-Saint-Michel, peuplant peu à peu les dépôts sédimentaires et entraînant du même coup une importante régression marine, au point que le Mont finit par ne plus être, comme il le fut jadis, « au péril de la mer ». Ce mouvement s'est cependant inversé depuis 1980, et le pré salé recule à nouveau comme si la mer voulait à son tour se venger d'avoir perdu du terrain.

La rapidité des envahissements par certaines espèces est telle que l'on peut parler à leur sujet de véritable force de frappe.

L'invasion des Opuntias

L'exemple le plus célèbre est celui de l'implantation des Opuntias, ou figuiers de Barbarie, en Australie. Originaires d'Amérique centrale, ces cactus à raquettes furent spontanément introduits en 1787 par le capitaine Arthur Phillip, qui pensait y élever, comme on le faisait à l'époque en Amérique, des populations de cochenilles destinées à teindre en rouge les uniformes des troupes de Sa Gracieuse Majesté. Les paysans virent rapidement le bénéfice qu'ils pouvaient tirer de ces plantes bourgeonnantes et piquantes, pour faire des haies destinées à protéger leurs champs. Mais les Opuntias les prirent de vitesse et la haie ne tarda pas à envahir le champ lui-même. La propagation des Opuntias prit rapidement une allure vertigineuse : 4 millions d'hectares en 1900, 24 millions en 1920, 30 millions en 1925 : la moitié du territoire français ! Leur avancée ruinait toutes les exploitations agricoles et prenait l'allure d'un fléau, de sorte que l'Australie dut créer un service spécialisé pour tenter de freiner cette dangereuse épidémie ; dans un pays à très faible densité de population, les moyens mécaniques (l'arrachage, le feu) ou chimiques (l'arsenic) ne pouvaient s'avérer efficaces contre une telle prolifération. Ce furent des entomologistes qui trouvèrent la solution en introduisant en Australie un papillon : le *Cactoblastis cactorum*, dont les chenilles vivent à l'intérieur des raquettes, les minent, les vident complètement et les ouvrent ainsi à l'envahissement par les bactéries qui accélèrent le processus de pourrissement. Ce papillon fut sélectionné après de fines études menées sur 150 espèces, toutes originaires d'Amérique et toutes spécifiques des Opuntias. De 1928 à 1930, on introduisit 3 millions d'œufs de Cactoblastis. En 5 ans, le papillon avait pullulé, de telle manière que l'Australie se trouvait débarrassée des Opuntias tant redoutés.

Les lapins qui, amenés par l'homme, prolifèrent en Australie avec une rapidité extraordinaire, eurent plus de chance et continuent à pulluler, peut-être au détriment des kangourous subitement soumis à une concurrence à laquelle ils ne s'attendaient pas.

Sans revêtir un caractère toujours aussi spectaculaire, les invasions végétales sont des phénomènes bien connus et souvent fort difficiles à expliquer en raison de leur caractère épisodique et épidémique, avec progression et régression dues à des régulations dont les mécanismes nous échappent encore. Des plantes comme l'Érigeron du Canada, venu d'Amérique vers 1650, ou la Balsamine de l'Himalaya, introduite en 1839, ou encore la *Galinsoga parviflora*, introduite en 1794, ont connu des développements proprement vertigineux.

La carte du front de progression des troupes de Crepis sancta

Il en est de même du *Crepis sancta*, une composée originaire d'Asie Mineure dont on peut établir la carte de progression du front vers le nord de l'Europe depuis le début du XIXe siècle jusqu'à nos jours. Cette carte évoque d'une manière tout à fait suggestive les cartes d'état-major où l'on repère jour après jour les progressions des mouvements de troupes en période de guerre. Mais la progression s'étale ici sur des temps plus longs : on repère l'espèce en Avignon en 1818, à Toulouse en 1850, dans les Charentes en 1898. Puis le rythme s'accélère au cours de la première moitié du XXe siècle : elle atteint la Région parisienne vers 1940, le grand-duché du Luxembourg vers 1950, et progresse actuellement en Belgique, ayant pratiquement occupé l'intégralité du territoire français. C'est aux botanistes belges, beaucoup plus attentifs que nous aux phénomènes de migrations, de régressions ou de disparitions d'espèces, que l'on doit cette carte indiquant la position respective du Crepis au fil des années.

La Lampourde épineuse [1] a suivi à peu près l'itinéraire du Crepis. Venue de Russie, elle s'est promptement répandue en Europe au siècle dernier, grâce à ses fruits hérissés de crochets qui s'agrippent à la toison des animaux. Ces deux espèces ont suivi la route séculaire des invasions venues de l'Est, et ont déferlé comme les hordes barbares le firent jadis. En sens contraire, il est vrai, les choses vont moins bien : Napoléon et Hitler en firent la preuve à leurs dépens !

On connaît aussi l'ardeur du *Polygonum cuspidatum* à se disséminer sur les berges ou les lisières d'étangs ou de canaux, ou encore sur les terrains en friche lorsque, d'aventure, une graine y atterrit. Au bout de quelques années, d'immenses populations se sont formées, qu'il est très difficile d'éliminer. L'expansion de telles envahisseuses est souvent d'autant plus spectaculaire qu'elles ont suivi les migrations humaines et forment des populations pratiquement homogènes, résultant de l'élimination pure et simple de toute espèce concurrente !

On imagine le sort tragique des espèces fragiles, lorsque de tels envahissements se produisent : ces dernières sont alors promptement éliminées, subissant le sort misérable des indiens soumis à la pression des pionniers et des colons de la société industrielle. Ainsi la flore de Nouvelle-Zélande, à l'écart sur son île de compétitions trop fortes, fut-elle profondément modifiée par l'arrivée de l'homme et des nombreuses envahisseuses qu'il amena avec lui. On ne dénombre plus en Nouvelle-Zélande aujourd'hui que 1 700 espèces d'origine,

1. *Xanthium spinosum.*

alors que 1 700 autres espèces y sont des envahisseuses naturalisées. Et l'on connaît de nombreuses espèces indigènes aujourd'hui totalement disparues. En effet, quelle résistance peut développer une espèce ultraspécialisée, adaptée à des milieux particuliers de dimensions souvent réduites, face à des espèces ultracompétitives à grande rapidité de propagation ? Rien ne résiste au déplacement massif des grandes hordes biologiques, qu'elles soient humaines, animales ou végétales, qu'il s'agisse des Barbares d'autrefois ou de ceux d'aujourd'hui, dont les voisins n'ont certes pas tort de redouter toujours la pression menaçante.

De nouvelles venues dans la famille des envahisseuses

Très spectaculaire est, par exemple, l'envahissement des espaces dénudés du Nord-Est américain par les Ambroisies, le « ragweed » des Américains. Ces Composées forment en effet des nappes massives et émettent des pollens très allergisants, déclenchant de puissantes épidémies de rhume des foins, d'autant qu'elles ont la fâcheuse habitude de conquérir avec une vigueur surprenante le bord des autoroutes. Deux espèces d'Ambroisie se livrent ainsi à des envahissements massifs : *Ambroisia artemisifolia*, espèce de taille modeste, ne dépassant pas 2 mètres de hauteur ; et *Ambroisia trifida*, pouvant atteindre 6 mètres. La petite exerce ses ravages plus au nord, mais toutes deux se développent de manière épidémique dans la région des Grands Lacs américains.

Or, ces Ambroisies viennent de débarquer récemment dans la région lyonnaise, où elles sont en rapide et brutale expansion : une invasion qui commence et dont il sera intéressant de suivre les effets !

En Belgique, des Rhododendrons se sont échappés des jardins et se développent très vite dans les sous-bois, sur sol sableux, notamment dans la région de Gand, avec une force conquérante impressionnante.

Et en zone méditerranéenne, le *Carpobrotus edulis*, très belle espèce ornementale à feuilles charnues et de coupe curieusement triangulaire, originaire d'Afrique du Sud, envahit au contraire les jardins sur sols sablo-granitiques...

CHAPITRE 8

Solidarité et coopération

L'idée que les plantes se rendent mutuellement service est aussi ancienne que l'idée contraire. Les Anciens savaient déjà qu'amour et haine règnent dans notre jardin.

Association fructueuse et plantes amies

L'agriculture biologique met aujourd'hui à profit certaines associations fructueuses que connaissaient les paysans d'autrefois mais qu'ils ont peu à peu oubliées en détruisant les herbes en apparence inutiles, souvent trop promptement qualifiées de « mauvaises » herbes. Ainsi les pois et les fraisiers se plairaient, dit-on, en compagnie des pommes de terre, lesquelles, en revanche, supportent mal les tomates appartenant pourtant à la même famille botanique. Quant au persil, il apprécie particulièrement d'être semé le long d'une rangée de carottes, ces deux Ombellifères entretenant des relations fort amicales.

L'histoire des plantes qui s'aiment est un peu comme celles du serpent de mer : on en parle beaucoup, mais on n'en voit jamais. C'est qu'en ce domaine, les faits d'observation sont rares et la plupart des livres muets. Voici cependant quelques faits vérifiés et rapportés par un témoin digne de foi [1] : le géranium herbe-à-robert est attiré par le

1. Ces informations m'ont été communiquées par M. Caudron, pharmacien à Calais et éminent naturaliste phytothérapeute.

thym ou le serpollet, dont il s'empresse de coloniser les plates-bandes dans un jardin botanique. Même empressement pour une scutellaire du bord des eaux à quitter son fossé, littéralement aspirée par une plantation de sauge au sein de laquelle elle va élire domicile, bien que ce substrat plus sec ne corresponde pas à son écologie. Elle change, en même temps, d'odeur, commence à sentir le camphre et n'est plus acceptée par les herbivores. La pomme de terre emmène dans son sillage la morelle noire qui colonise systématiquement les champs de pommes de terre, même et surtout – lorsque celles-ci ont été remplacées, un an plus tard par de la betterave. Enfin les Eucalyptus, pourtant dangereusement allélopathiques, stimulent à ce point la croissance des cassis, que ces derniers peuvent doubler leur taille sous leur ombre [1]. Nouvel exemple d'une plante très compétitive qui sait aussi se montrer amicale et coopérative à l'occasion.

L'agronomie moderne n'a guère vérifié jusqu'ici ces observations empiriques ; pourtant, au cours des dernières décennies, des agronomes russes ou américains se sont intéressés à ces phénomènes de coopération. Les premiers, en particulier, inscrivirent leurs recherches dans la ligne des avatars qu'a connus la biologie soviétique, inspirée des idées de Lyssenko qui niait le rôle des facteurs génétiques pour ne privilégier que l'influence du milieu, dans la plus parfaite tradition marxiste ici transposée aux plantes. La doctrine officielle, à l'époque, voulait en effet que les êtres, humains ou végétaux, soient entièrement plastiques, donc modelables à l'infini en fonction des conditions du milieu. Un milieu marxiste ne pouvait que sécréter des marxistes, comme une bonne terre ne pouvait donner que du bon maïs. Les facteurs internes propres aux individus, et notamment l'héritage héréditaire inscrit dans le patrimoine génétique, étaient délibérément négligés. On sait les désastres qui s'en-

---

1. Scutellaria galericulata.

suivirent pour l'agriculture soviétique des années 60, où l'absence de sélection de races à forte productivité maintint les rendements agricoles à un étiage plus que médiocre. Des terres bien irriguées et bien engraissées ne suffisaient pas à augmenter les rendements, encore eût-il fallu y planter des races judicieusement sélectionnées, comme le font depuis un siècle au moins tous les agronomes du monde entier ! De même, l'environnement socioculturel marxiste, fût-il de la plus stricte observance, ne suffit-il pas à produire de bons Afghans ou de bons Polonais ! On ne « force » ni les plantes, ni les hommes à être autre chose que ce qu'ils sont. L'adaptation, la plasticité écologique ont leurs limites. Au-delà d'un certain seuil, si l'on veut aller plus loin, c'est d'autres êtres, plus performants, qu'il faut mettre en lice. En définitive, le délire nazi qui prétendait sélectionner des Aryens d'élite, bien qu'humainement démentiel, n'était guère plus fou que le délire stalinien qui prétendait façonner, par l'environnement, des marxistes d'élite ou des maïs de haute qualité. Éternel débat entre le poids des gènes et le poids du milieu : de toute évidence, vouloir dissocier leur influence n'est qu'un exercice de style, alimentant généreusement les polémiques sans enrichir le moins du monde le savoir.

Toujours est-il que la biologie marxiste s'intéresse beaucoup aux effets des facteurs du milieu sur la croissance et le rendement des plantes. Elle étudie particulièrement les « effets de groupe », les inductions déclenchées par des associations favorables. Ainsi, peut-on constater que la production du maïs augmente lorsqu'on le cultive en mélange avec des Légumineuses, et notamment des fèves ; phénomène qui, en somme, ne nous apprend rien de vraiment bien neuf, puisqu'on connaît les propriétés de toutes les Légumineuses d'enrichir les sols en azote.

Plus curieuse est la démonstration selon laquelle l'addition d'un ou deux kilos de graines de moutarde augmente la productivité moyenne de nombreuses cultures. Et certains pensent aujourd'hui – bien que le sujet soit controversé – que les marguerites, les coquelicots et les bleuets qui peuplaient jadis les moissons pouvaient, lorsqu'ils étaient présents en proportions raisonnables, stimuler la productivité des céréales, le bleuet favorisant particulièrement la croissance du seigle. Entièrement éliminées sous les tonnes d'herbicides répandues par l'agriculture chimique, ces plantes des moissons, dites messicoles, font aujourd'hui figure de plantes souvent « portées disparues ».

Or, dans la nature, tout est question d'équilibre, car la Vie ignore le tout ou rien. Qui saurait prévoir les conséquences à long terme de la fertilisation massive des sols par la chimie triomphante, avec la réduction de la formation d'humus qu'elle entraîne, pouvant conduire un jour à leur stérilisation ? Que penser de ces populations pures de céréales ou de maïs, à l'alignement quasi militaire, aux rendements massifs, désormais dépourvues de tout compétiteur, aussi modeste fût-il ? Pourtant, la nature, qui organise partout le mélange des genres, a organisé de tout temps le mélange des individus et des espèces, et jamais à leur détriment. Des expériences menées aux États-Unis ont montré que, toutes choses égales par ailleurs, les rendements d'un mélange blé-avoine sont plus élevés que les rendements obtenus sur les mêmes sols et dans les mêmes conditions pour du blé et pour de l'avoine cultivés chacun en culture propre. On a même avancé des proportions optimales de graines à ensemencer pour obtenir les meilleurs rendements, par exemple 60 kilos d'orge et 42 kilos d'avoine pour un hectare de labour. Preuve incontestable d'un effet de groupe positif, d'un phénomène de mutualisme entre deux espèces voisines.

Les effets de groupe positifs

Des expériences analogues ont été menées sur le lin. Deux variétés de lin furent ensemencées sur un même terrain, l'une productrice d'huile, l'autre productrice de fibres. En les semant en mélange, on constate que durant les premiers stades du développement, la productivité en matière sèche est identique pour le mélange et pour les cultures pures. Il n'y a ni baisse, ni augmentation de la productivité. Par contre, plus tard, le mélange produit plus de matière sèche que les cultures pures. Des études très détaillées des cycles de croissance ont montré que ces deux variétés ne se développent pas de manière entièrement synchrone. La variété produisant les fibres achève son cycle de croissance avant l'autre, de sorte que l'on peut expliquer la supériorité du mélange par le fait d'une diminution des interférences compétitives entre l'une et l'autre variétés. Tout se passe comme si chaque variété avait été cultivée séparément à faible densité. Dans cet exemple, donc, le phénomène positif de coopération s'explique simplement par la diminution du phénomène inverse de compétition : les individus des deux variétés se gênent moins mutuellement et à densité égale que ne le feraient, toujours à densité égale, des individus appartenant à la même variété.

Le lin offre un exemple parmi d'autres des effets de groupe constatés lorsque des plantes sont cultivées en mélange et en peuplements denses. Si la densité du peuplement tombe au-dessous d'un certain seuil, les effets de groupe, compétitifs ou coopératifs, cessent de se manifester, et chaque plante se comporte à nouveau comme si elle vivait en population pure.

D'autres effets de groupe existent, par exemple chez les arbres. En territoire très venteux, des arbres en massifs créent des microclimats et peuvent se maintenir là où un arbre isolé ne tiendrait pas. Des phénomènes analogues, ou tout au moins du même ordre, existent chez les animaux où une espèce peut être condamnée lorsque la population descend au-dessous d'un seuil minimum. Il semble que la solitude diminue, chez tous les êtres vivants, les moyens de défense contre l'adversité ; ainsi, le pigeon migrateur, si abondant jadis aux États-Unis, a été décimé par l'homme ; les derniers exemplaires recueillis en parcs zoologiques sont morts et l'espèce s'est éteinte en 1914. Chez les animaux comme chez les végétaux, les effets de groupe et de coopération s'exercent donc au profit mutuel des individus qui les produisent et qui, en même temps, en bénéficient.

Etablir le répertoire des services que peuvent se rendre les plantes serait une lourde tâche, car ceux-ci vont du service occasionnel ou facultatif à la plus stricte dépendance mutuelle.

Le lierre, une plante bien attachante

Voici d'abord le groupe immense des supports et des tuteurs : le lierre, la clématite, le chèvre-feuille des forêts ont besoin de s'accrocher aux troncs des arbres qui leur font en quelque sorte la courte échelle et leur permettent de porter leurs rameaux fructifères en pleine lumière. Le lierre, par exemple, est incapable de fleurir à ras du sol : il manifeste d'ailleurs cette incapacité de façon visible en produisant deux types de feuilles : celles des rameaux stériles, larges et à nervures palmées, et celles des rameaux florifères, plus étroites et à nervures pennées. Ces dernières ne s'observent que dans l'inflorescence qui, elle-même, ne se développe qu'en pleine lumière. Par sa floraison automnale qui rappelle son origine des tropiques de l'hémisphère Sud, le lierre apporte aux abeilles leur dernier contingent massif de fleurs mellifères ; et par sa fructification hivernale, il offre une nourriture précieuse aux oiseaux à qui il sert aussi de reposoir et de dortoir en hiver, lorsque les abris sont rares. Naturellement, son aptitude à enserrer sous ses fortes tiges ligneuses le tronc des arbres l'a tout naturellement désigné, selon la théorie des signatures, à devenir un médicament amaigrissant, capable de dissoudre la cellulite. Et toujours parce qu'il fleurit en automne lorsqu'il pleut et fructifie en hiver lorsqu'il fait froid, le lierre est aussi considéré comme un médicament contre la toux, maladie du refroidissement par excellence ! De fait, la composition chimique du lierre a permis de mettre en évidence des principes actifs contre ces deux pathologies : le lierre ne dément donc pas sa « signature », que seuls savent lire les initiés, bons observateurs et amis fidèles et perspicaces de la nature. On ne s'étonnera pas que, toujours selon cette même théorie, mais chez les Chinois cette fois, le lierre soit réputé capable d'attacher l'épouse à son mari, tant sont tenaces et prenantes ses propres attaches !

Mais le service rendu au lierre par l'arbre qui le porte est purement facultatif. Faute d'arbre, il s'attachera aussi bien à un mur, à un poteau en béton ou à tout autre support qu'il rencontrera, dès lors que celui-ci lui permettra de monter, comme le veut son destin, plus encore que pour toute autre plante, vers la lumière qui conditionne directement sa reproduction.

Quant aux autres lianes, surtout tropicales, il arrive que l'arbre-support bénéficie à son tour de leur présence, par une sorte d'échange mutuel de service ; ainsi un arbre âgé peut-il être étayé par des lianes comme un vieillard par des béquilles...

Plantes suspendues aux appétits modestes

Bien des plantes, « réfléchissant » peut-être au cas du lierre, ont fini par juger inutile d'entretenir à grands frais une longue tige ligneuse pour porter leurs fleurs à la lumière. De lianes, elles sont devenues épiphytes, supprimant purement et simplement leur tige, se perchant dans les fourches ou sur les branches des arbres, et se nourrissant par divers moyens des éléments et débris nutritifs accumulés dans les anfractuosités des écorces. De nombreuses fougères, comme des Platycerium ou cornes-de-cerf, des Orchidées, des Broméliacées pratiquent ce mode de vie original et piquettent les frondaisons des forêts équatoriales de leur superbe végétation, qui semble surgir de l'air et non du sol. Mais, là encore, le support végétal n'est pas toujours indispensable. Les Broméliacées du genre Tillandsia peuvent s'en passer et vivre suspendues aux fils électriques, ce qui n'est pas le support alimentaire le plus nutritif que l'on puisse imaginer : mais ces plantes ont la capacité d'absorber l'eau de pluie par leurs feuilles, et ont su réduire à l'extrême leurs besoins alimentaires.

Plus modestement, les épiphytes peuvent être de très petites plantes, des algues, des mousses ou des lichens portés par les troncs des arbres ; chênes et sapins aux troncs rugueux en sont généralement couverts, mais les troncs des pins et surtout des platanes, qui exfolient constamment leurs écorces, ne les supportent pas. Il est vrai que pour le lichen ou la mousse, la perspective d'habiter sur une bouée flottante qui risque de couler du jour au lendemain n'est guère rassurante !

L'art de supporter les autres, au sens exact du terme, c'est-à-dire de leur servir de support, appartient aussi à des plantes aquatiques qui, émergeant des marécages, forment comme les Carex des *touradons*, sortes de socles sur lesquels s'installera une flore spécifique. Le saule-tétard en fait autant, qui porte lui aussi divers épiphytes.

Du tuteur au protecteur

Du rôle de support, on passe naturellement au rôle de tuteur ; mais en prenant cette fois le terme dans son acception morale, où tuteur signifie protecteur. Ce rôle est souvent dévolu dans la nature aux espèces épineuses qui protègent les jeunes pousses de plantes moins bien armées qu'elles de la dent des herbivores. Les ronces, les aubépines, les genévriers, les églantiers, les ajoncs forment de denses fourrés, dans lesquels les jeunes pousses d'arbres font leurs premières armes avant d'atteindre une taille telle que le premier coup de dent d'un animal de passage ne vienne les assassiner. Si le lynx semble ignorer l'épine des cactus, ceux-ci et les Opuntias en particulier remplacent avantageusement les barbelés pour délimiter le périmètre d'une propriété ou d'un jardin. Quant à l'ajonc épineux, dont la merveilleuse floraison inonde de ses hampes jaune d'or les paysages de l'Ouest atlantique, ses vertus coopératives ne se comptent plus. En accumulant de l'azote dans le sol comme toutes les Légumineuses, il permet l'installation de la forêt, qui très injustement ensuite le fait refluer à sa lisière. Mais là, il lui sert de manteau après lui avoir permis de s'installer sur des sols très pauvres qu'il a enrichis par ses racines. Le manteau permet le maintien à l'intérieur du massif forestier d'une ambiance climatique particulière, en arrêtant en particulier la pénétration du vent. Ainsi peut-on dire que l'ajonc crée, puis entretient la forêt ; mais dans ses couverts denses et impraticables, il sert aussi de refuge au gibier qu'il nourrit de ses graines, comme par exemple les faisans qui en sont extrêmement friands. Enfin, le manteau d'ajoncs offre son ombre protectrice à l'ourlet des petites herbacées qui forment la frange de la forêt et de la prairie. Non content de rendre tous ces services, il doit de surcroît subir parfois le parasitisme de la cuscute, qui l'envahit de ses rameaux brunâtres et gloutons. L'inventaire des relations sociales et amicales de l'ajonc serait incomplet si l'on n'ajoutait la présence sur ses fleurs de bourdons qui se nourrissent de son nectar et les fécondent.

Si l'ajonc contribue à fabriquer la forêt sous climat atlantique en accumulant de l'azote dans le sol, l'aulne en fait autant dans les forêts qui longent le Rhin. Comme l'ajonc, en effet, il fixe par ses racines de l'azote dans le sol et l'enrichit ainsi, permettant l'implantation d'autres espèces. Mais, de surcroît, habitué aux sols humides, il est grand consommateur d'eau, et sa transpiration intense contribue à diminuer le niveau des nappes souterraines ; il favorise alors l'implantation du peuplier dans des sols qui, autrement, seraient trop humides pour lui ; car le peuplier vit normalement au-dessus de l'étage des aulnes, faisant partie non de l'aulnaie, toujours en lisière des cours d'eau, mais de la frênaie, déjà plus sèche. En fait, l'aulne tend ici la main au peuplier pour l'amener le plus près possible de l'eau ; il joue en quelque sorte le rôle d'un passeur.

Utiles et aimables Légumineuses

Dans ces exemples, la clé du phénomène coopératif se trouve dans le sol. Et l'ajonc n'est qu'un cas particulier d'un phénomène plus général : la capacité de toutes les plantes appartenant comme lui à la famille des Légumineuses de fixer dans les nodules de leurs racines l'azote atmosphérique et d'enrichir ainsi le sol, en favorisant la croissance et les rendements de nombreuses autres plantes. Les paysans d'autrefois le savaient bien, qui ensemençaient du trèfle ou de la luzerne tous les trois ans pour régénérer les sols fatigués par les cultures de blé, de céréales ou de pommes de terre. Or, la culture en mélange de Légumineuses et de Graminées, pour améliorer à la fois la valeur du fourrage et l'état du sol, est couramment pratiquée en Europe : les féveroles, le trèfle, la luzerne, le lupin, le pois chiche, la fève, sont autant de Légumineuses utilisées dans ce but. L'effet favorable des Légumineuses est d'ailleurs facile à mettre en évidence par une expérience que chacun peut faire chez soi : la culture d'un pied de pois et d'une avoine dans un même pot et sur un même sol pauvre en azote conduit à des résultats entièrement différents lorsque les deux plantes sont isolées au niveau de leurs racines par une cloison étanche, ou, au contraire, lorsqu'on les sépare par une cloison poreuse ; dans le deuxième cas, l'avoine prend une extension très supérieure, grâce à l'enrichissement du sol en azote par les racines du pois. D'ailleurs, le côté aimable du service rendu par la Légumineuse va même jusqu'à se matérialiser dans la manière dont les racines des deux espèces s'interpénètrent mutuellement, ce qui n'est pas le cas pour des individus d'une même espèce dont les appareils souterrains coexistent en s'intriquant au minimum. Les Légumineuses apparaissent ainsi comme des plantes extrêmement coopératives et utiles à leur voisinage, dont l'effet sera d'autant plus positif que les sols seront plus pauvres en azote, donc peu propices à la croissance végétale. Ainsi, sur les sols très calcaires de la Champagne pouilleuse, les conifères Douglas *(Pseudotsuga menziesii)* se portent généralement fort mal, leurs aiguilles jaunâtres ne contenant guère plus de 0,80 % d'azote. Toutefois, au milieu d'une vaste tache de genêts, les Douglas étaient en parfaite santé, et leurs aiguilles très vertes recelaient 1,20 % d'azote. Le genêt rendait ici au Douglas l'éminent service de lui faciliter la vie sur des sols extrêmement misérables, où il végétait pitoyablement.

Des racines fonctionnant en vases communicants

Dans l'ordre des associations étroites figurent les unions fréquentes constituées par les soudures entre racines d'arbres différents. Plusieurs arbres se relient ainsi les uns aux autres par leur système racinaire, avec les avantages et les inconvénients que cela comporte : l'inconvénient est évident en cas de propagation d'un agent pathogène qui ira ainsi, en cheminant de racine en racine, d'arbre en arbre, portant avec lui son mal, comme par exemple l'agent de la flétrissure des chênes. Mais, à l'inverse, un arbre pourra perdre toutes ses racines sans dommage pour lui, si subsiste ce cordon ombilical qui le relie aux arbres voisins ; il bénéficiera alors de leurs services alimentaires. Le pin Weymouth donne d'excellents exemples de ces greffes de racines, au point que certains peuplements laissent l'impression de ne faire plus qu'une seule unité physiologique, tant sont étroites et nombreuses les soudures entre leurs organes souterrains. En fait, la notion d'individu ici s'efface, tandis que s'organise une étroite symbiose entre individus voisins.

Les plantes émettent par leurs racines des excrétions diverses, qui produisent sur la flore microbienne du sol – bactéries, champignons, actinomycètes microscopiques – des effets attractifs ou répulsifs spécifiques ; de sorte que se constituent, à proximité immédiate des racines, des populations microbiennes de composition variable selon la nature des excrétions radiculaires ; c'est ce que l'on appelle l'effet rhizosphère. Dans l'immense majorité des cas, les effets attractifs l'emportent sur les effets répulsifs, et la proximité immédiate d'une racine est donc beaucoup plus riche en germes de toute nature que le sol distant. La surface et la banlieue immédiate d'une racine sont aussi richement peuplées de germes que l'est chez nous la paroi intestinale ; et l'on retrouve dans les deux cas des fonctions à incidence alimentaire évidente. Car ces germes transforment dans les deux cas des composés organiques issus soit du sol, soit de l'alimentation, et favorisent leur pénétration soit dans la racine pour nourrir la plante, soit dans le sang pour alimenter l'organisme.

Les mariages des arbres aux champignons

Les relations entre éléments microbiens et racines s'accusent encore dans le système de symbiose que l'on appelle les « mycorhizes ». L'on voit alors deux êtres s'unir très étroitement en vue de se rendre mutuellement service. Ces associations se manifestent surtout entre champignons et arbres au niveau des racines. Les filaments du champignon forment un feutrage sur de jeunes racines qu'ils pénètrent superficiellement jusqu'à constituer une sorte de manchon autour des tissus extérieurs de la racine, qu'ils pénètrent d'ailleurs par de minces filaments superficiels. L'intrication des deux organismes est légère, mais elle existe et va permettre au champignon et à l'arbre de se rendre d'éminents services. Seules quelques jeunes racines d'arbres se convertissent ainsi en mycorhizes, au hasard des rencontres avec des filaments de champignons ; la proportion de racines mycorhizées et de racines ordinaires peut varier considérablement.

Dans un ouvrage assez récent, Boulard [1] exprime avec beaucoup d'humour la rencontre d'un champignon et d'un arbre. Il écrit : « Si les constituants du tapis végétal devaient en venir un jour au système des petites annonces instaurées par l'homme, nous ne serions pas étonnés de lire dans la presse du cœur : " *Boletus edulis,* ami des sols siliceux, très accommodant, accepterait de lier son sort avec les racines d'un Abiès, d'un Pinus ou d'un Quercus, quoique sa préférence irait au Castanea " ; ou bien encore : " *Picea sitchensies,* installé loin de son pays d'origine sur un sol ingrat, ressent un besoin de collaboration : amanites, girolles ou russules seraient les bienvenues ". »

Ainsi, des ménages heureux se constituent entre certaines espèces d'arbres et certaines espèces de champignons, avec des degrés de fidélité variables. En fait, chaque essence forestière a ses préférées et, comme le dit encore Boulard, ne regarde les autres champignons qu'avec indifférence. Citons parmi les arbres aux mœurs éclectiques : le hêtre, qui semble disposer de charmes spéciaux puisque l'on a répertorié 101 espèces différentes de champignons susceptibles de s'unir à lui ; les tilleuls sont

1. B. BOULARD, *Vie intense et cachée du sol,* Flammarion, 1967.

déjà beaucoup plus exigeants et n'acceptent que quelques champignons symbiotiques, tels que les Sclérodermes ou le Cenococton ; quant au chêne pubescent, il paraît plus exigeant encore puisqu'il ne semble s'associer qu'à l'amanite des césars, et encore seulement dans certains sols ; tandis que le chêne pédonculé, beaucoup plus éclectique, tolère au moins une trentaine d'associés. Le châtaignier, en revanche, a une prédilection pour le cèpe de Bordeaux. Un sapin, l'*Abies firma*, n'unit son sort qu'à celui du *Cantharellus flocosus* ; sans oublier la truffe qui affectionne particulièrement les racines du chêne, et le bolet élégant qui « suit le mélèze comme le dauphin suit le navire ».

Or, les relations du champignon et de l'arbre sont nécessaires à la vie de l'un et de l'autre, comme le montrent les faits suivants : l'introduction d'essences nouvelles a souvent échoué, faute de trouver dans le sol les champignons symbiotiques correspondant à leurs affinités ; à l'inverse, des coupes à blanc entraînent dès l'automne suivant la disparition des fructifications de nombreux champignons pourtant présents depuis toujours sur les lieux ; la perte de l'arbre est ressentie par le champignon comme un insupportable veuvage.

Le lien étroit entre les champignons et les racines d'un arbre peut être démontré par la disposition en cercles concentriques des chapeaux de champignons sous un arbre quelconque ; il suffit alors de planter un piquet-repère, substitué à chaque champignon, et de réobserver la situation l'année suivante à la même saison. On constate qu'une nouvelle pousse de champignons s'est produite un peu plus loin que les piquets de l'année précédente, disposée en cercles concentriques dont le diamètre est naturellement supérieur à celui des cercles de piquets ; autrement dit, les champignons expriment, au dessus du sol, l'extension en dessous du sol de la couronne des jeunes racines de l'arbre mycorhizé.

Les souches des arbres morts ou abattus peuvent être d'excellentes niches à champignons ; c'est pourquoi il est plus aisé de réussir un reboisement sur un sol récemment exploité que sur un sol nu. Des observations ont ainsi pu être faites, concernant la replantation en pins sylvestres d'une lande anciennement peuplée de bouleaux clairsemés ; les graines de pin sylvestre avaient été semées à la volée, mais le développement des plantules s'effectua de façon tout à fait hétérogène ; on observait çà et là des plages de jeunes plants vigoureux affectant vaguement la forme d'une étoile, tandis qu'ailleurs les graines refusaient de germer. En observant les choses d'un peu plus près, on s'aperçut que ces plages correspondaient à la présence dans le sol de souches pourrissantes de bouleaux truffées de filaments d'amanite muscarine, et les jeunes pins jalonnaient à la surface le parcours souterrain des racines partant de ces souches ; celles-ci étaient donc de précieux refuges pour les filaments de l'amanite, absolument indispensables à la germination des graines de pin sur ces sols ingrats, ce qui permit d'expliquer la répartition curieusement inégale des taches de jeunes pins dans cette lande sauvage.

L'amanite tue-mouches est liée dans cet exemple à la fois aux bouleaux et aux pins ; tels sont en effet ses arbres de prédilection, et il n'est pas étonnant qu'on la trouve en si grande quantité dans les forêts sibériennes, cette taïga où les peuples l'utilisent depuis des temps immémoriaux comme champignon sacré [1].

Si les Opuntias eurent en Australie les développements épidémiques que l'on sait, il n'en fut certes point de même pour les épicéas dont l'introduction sur ce continent connut maints déboires. Les semis en pépinières restaient chétifs et les mises en place tournaient généralement au désastre ; c'est l'imagination d'un forestier astucieux qui parvint à résoudre ce délicat problème d'acclimatation. L'idée lui vint en effet de faire appel aux services d'un

---

1. Voir sur ce sujet *Drogues et Plantes magiques*, Fayard, 1983.

sapin de Noël – en réalité un épicéa – importé d'Europe dans une grosse motte de sa terre d'origine afin de lui permettre de supporter ce long voyage ; Noël passé, l'épicéa avait joué son rôle et c'est alors que la terre du pot importée d'Europe fut mélangée, dans une proportion de 1 à 100, avec de la terre de pépinières australiennes. Sur ce mélange, les semis d'épicéas s'avérèrent rapidement efficaces et vigoureux, car la terre d'Europe contenait les filaments mycorhiziens nécessaires à l'implantation de ce conifère sur un continent qui ne le connaissait pas, pas plus d'ailleurs que les champignons correspondants.

Les champignons mycorhiziens rendent encore un autre service aux arbres avec lesquels ils coexistent : en occupant le terrain, ils ne laissent aucune possibilité aux champignons pathogènes, hautement compétitifs, de s'installer. Ils jouent donc non seulement un rôle de coopérant, mais aussi un rôle de protecteur vis-à-vis de « leur » arbre.

Il est significatif que ces exemples portent sur des plantations de conifères ; de fait, ceux-ci sont particulièrement sensibles à l'aide que leur apportent les champignons, et il n'est guère de représentant actuel de ce groupe qui ne soit pourvu de mycorhizes. En analysant des résidus de plantes fossiles, on s'est aperçu que toutes – ou à peu près toutes – avaient établi de tels liens avec les champignons, ce qui est loin d'être vrai pour les plantes à fleurs, végétaux les plus modernes de l'histoire. L'histoire de la symbiose suivrait-elle donc celle du mariage dont on a pu dire qu'ils étaient, l'un et l'autre, faits d'un ensemble de mutuelles concessions ? En fait, dans les deux cas, les êtres « évolués » semblent vouloir affirmer un regain d'autonomie, comme le confirme le relâchement actuel des unions symbiotiques, mais aussi des unions matrimoniales. À vrai dire, ces dernières trouvent dans le monde végétal leur équivalent avec d'autres formes de symbiose, beaucoup plus rigides et plus étroites, évocatrices de ces ménages parfaits auxquels tous aspirent et que peu réalisent.

La stricte monogamie des Orchidées

De telles unions associent certains champignons du sol et des herbes formant, au niveau des racines, des mycorhizes dites endotrophes : ici le champignon vit littéralement à l'intérieur de la racine et ne se contente pas de la revêtir d'un manteau protecteur externe ; le fait a été mis au jour pour la première fois par les remarquables travaux de Noël Bernard, ce jeune militaire qui observait dans la forêt de Fontainebleau, en 1899, une Orchidée banale : la Néottie nid-d'oiseau. Il découvrit le rôle déterminant joué lors de la germination des graines de cette espèce par des filaments mycéliens présents à l'intérieur des racines. Plus tard, on observa que ce phénomène était général chez toutes les Orchidées, dont les graines minuscules ne peuvent germer que si elles sont aidées dans cette tâche par les filaments du champignon qui leur servent de pseudo-racines et aspirent dans le sol les éléments nutritifs dont elles ont besoin. Un équilibre s'instaure alors entre le champignon et la racine de la plante herbacée ; équilibre toujours fragile, car le territoire réservé au champignon est limité, et des scènes de ménage se déclenchent lorsque celui-ci, trop entreprenant, veut pénétrer trop avant dans les tissus racinaires de l'hôte. Celui-ci dévoile alors son aptitude à la compétition et détruit purement et simplement les filaments qui lui paraissent pénétrer trop étroitement ses locaux privés.

C'est en sécrétant des substances chimiques particulières : l'orchinol et l'hircynol, que les racines tubérisées des plantes adultes maintiennent le champignon à leur périphérie et lui interdisent de pénétrer trop avant dans leur tissu. C'est pourquoi les champignons n'envahissent jamais l'Orchidée tout entière, et se limitent à la zone périphérique des seuls racines – manière somme toute peu élégante, chez l'Orchidée, de remercier le champignon pour le service rendu.

Un équilibre s'établit finalement entre les forces

de l'hôte et celles du champignon, que Noël Bernard a exprimé par cette formule suggestive : « Les mycorhizes représentent une forme de symbiose aux frontières de la maladie ».

Hormis les Orchidées, on trouve de telles mycorhizes chez les Composées, les Éricacées et les Ombellifères, mais aussi chez les Fougères et les Lycopodes ; elles sont relativement rares chez les arbres, bien qu'on ait pu en mettre en évidence chez l'if et le ginkgo et chez quelques feuillus comme l'érable, le frêne, le tulipier et l'eucalyptus. Le rôle bénéfique de la mycorhize sur l'arbre ou l'herbe est aujourd'hui reconnu. Il apparaît en effet que, dans les sols pauvres, le développement des mycorhizes est abondant, d'où cette idée qu'elles jouent un rôle essentiel dans la nutrition des plantes. De fait, le champignon absorbe certains constituants du sol, les stocke temporairement au niveau de la gaine mycorhizique et les rétrocède enfin à la plante, soit en l'état, soit après les avoir métabolisés et transformés en éléments assimilables. On a pu dire que la mycorhize fonctionne comme une caisse d'épargne qui restitue au fur et à mesure des besoins, et en petite monnaie, les éléments minéraux accumulés dans sa gaine.

Si les mycorhizes des arbres rendent à ceux-ci d'éminents services, mais qui restent néanmoins facultatifs, il n'en va pas de même chez les Orchidées où l'association aboutit à une totale dépendance de la plante par rapport à sa mycorhize. La présence du champignon est absolument indispensable, car il va pourvoir la minuscule graine d'éléments puisés dans le sol, et notamment de vitamines et de facteurs de croissance dont les embryons sont incapables de réaliser la synthèse. Le champignon est donc indispensable au succès de la germination.

Dans les rapports entre champignons et racines existent donc tous les stades intermédiaires entre le simple flirt et le strict mariage monogame. Les rapports les plus lâches conduisent à la formation de la rhizosphère ; attirés par les excrétions des racines, les filaments des champignons flirtent avec elles, sans engager cependant de relations trop étroites aboutissant à une interpénétration, fût-elle de surface. Les mycorhizes « ectotrophes » rendent déjà des services plus évidents, notamment sur des sols relativement pauvres où leur feutrage superficiel, sur l'épiderme des racines, joue un rôle alimentaire important qui permet de réduire les apports d'engrais, puisque la mycorhize joue ce rôle. Les individus mycorhizés s'avèrent toujours plus riches en potassium, en azote, en phosphore, que les plantes abandonnées à un célibat prolongé. En fait, on peut comparer la mycorhize à une seringue qui injecterait dans les racines des éléments minéraux du sol et recevrait en échange des sucres provenant de la photosynthèse de l'arbre ; c'est en quelque sorte une infirmière qui met son patient sous perfusion pour le nourrir, et reçoit en échange des bonbons...

Des études effectuées en Amérique du Nord, là où les espèces pionnières suivent immédiatement le front du recul des glaciers, ont montré qu'elles arrivent généralement par paires : champignons et arbres ou arbustes, plantes herbacées et bactéries. L'implantation réussit là où un individu isolé échouerait à coup sûr. L'entraide entre le grand et le petit permet d'accomplir des conquêtes qu'aucun des deux ne réussirait seul.

Quant aux mycorhizes endotrophes, elles s'avèrent absolument nécessaires à la vie de leur hôte, comme on vient de le voir pour les Orchidées : la dépendance devient ici absolue, justifiant parfaitement l'aphorisme selon lequel on a toujours besoin d'un plus petit que soi !

L'histoire d'amour de l'algue et du champignon

Enfin, une solidarité parfaite entre deux êtres se produit lorsqu'ils finissent par fusionner, par n'en plus faire qu'un seul. C'est ce miracle que réussissent les lichens, reproduisant au niveau des organismes ce que font les cellules sexuelles lorsqu'elles disparaissent en s'accouplant pour former un œuf, point de départ d'un nouvel individu. Il en va de même lorsque de banales algues vertes, monocellulaires, vivant à l'état libre, rencontrent les filaments de certains champignons microscopiques. Le filament emprisonne alors l'algue et forme un individu homogène en apparence : le lichen. La difficulté de cultiver le champignon en laboratoire rend cette synthèse très difficile ; par contre, dans la nature, elle s'effectue spontanément, le champignon apparaissant à première vue comme un parasite de l'algue. La symbiose lichénique s'effectue sur la base d'une fidélité absolue de l'algue et du champignon ; c'est toujours la même espèce d'algue qui s'allie à la même espèce de champignon, pour former un être vivant nouveau que l'on baptise d'ailleurs d'un nom latin double, montrant par là qu'il s'agit bien d'une entité nouvelle que l'on considère comme une espèce à part entière, au même titre que toutes les autres, animales ou végétales.

Le phénomène de la synthèse lichénique a été décrit pour la première fois en 1866 par Schwendener ; mais cet auteur fut très critiqué, et il fallut du temps pour que finisse par s'imposer l'idée selon laquelle le lichen serait un être double. Dans cette association étroite, l'algue nourrit le champignon en continuant à faire la photosynthèse, et l'on peut montrer par l'utilisation de gaz carbonique radioactif que les sucres de l'algue passent effectivement dans les filaments du champignon. Mais cette aptitude de l'algue à la photosynthèse est relativement réduite, ce qui prouve bien qu'elle se comporte comme un semi-parasite du champignon ; celui-ci, de son côté, apporte à l'algue les éléments nutritifs minéraux dont elle a besoin, et la protège contre les agressions et les risques de déshydratation. L'équilibre est donc parfait entre services rendus de part et d'autre ; et l'être double ainsi créé est si unitaire, dans sa nouvelle nature, qu'il peut se reproduire par simple bouturage : des sorédies s'échappent, qui sont de petits groupes d'algues entourés de filaments se détachant du thalle lichénique.

Les lichens, indicateurs de pollution

Ces êtres doubles, et pourtant uniques, s'avèrent d'une extrême résistance et sont les pionniers les plus efficaces des milieux les plus arides.

L'aptitude à la reviviscence est également commune à l'algue et au champignon, comme il faut s'y attendre d'êtres vivant dans des conditions extrêmes d'aridité, de lumière, de température et de vent : de nombreux lichens peuvent subsister durant de longues périodes dans un état de profonde déshydratation, comme le font les graines, et « revenir à la vie active » lorsque les conditions redeviennent favorables. En revanche, les lichens manifestent une très forte sensibilité à la pollution chimique de l'air ; ces êtres qui ne vivent jamais enracinés, mais simplement accrochés à leurs supports, donc en état chronique de malnutrition ou de sous-nutrition, supportent mal la toxicité de l'air chargé d'anhydride sulfureux, depuis que le fuel domestique et les foyers industriels chargent de ce gaz délétère l'atmosphère des sociétés industrielles. Les lichens disparaissent alors, et selon des gradients de sensibilité variables d'une espèce à l'autre, de sorte qu'il est possible d'établir des cartes de la pollution atmosphérique par simple observation des lichens présents sur les écorces des arbres. Ainsi, tous les lichens ont-ils disparu des arbres urbains depuis que s'est précisément généralisé le chauffage au fuel. Puis, au fur et à mesure que l'on s'éloigne des centres de pollution, on voit les espèces réapparaître dans un ordre correspondant à leur sensibilité respective.

Les lichens sont les constituants normaux de la *toundra* où ils alimentent les rennes ; ils constituent ainsi la base de la chaîne alimentaire sur laquelle repose la civilisation lapone, malheureusement menacée aujourd'hui par la pollution de l'air que les courants aériens, liés à la rotation de la Terre, accumulent sur les régions polaires.

Cette très grande sensibilité des lichens à la pollution de l'air n'existe pas pour les algues vertes pleurocoques, qui manifestent généralement leur présence par des traînées vertes sur le tronc des arbres. On affirme souvent – à tort d'ailleurs – que ces traînées indiquent la direction de l'ouest, d'où viennent en Europe les vents dominants chargés de pluie ; en réalité, la forme de l'arbre, son inclinaison, jouent un rôle important et contribuent à expliquer la répartition de ces algues sur leurs écorces, comme d'ailleurs les conditions d'implantation géographique de ces arbres, qui ne sont pas toujours atteints par les vents dominants lorsqu'ils occupent par exemple des cuvettes ou des stations où le sens de l'écoulement de l'air est modifié par le relief.

Si les lichens nous apparaissent comme des êtres complètement insignifiants, c'est parce que nous ne savons pas les regarder ; vus de près, les lichens incrustants foliacés ou arbusculeux, selon leur forme plus ou moins dressée et leur évolution plus ou moins complexe, peuvent affecter des allures fort élégantes et extrêmement délicates. On pourrait imaginer une véritable présentation de mode des formes lichéniques, qui ne manquerait pas de surprendre l'observateur inattentif pour qui un lichen n'est rien d'autre qu'une tache insignifiante sur un mur ou un arbre. Un choix judicieux d'espèces montrerait l'extraordinaire diversité de cette flore lichénique dans son originale et profonde beauté.

$$1 + 1 = 1$$

Termes ultimes de la solidarité entre deux plantes, les lichens ont construit du neuf, comme le fit jadis la sexualité, sur la fameuse équation : $1 + 1 = 1$;

mais ce dernier 1 est un autre, doué de propriétés nouvelles et originales, fruit d'une coopération et d'une solidarité équilibrée et exemplaire. Voilà ce que savent faire les plantes lorsque leur volonté de coopérer se substitue entièrement à toute forme d'affrontement entre elles ! Le modèle d'un mariage parfait, en quelque sorte. Ici, le champignon enlace quasi amoureusement l'algue avec laquelle il organise sa vie, de sorte que, comme le dit la Bible : « Tous deux ne font plus qu'une seule chair ».

Mais nous touchons ici un exemple ultime où la Vie invente et entretient la fusion entre deux êtres. C'est l'exception qui confirme la règle ; et la règle veut que le principe de coopération, d'association, de fusion, soit continuellement équilibré par le principe inverse de compétition, d'opposition et d'identité.

Tensions et coopérations dans la nature et la société

En effet, dans l'art de pratiquer à la fois le jeu de la solidarité et celui de la compétition, les plantes illustrent éloquemment l'une des lois les plus fondamentales de la Vie, pour ne pas dire le mode de fonctionnement de la Vie elle-même ! Voire même de la « non-vie ».

Ne voit-on pas, dans les atomes, les électrons orbiter autour du noyau, comme le font les satellites autour des planètes et les planètes autour des étoiles ? Forces centrifuges et centripètes s'équilibrent, et de cet équilibre résulte la permanence de l'ordre du cosmos.

Mieux, les planètes agissent sur nous, et le couple Mars-Vénus illustre depuis des temps immémoriaux la dialectique de l'affrontement de la force et de la virilité face à la communion, à la sensibilité et à la féminité. De même, les molécules mènent des combats meurtriers déterminant les phénomènes de télétoxie ou plus simplement de toxicité. Mais elles peuvent aussi exercer des attractions surprenantes :

ainsi, le papillon mâle du ver à soie est attiré vers sa femelle en recevant *une seule* molécule de Bombycol sur ses antennes réceptrices : muni d'un capteur extraordinairement sensible, le mâle peut repérer la femelle à l'odeur, même si elle se trouve à des kilomètres de distance ! Coopérations et sélections moléculaires ont d'ailleurs agi de pair, dès l'origine de la vie, comme on l'a vu au début de cet ouvrage.

Mais poursuivons notre ascension dans l'échelle des êtres : luttes et coopérations entre plantes ou animaux avaient déjà frappé Aristote qui écrit, dans le livre IV des *Parties des animaux* : « Les animaux sont en guerre les uns contre les autres quand ils habitent les mêmes lieux et qu'ils usent de la même nourriture. Si la nourriture n'est pas assez abondante, ils se battent, fussent-ils de la même espèce ». Mais il conclut ces propos typiquement malthusiens en constatant que « tous les animaux ne sont pas en lutte, il en est aussi qui sont amis ». Haeckel semble faire écho aux propos d'Aristote lorsqu'il définit l'écologie, en 1866, comme « la somme de toutes les relations amicales ou antagonistes d'un animal ou d'une plante avec son milieu inorganique ou organique, y compris les autres êtres vivants ».

Les philosophes, s'inspirant des modèles de la nature, insistèrent tantôt sur la préséance des forces coopératives, tantôt au contraire sur les luttes et les compétitions. Pour Paracelse, qui exprimait parfaitement la sensibilité du Moyen Âge, « l'univers est un, et son origine ne peut être que l'éternelle unité. C'est un vaste organisme dans lequel les choses naturelles s'harmonisent et sympathisent réciproquement ». Tout autre est le langage du XIXᵉ siècle, exprimé plus haut par des citations de Darwin, d'Engels, de Marx, où les luttes, les affrontements deviennent l'unique et exclusif moteur de la vie individuelle et collective, du fonctionnement de la nature et de la société.

Dans une remarquable synthèse, R. Klaine [1] a

1. R. Klaine, *Renaturer et réenchanter la ville*, Institut européen d'Écologie, Metz, 1983.

montré comment le double principe d'antagonisme et de complémentarité est à l'œuvre aussi bien dans la nature que dans la société. Il écrit : « Pour qu'il y ait système dans l'ordre de la matière, il faut des forces d'attraction, et en même temps des forces de répulsion, les unes et les autres étant simultanées. Autrement dit, pour exister, la matière exige des forces antagonistes. Si les constituants étaient rigoureusement de même nature, ils s'accumuleraient et ne constitueraient plus qu'un magma indifférencié. Inversement, s'ils n'étaient que purement dissemblables, ils ne formeraient qu'un bric-à-brac hétéroclite.

Il en est de même dans la nature. Sans la différenciation, les écosystèmes, comme la matière physique, ne seraient plus que magma informe. Sans la coopération, ils ne seraient plus que disparate bric-à-brac. Les interactions, les « liens » qui constituent l'écosystème sont faits à la fois de répulsion et d'attraction.

Nous voici donc face à deux principes organisateurs, antagonistes et complémentaires. Il est temps de se demander si ces principes régissent aussi les hommes et leurs sociétés. Chacun a déjà fait mentalement le rapprochement. Il saute aux yeux ! Association et diversification sont les principes majeurs de l'organisation des sociétés humaines comme des écosystèmes naturels.

La diversité est indispensable à la survie d'une société humaine. Car il en va des écosystèmes où vivent les hommes comme des autres écosystèmes naturels : plus il y a diversité, plus les écosystèmes sont riches et en mesure de résister aux agressions de toutes sortes. Cela exige que la diversité des individus et des groupes soit non seulement tolérée, mais promue. Ce qui, dans tout écosystème, implique conflit et tension. Ceux-ci évitent que les groupes humains ne tournent au magma indifférencié ou aux sociétés nivelées, planifiées, totalitaires.

Mais le risque est grand de ne pas comprendre la finalité de ces tensions, qui est de maintenir la diversité. On verse alors dans la concurrence sauvage basée sur la vision erronée de la « survivance du plus apte ». On en arriverait alors en fait à s'affronter systématiquement jusqu'à ce que le meilleur gagne et, par là même, élimine l'autre. Comme l'a parfaitement montré Jacques Ruffié, cette vision darwinienne de la nature, qui inspira les théories libérales de libre concurrence comme les théories marxistes de lutte des classes, conduit à une impasse.

En fait, les principes organisant les sociétés humaines à la manière des écosystèmes naturels trouvent leur origine dans le psychisme humain lui-même. Le besoin vital d'association ressenti par chacun pour fuir sa solitude est manifestement le lien organique avec une nature dirigée par le principe d'association. Il en est de même du besoin fondamental d'individualité et d'identité, le besoin d'être soi-même, manifestement accordé biologiquement à une nature régentée par le principe de diversification.

Sociabilité et identité se conjuguent et s'opposent dans une relation complexe, comme dans les écosystèmes naturels. Un auteur intimiste comme Bourbon-Busset l'a bien senti et illustré au niveau des relations affectives les plus personnelles : confrontation et coopération sont les fondements de toute association humaine réussie. Que l'on développe l'une au détriment de l'autre, et l'on est inévitablement conduit à l'ennui et au nivellement, ou aux conflits et à la séparation, au magma ou au bric-à-brac... Deux manières, pour un couple, de s'éteindre.

Sans sociabilité et sans individualité, l'homme ne peut pas plus subsister que l'écosystème naturel. Aussi la recherche d'association doit-elle pouvoir trouver les moyens de s'exercer, tant au niveau des relations interindividuelles que communautaires et collectives. Mais la solidarité la plus noble exige, pour s'exercer, l'individualité la plus affirmée : « Aimez les autres de l'amour dont vous vous aimez vous-même », dit la Bible. Mais l'amour de soi implique que l'on ait également les moyens de bâtir son autonomie et sa singularité.

Sans doute n'a-t-on pas exactement mesuré toute la portée du fameux « aime ton prochain comme toi-même », véritable code génétique de toutes les religions. Le XIX⁰ siècle et sa morale austère voulaient que l'on aimât son prochain en « s'oubliant soi-même ». Il en résulta névroses, cœurs secs, militants aigris et désabusés qui, pour avoir tout sacrifié « à la cause », se retrouvaient sur le tard seuls et désemparés. Le XX⁰ siècle veut au contraire que l'on affirme son « moi » dans la plus parfaite indifférence au prochain : c'est l'ère du « moi d'abord », avec ses couples inconsistants, ses fausses sécurités, son mal de vivre. Le pendule est passé d'un excès à l'autre. Dans les deux cas, il manque sa cible et l'homme s'égare dans des voies sans issue.

Car « aimer son prochain comme soi-même », c'est concilier d'un même élan les deux mouvements d'affirmation de soi et d'ouverture aux autres qui convergent dans la nature, la vie, l'esprit. Sans doute est-ce pour cela que cette fameuse maxime se retrouve presque mot pour mot dans toutes les grandes religions d'Orient et d'Occident.

En poussant plus loin l'analyse, on peut même se demander si ce « Commandement » n'exprime pas, à l'ultime degré d'avancée de l'évolution et de la Vie, celle de l'homme et celle de l'Esprit, une réalité déjà en germe dès les origines de la sexualité. Car celle-ci manifeste dans le même acte, et de façon saisissante, la double pulsion d'agressivité et de communion, la force brutale de Mars et la douceur de Vénus. De la sauvage agressivité du viol à l'échange sublime de l'amour, les deux termes de l'alternative s'affrontent et se confrontent. Mais une fois encore, l'amour qui illumine la sexualité d'un éclat sans pareil est la valeur première, universellement admise par tous comme la plus haute expérience qu'il soit donné à l'homme de vivre ; transformée par l'amour, la sexualité devient une ascèse du donner et du recevoir, dans le respect de l'authenticité de la personne, et ses vertualités agressives ou dominatrices se dissipent dans une plus haute exigence. Une fois encore, comme nous l'avons vu au 2ᵉ chapitre, l'amour est premier, et sa force seule est créatrice.

Mais le chant des poètes et le langage populaire associent de tout temps l'amour et la mort. Car, qu'il y ait compatibilité ou incompatibilité entre les être, celle que François d'Assise appelait « notre petite sœur, la mort » les tranchera inexorablement. Car c'est à elle, et à elle seule, que la « grande Vie » a confié la tâche de sectionner les nœuds gordiens ; en tranchant de la sorte, elle libère ce qui était asservi et ne pouvait trouver dans le jeu ordinaire des forces naturelles de solutions viables ; car elle est tantôt celle qui libère, tantôt celle qui détruit, selon qu'elle brise les chaînes de nos prisons ou les liens de nos amours et de nos affections. Mais toujours elle restitue au grand cycle de la vie cosmique la matière, l'énergie et l'esprit momentanément intégrés et enfermés dans une forme qui, lorsqu'il s'agit d'un humain, est destinée à prendre le visage d'une personne. Étrange société que la nôtre, en vérité, qui a désormais banni la mort après que des générations et des générations l'ont redoutée, conjurée, respectée, dans l'anxiété de toujours faire alliance avec elle. Étrange société qui voudrait nier désormais que la vie et la mort sont les deux faces d'une seule et même réalité. Etrange société enfin qui refuse obstinément de comprendre et de sentir pour Vivre, il faut d'abord mourir ; car il est écrit « si le grain de blé qui tombe en terre ne meurt, il reste seul ; mais s'il meurt, il porte du fruit en abondance. Celui qui aime sa vie la perd, et celui qui cesse de s'y attacher en ce monde la gardera en plénitude et pour toujours [1]. » Insupportable provocation pour ce monde à la recherche effrénée du « bonheur » ! Et si c'était vrai ? Et s'il suffisait d'essayer ?

Car tous les sages de tous les pays et de tous les temps ont dit la même chose ! Se seraient-ils tous trompés ?

___

1. Jean, ch. 12 , versets 24-25.

CHAPITRE 9

Les parasites

Symbiose ou parasitisme ?

L'étude des lichens a pu nous donner le sentiment d'un parfait équilibre entre deux êtres vivant en symbiose : l'algue et le champignon. Il n'en reste pas moins que l'équilibre parfait, comme chacun peut le voir, n'est pas la forme la plus habituelle de l'union entre deux êtres – ni dans la nature, ni dans la société. Ici comme là, les bons ménages sont rares. Incompatibilités de caractère, lentes dérives des humeurs, évolutions divergentes, apparitions inattendues ou inopinées d'un tiers ne tardent point à semer d'obstacles le dur chemin de la vie à deux. De nouveaux équilibres s'établissent, ou plutôt des déséquilibres plus ou moins tacitement acceptés, où les phénomènes de dominance tempèrent ou altèrent les symbioses. Et l'on glisse ainsi lentement – et ô combien tristement ! – de l'harmonie aux multiples formes de dépendance ou d'oppression... Bref, de la symbiose au parasitisme.

L'harmonie symbiotique, qui s'exprime si bien chez les lichens, apparut à certains si parfaite qu'ils refusèrent d'y croire ! Telle fut d'ailleurs la position de Schwendener lui-même, qui découvrit le premier le dualisme lichénique en 1867, mais n'y vit qu'un mode de vie parasitaire du champignon par rapport à l'algue, emprisonnée dans le dense lacis de ses filaments. Dans un langage fort imagé mais suggestif, Schwendener voit dans le champignon le maître, dans les algues les esclaves. Il écrit : « Il [le champignon] les entoure comme une araignée entoure sa proie, d'un étroit réseau de fils qui se transforment peu à peu en une enveloppe impénétrable. Mais, tandis que l'araignée suce le sang de sa victime et ne l'abandonne que morte, le champignon excite les algues prises dans son réseau à une plus grande activité, et même à une multiplication plus intense. Il rend ainsi possible une croissance plus vigoureuse et un bon développement de toute la colonie. Les algues maintenues en esclavage sont transformées en peu de générations, à tel point qu'on ne peut plus les reconnaître ». Et comme il convient qu'une thèse soit toujours équilibrée par son antithèse (du moins lorsqu'il ne s'agit encore que d'hypothèses !), Beijerinck vint quelques années plus tard soutenir que c'était en fait l'algue qui parasitait le champignon, et non l'inverse !

Depuis lors, de nombreuses études ont été menées sur les algues et les champignons, associés ou en cultures pures. L'évidence universellement admise aujourd'hui est que les lichens sont le résultat d'une longue adaptation réciproque : les deux organismes ont été modifiés par leur étroite interrelation, ils ont évolué simultanément, et le lichen est le fruit de cette « coévolution », avec modification des propriétés initiales. La symbiose pourrait alors apparaître comme la conséquence d'une évolution mutuelle, partant du parasitisme ou du commensalisme et aboutissant à une étroite communauté de vie.

Mais le mouvement inverse est lui aussi fréquent, qui crée entre deux êtres des relations toujours plus dépendantes, l'un vivant finalement entièrement au détriment de l'autre. Entre eux, l'ordre de la nature semble profondément perturbé dans son ordonnance fondamentale qui assigne à chaque catégorie d'être et sa place et sa fonction.

Les charognardes

On a vu comment la nature assigne aux plantes les fonctions de production, aux animaux celles de consommation, enfin aux champignons et aux bactéries celles de décomposition. Et comment, très schématiquement, notre société fonctionne sur le même modèle.

A cet ordre fondamental, dans la nature comme dans la société, certains êtres s'autorisent, se contraignent ou sont astreints à déroger.

On voit, par exemple, des plantes abandonner leur fonction de production chlorophyllienne et puiser directement les matières organiques nécessaires à leur alimentation, et qu'elles ne savent plus synthétiser, dans les litières et les humus des plantes en décomposition. Ce sont les plantes saprophytes [1], qui vivent littéralement en se nourrissant de cadavres végétaux en voie de fermentation et de décomposition, l'équivalent des charognards en quelque sorte. Adaptées à leur mode de vie, elles se passent de la chlorophylle devenue inutile, ont de minuscules feuilles rougeâtres, des tiges incolores et des fleurs elles aussi souvent assez dégénérées. Telles sont les Monotropes, tristes compagnes des forêts de pins, à forte odeur de vanille qui persiste des années durant sur les fleurs séchées. Même les groupes les plus évolués produisent de telles plantes, comme la Néottie nid d'oiseau, fréquente dans les forêts de feuillus et appartenant à la famille des Orchidées.

L'appareil végétatif de la Néottie, comme celui du Monotrope, est entièrement souterrain : c'est une tige enterrée, un « rhizome » sur lequel se développent de nombreuses racines latérales charnues dont la disposition et l'enchevêtrement font penser aux brindilles d'un nid d'oiseaux, d'où le nom de la plante (cette comparaison ne date pas

----

1. De *sapros*, en grec pourriture.

d'hier, puisque le botaniste Dalechamp la faisait déjà en 1586 !). Les hampes florales qui sortent de terre en mai sont sans chlorophylle ; elles possèdent des écailles incolores, sortes de feuilles avortées, et portent des grappes de fleurs d'abord jaunes, puis brunes. Il arrive même que les hampes florales restent sous terre : les fleurs s'ouvrent alors dans l'humus et les graines peuvent germer dans le fruit même.

Le Monotrope et la Néottie sont les deux seules espèces saprophytes des pays tempérés. Elles ont en commun de bénéficier de l'aide de champignons qui, par leurs filaments mycorhiziens, leur permettent de puiser leurs aliments dans l'humus, ce qui les dispense de faire la photosynthèse. Dans les deux cas, l'hétérotrophie est totale, et la photosynthèse nulle : nous avons affaire à des plantes qui s'alimentent exclusivement des déchets prélevés dans leur environnement, un peu comme ces clochards qui font les poubelles...

On estime que 160 espèces de plantes vivent ainsi, pratiquement toutes tropicales. Dans les grandes forêts équatoriales, elles vivent sur le sol spongieux et humifère, comme des champignons, nullement incommodées par l'obscurité qui ne les gêne en rien. D'autres, notamment dans la famille tropicale des Burmanniacées, poussent sur des troncs d'arbres morts ou sur des branches tombées au sol, comportement qui souligne bien la ressemblance entre le mode de vie saprophyte et celui des champignons qui eux aussi se nourrissent de détritus.

Enfin, les graines sont toujours nombreuses et minuscules et les embryons, toujours rudimentaires, ont besoin des aliments apportés par le champignon pour se développer : la symbiose avec le champignon nourricier démarre donc très tôt, dès la germination, chez toutes ces espèces saprophytes. En procédant par extension, on pourrait considérer les champignons comme un vaste groupe d'espèces dont la plupart sont saprophytes, les autres parasites.

Tous les champignons se dispensent en effet de faire la photosynthèse ; ils puisent directement leurs aliments sur les matières en décomposition ou, lorsqu'ils sont parasites, les prélèvent sur d'autres êtres vivants, végétaux, animaux ou humains, ce qui ne les empêche pas d'atteindre des dimensions impressionnantes (Bovista, Polypores, par exemple). En fait, 95 % des plantes parasites sont des champignons !

Mais les plantes évoluées peuvent en faire autant, abandonnant totalement ou partiellement leurs fonctions de production en se nourrissant au détriment des autres : ce sont les plantes parasites.

La proie, l'hôte et le parasite

A leur sujet, une première distinction s'impose. Un parasite n'est pas un prédateur. Le prédateur choisit sa proie et la dévore : il vit sur un capital qu'il dilapide. Que celui-ci vienne à s'appauvrir et sa situation devient elle-même précaire. L'écologie a bien mis en évidence les courbes d'évolution parallèles des populations de proies et de prédateurs ; quand le nombre de prédateurs augmente, celui des proies diminue en raison de la pression ainsi exercée sur elles ; ce qui entraîne naturellement la réduction des prédateurs affamés par la diminution des proies, conformément aux lois de Malthus. Mais les prédateurs diminuant en nombre, les proies se multiplient à nouveau, entraînant alors une nouvelle vague de prolifération des prédateurs, etc.

Rien de tel dans le parasitisme. Car si le prédateur se nourrit par prélèvements sur le capital, le parasite tend au contraire à maintenir son hôte en vie. Il se contente de prélever des intérêts, sans toucher au capital !

Le parasitisme illustre une forme bien connue d'existence dont les plantes n'ont certes pas le monopole, forme d'existence certes plus raffinée que la vulgaire prédation par broutage ou capture de proie, qui reste le mode alimentaire le plus couramment adopté par la nature. A la différence de ce que dit la fable, le parasite se garde bien de tuer la poule aux œufs d'or : il prélève simplement son contingent alimentaire, son pain quotidien, sur les réserves de l'hôte qui l'héberge. A celui-ci de faire le nécessaire pour le nourrir ; et à lui de veiller à ne pas être trop gourmand pour ne pas mettre la vie de son hôte en péril, pour le « ménager » ; car c'est sa propre vie qu'il ruinerait du même coup. L'histoire du parasitisme est donc celle d'un subtil et toujours précaire équilibre entre un parasite et son hôte, dont les relations sont d'autant plus étroites que le parasite est plus exigeant et mieux adapté à son mode de vie.

Car il y a parasite et parasite : les uns le sont à peine et peuvent encore se débrouiller seuls s'il le faut, les autres le sont complètement, incapables de vivre ailleurs que sur leur hôte. Ce sont les parasites stricts. Et entre ces deux types, on trouve toutes les variantes, tous les intermédiaires, de sorte que l'on peut aligner les plantes parasites dans un ordre de parasitisme croissant ou décroissant, et parcourir ces séries en « fondus enchaînés » ; car il n'y a pas discontinuité entre la plante normale, autonome, indépendante, et la plante parasite, totalement modifiée dans son anatomie et ses fonctions par son mode de vie.

C'est en parcourant ce genre de séries (il y en a plusieurs dans le règne végétal), que l'on découvre les ruses et les adaptations des parasites, domaine dans lequel la physiologie végétale est encore à l'état embryonnaire. Car on ne sait rien ou à peu près rien des mécanismes chimiques régissant les systèmes d'« appel », de capture et d'échange entre le parasite et son hôte.

Travailler à temps plein ou se faire entretenir à plein temps ?

Voici d'abord les euphraises de nos prairies, encore appelées « casse-lunettes », car jadis on les employait contre les maladies des yeux, indication thérapeutique qui, jusqu'à nouvel ordre, n'a pas été confirmée par la science moderne. Les paysans n'aimaient pas ces plantes aux fleurs blanches pourtant si délicates, car ils avaient constaté qu'elles nuisaient au développement des prés et diminuaient de façon sensible le rendement en foin et la production laitière.

C'est en 1847 que le botaniste Decaisne découvrit leur nature parasitaire. Il s'étonnait en effet de ne pas réussir à faire germer les graines de ces plantes dans des conditions normales de culture, et décela alors les suçoirs qu'elles émettent sur les racines d'autres plantes. Par ces suçoirs, l'euphraise pénètre les tissus vivants des racines des herbes avoisinantes, et l'on comprend que la germination de ses graines ne soit possible que si se trouvent à proximité immédiate des racines que la jeune plantule d'euphraise puisse parasiter. Dans le choix de leurs hôtes, les euphraises sont fort éclectiques, s'attaquant aux herbes les plus diverses au point qu'un seul individu parasite parfois plusieurs espèces d'hôtes à la fois.

Très proches des euphraises, puisque appartenant à la même famille botanique [1], les mélampyres, aux graines grosses comme des œufs de fourmi, sont tout aussi éclectiques dans le choix de leurs hôtes, mais accordent leur préférence aux arbustes plutôt qu'aux herbes.

Les rhinanthes aux belles fleurs jaunes émergeant d'énormes calices ventrus, et les pédiculaires, jadis utilisées contre les poux, appartiennent à ce même groupe de parasites herbacés de nos prairies. Il faut,

---

1. Les Scrofulariacées.

pour déceler leurs mœurs parasites, observer la structure de leurs racines. En effet, les feuilles exercent normalement la photosynthèse, comme toutes les plantes : elles sont donc vertes et ne permettent en aucune manière de différencier ces herbes de leurs voisines. En fait, ces herbes parasites présentent comme seule originalité de ne pas pouvoir prélever l'eau et les sels minéraux dans le sol, en raison de l'atrophie de leurs racines qui ne possèdent pas les poils absorbants nécessaires pour exercer cette tâche. Ceux-ci sont remplacés par des suçoirs qui se fixent sur les racines de l'hôte, chez qui ils pompent les éléments minéraux nécessaires. Ils en prélèvent d'ailleurs des quantités impressionnantes, car ces herbes figurent parmi celles qui transpirent le plus et fanent pour cette raison très vite après arrachage.

Lorsqu'une graine de ces plantes est cultivée en pot, elle germe misérablement, s'étiole et meurt vite, faute de racines à parasiter. Quelques-unes réussissent parfois à fabriquer des poils absorbants et conquièrent alors leur autonomie. Nous sommes donc, avec ces herbes, à la frontière entre plantes autonomes et plantes parasites. Cultivées ensemble, elles se parasitent mutuellement les unes les autres sans s'occasionner le moindre dommage apparent. Bref, ces herbes sont encore fort peu engagées dans la voie du parasitisme ; on les baptise pour cette raison semi-parasites.

Le parasitisme est déjà nettement plus affirmé chez deux espèces de la flore française, appartenant toujours à la même famille. La première [1] est une plante tout à fait originale : d'abord parce que ses graines germent à l'intérieur du fruit, ce qui est exceptionnel, et ce qui est aussi exceptionnellement défavorable pour elle, car une plante a tout intérêt à disperser ses graines. En effet, en germant toutes

____
1. *Tozzia alpina.*

ensembles dans le fruit, elles entrent en compétition les unes avec les autres, ce qui réduit considérablement la vitalité de la « portée » : tel est précisément le handicap de cette plante. De plus, elle vit sous forme d'une tige souterraine écailleuse et charnue, bourrée de matières de réserve. Cette tige souterraine est fixée à la plante-hôte par des racines à suçoirs. Il faut attendre la deuxième année, et souvent la troisième, pour que la plante se décide à faire une pousse verte et feuillée ; cette brusque étape chlorophyllienne est brève, elle dure rarement plus d'un mois. Après quoi la plante meurt épuisée, semble-t-il, par cet effort, un peu comme si, à force d'avoir pris l'habitude de vivre en parasite dans le sol pendant des années, la nécessité de faire une apparition aérienne et chlorophyllienne l'épuisait totalement.

Les *Lathrea*, dont deux espèces vivent en France, vont encore plus loin. Elles vivent dans le sol et ne fleurissent qu'après dix ans, formant des organes aériens dépourvus de chlorophylle. Ici, la phase aérienne de la plante ne vise qu'à sa seule reproduction ; toute sa vie végétative est souterraine : elle occupe d'ailleurs un volume important sous forme d'une tige souterraine ramifiée et couverte d'écailles charnues d'où partent de nombreuses racines. Ces écailles transpirent abondamment, au point que le sol autour des Lathrea est souvent mouillé, comme si on l'avait arrosé. Les fleurs elles-mêmes sont en partie souterraines, et, pour cette raison, pratiquent couramment l'auto-fécondation. Leurs graines ne germent qu'en présence d'une plante hospitalière, arbre ou arbuste fort divers, mais souvent des vignes.

Des semi-parasites avec retour possible à la vie autonome, comme les euphraises ou les rhinanthes, aux parasites stricts ayant perdu toute capacité d'effectuer la synthèse chlorophyllienne, comme les Lathrea, on parcourt au sein de la même famille botanique une première série de plantes dont le caractère parasitaire s'accentue graduellement. On peut imaginer que le parasitisme a commencé par des espèces annuelles, trouvant sur les racines d'autres espèces annuelles des ressources en eau et en sels minéraux. Puis la rencontre d'hôtes vivaces, possédant dans leurs organes souterrains d'importantes réserves organiques, a pu favoriser le passage au parasitisme strict où l'alimentation du parasite est entièrement assurée par l'hôte, aussi bien en eau et sels qu'en matières organiques normalement fournies par photosynthèse.

Cette série s'achève par la centaine d'espèces d'orobanches appartenant à une petite famille de plantes toutes parasites [1]. Ces plantes vivent sur les racines de très nombreuses espèces. Chaque individu produit plus de 100 000 graines minuscules à pouvoir germinatif très long ; la graine se réserve en somme la capacité d'attendre jusqu'à ce que passe à proximité la racine d'un hôte potentiel ; elle y enfonce alors un suçoir qui assurera sa nutrition toute sa vie durant. Mieux, la racine-hôte agit en faveur du parasite en formant des tissus spécialisés de jonction, afin qu'un contact solide et durable s'établisse entre les deux plantes et qu'ainsi l'orobanche soit convenablement alimentée. Comme chez les Lathrea, les orobanches produisent une tige fleurie, entièrement dépourvue de chlorophylle, mais portant de jolies fleurs colorées très ornementales ; celles-ci apparaissent tardivement et marquent la fin de la vie de la plante.

La plupart des orobanches sont éclectiques dans le choix de leur hôte, sauf quelques cas particuliers comme, par exemple, l'orobanche du lierre, qui ne se marie qu'à cette seule espèce, mais qui peut pousser aussi sur des Aralia cultivés ; or, ces plantes

1. Les Orobanchacées.

appartiennent à la même famille que le lierre, ce que cette orobanche décèle parfaitement !

Les espèces de cette première série de plantes parasites représentent trois types de comportement aisément repérables chez les humains. Les rhinanthes, les mélampyres, les euphraises et les pédiculaires pratiquent le travail à temps plein, mais reçoivent de surcroît quelques subsides supplémentaires d'un quelconque parent. Les *Tozzia* ne pratiquent plus que le travail à temps partiel et préfèrent se faire entretenir pendant le reste du temps. Quant aux *Lathrea* et aux orobanches, elles ne travaillent plus du tout et se font entretenir à plein temps ; leur seul souci est de se reproduire, tâche au demeurant agréable et qui n'exige nullement que la hampe florale soit chlorophyllienne, puisque la nourriture vient d'ailleurs. Nul, que l'on sache, n'a jamais interdit à un chômeur de faire des enfants et de les nourrir avec l'allocation-chômage.

Le gui et ses congénères

Comparable à cette première série, mais localisée dans une aire différente de la classification botanique, voici une seconde série de trois familles où l'on rencontre des espèces de plus en plus modifiées et dégradées par le parasitisme.

La première est la famille qui donne à la parfumerie et à la pharmacie le célèbre bois de santal à l'odeur si délicate, famille représentée en France par quelques espèces d'herbes et d'arbustes [1]. La série commence à nouveau par des plantes dont le parasitisme évoque celui des rhinanthes, des mélampyres et des euphraises : elles

---

1. Famille des Santalacées avec, en France, 8 espèces de Thesium et 1 espèce d'Osyris *(Osyris alba).*

vivent fixées sur les racines de leurs hôtes par des suçoirs, mais conservent une activité chlorophyllienne intacte et ne manifestent donc, dans leur allure extérieure, aucun des phénomènes de dégradation parasitaire observés par exemple chez les orobanches, où seul l'appareil reproducteur, entièrement dépourvu de chlorophylle, émerge occasionnellement du sol. Parmi les représentants tropicaux de cette famille, qui sont certes les plus nombreux, puisqu'elle comporte en gros 400 espèces, le santal blanc est un arbre pouvant atteindre 30 mètres de hauteur et dont l'éclectisme est remarquable puisqu'on a pu dénombrer plus de 100 plantes-hôtes différentes sur lesquelles il fixe les suçoirs de ses racines. C'est donc un arbre qui utilise subrepticement les racines des plantes de son voisinage pour s'alimenter en eau et en sels, sans pour autant abandonner son activité chlorophyllienne. Le santal est la version arborescente de l'euphraise.

Proche de la famille du santal, voici celle du gui [1]. Plante symbolique par excellence, le gui a de tout temps frappé l'imagination des hommes. Coupé avec tout le cérémonial que l'on sait par les druides au jour de l'An neuf, c'est-à-dire selon le calendrier celte en hiver, le gui était recueilli dans des linges et ne devait jamais toucher le sol. C'est qu'en effet, le gui est une plante exclusivement aérienne ; ses fruits blancs et visqueux, disséminés par les oiseaux, sont transportés de branche en branche et ne touchent jamais terre sous peine de mort ; car la germination exige impérativement le support d'une branche d'arbre. C'est donc dans les airs que le gui effectuera sa croissance, conservant ses feuilles toujours vertes en hiver, ce qui a fait de lui un symbole de pérennité, mais aussi de fertilité. Tandis que la végétation se repose et que la terre s'endort dans le grand sommeil hivernal, le gui

1. Les Loranthacées.

fructifie et produit ses baies, inversant en quelque sorte le calendrier immémorial des saisons et rappelant l'éternelle fertilité de la nature et de la terre.

Symbole aérien parce qu'il ne touche jamais le sol, symbole de fertilité parce qu'il fructifie en hiver et conserve en permanence son feuillage, le gui fut jadis utilisé en fonction de ces deux critères, qui étaient sa « signature ». Selon cette théorie répandue dans toutes les cultures du monde et si caractéristique de la « pensée sauvage », les propriétés thérapeutiques d'une espèce végétale s'expriment par des signes qu'il faut savoir « lire » sur la plante pour en connaître l'usage [1]. Symbole aérien, le gui était utilisé pour soigner l'épilepsie, maladie où le patient tombe brusquement à terre et se trouve agité de fortes secousses. Symbole de fertilité, il était employé contre la stérilité des femmes ou du bétail ; ses fruits d'ailleurs sont gluants comme le sperme.

Les Gaulois ne recueillaient le gui que sur les chênes, alors qu'il est pourtant beaucoup plus fréquent sur les peupliers et les pommiers. Mais en choisissant le gui du chêne, on assimilait du même coup la sève de cet arbre puissant et majestueux ; le gui devenait ainsi un symbole de puissance et de force concentrées à partir du chêne dans une sorte d'arbuste en modèle réduit, et par là même d'autant plus efficient.

Car le gui est un concentré d'arbre, réduit à une taille modeste, atteignant exceptionnellement un mètre de hauteur ; sa croissance est extrêmement lente, au point que l'on ne peut calculer son âge par les cernes du bois, comme on le fait habituellement pour les arbustes et les arbres. Il faut donc déterminer le nombre d'entre-nœuds, qui augmente d'une unité chaque année. On constate alors

---

1. On se reportera pour ce thème à mon ouvrage *Drogues et Plantes magiques*, Fayard, 1983.

qu'un petit bouquet de gui peut avoir plus de trente ans d'âge. Quant aux feuilles, elles se renouvellent en gros tous les deux ans, mais ne tombent pas toutes ensemble suivant un calendrier saisonnier, de sorte que l'arbuste est toujours feuillé.

Les touffes de gui sont unisexuées ; il y a des touffes mâles et des touffes femelles, celles-ci étant les plus nombreuses. Leurs fleurs émettent un abondant nectar sucré destiné aux fourmis qui les fécondent.

Tout décidément est singulier chez cette plante. Son développement commence naturellement par la graine ; mais, en fait, le gui ne possède pas de graine à l'intérieur de ses baies, qui ne sont pas des fruits. Une curieuse particularité botanique, privilège unique de cette famille, veut en effet que les cellules femelles soient noyées à l'intérieur du ventre de la fleur et non pas emballées dans les tuniques successives que produisent après fécondation la graine et le fruit. Ce sont donc de fausses baies blanches que les grives ou les merles colportent d'arbre en arbre, soit en les consommant – et alors elles auront traversé le tube digestif de l'animal –, soit tout simplement en les déposant avec leur bec sur une branche.

Ces pseudo-baies donnent, en germant, une minuscule plantule qui possède d'emblée de la chlorophylle ; suspendue en l'air, elle menacerait de mourir par déshydratation si elle n'était protégée par le suc visqueux de la baie qui lui apporte un milieu nutritif favorable. Mûre en décembre, la « baie » germe en mars ou avril, et exige pour cela de la lumière. Mais, dès que la germination est commencée, ce facteur n'est plus nécessaire.

Au fur et à mesure de son développement, la plantule émet dans le bois de ses hôtes un suçoir primaire en forme de coin, évoquant un peu une hache que l'on planterait dans un arbre. Ce suçoir sécrète promptement de nombreux cordons qui se dirigent en tous sens à la surface des branches parasitées et d'où partiront de nouvelles pousses de gui. Le parasitisme de cette espèce est, on le voit, très entreprenant, et cette forme de multiplication végétative par cordons répandus sous l'écorce de l'hôte assure au gui une diffusion très efficace. On comprend mieux la densité avec laquelle il peuple certains arbres, entièrement parasités.

De tels arbres présentent en hiver un tableau complètement inversé de l'ordre général de la nature, et plus encore du parasitisme. C'est en effet l'arbre qui se trouve défeuillé et le parasite, en l'occurrence le gui, qui effectue alors la photosynthèse. Or, venant d'une plante parasite, c'est bien sûr au contraire que l'on devrait s'attendre : autrement dit, à un arbuste sans feuilles parasitant un arbre feuillé !

Le gui a inventé d'autre part un système particulièrement efficace pour s'assurer une alimentation maximale en eau et en sels minéraux puisés dans les tissus de l'hôte ; il augmente fortement sa pression osmotique interne, bien plus que celle de la plupart des autres parasites, agissant ainsi comme une pompe aspirante perpétuellement amorcée, alimentée par l'eau et les sels minéraux que l'arbre a puisés tout à fait normalement dans le sol par ses racines.

L'arbre-hôte réagit selon son tempérament et ne présente généralement qu'une hypertrophie localisée et discrète, faisant prendre aux rameaux parasités des formes plus ou moins en fuseau. Dans le cas de l'érable, les déformations de l'arbre sont plus importantes, modifiant complètement son architecture.

On distingue traditionnellement trois races de gui : le gui des feuillus, celui des sapins et celui des pins. Les deux derniers sont spécifiques de leurs hôtes ; en revanche, le premier a une aire d'extension très vaste et peut parasiter de nombreuses espèces arborescentes. Toujours absent des hêtres et des ormes, il est relativement rare sur le chêne, le frêne, le cerisier, l'aulne, le châtaignier, le poirier, le peuplier blanc et le peuplier pyramidal ; il est fréquent sur le saule, l'érable, le tremble et tout à fait commun sur le peuplier noir, le tilleul, le pommier, l'amandier et le sorbier.

Rares sont les plantes de la famille du gui qui s'enracinent normalement dans le sol ; tel est cependant le cas des *Nuytsia*, petits arbres australiens d'une dizaine de mètres de hauteur, parasitant les racines de leurs hôtes et dont les superbes inflorescences jaune orangé, fleurissant en été, en l'occurrence dans l'émisphère Sud à Noël, lui valent le nom de *Christmas tree*, arbre de Noël.

Mais l'immense majorité des plantes de cette famille vivent comme le gui, accrochées ou suspendues à la plante-hôte. Ces plantes vivent, c'est bien le cas de le dire, littéralement aux crochets des autres : aux crochets de leurs hôtes. C'est le cas par exemple du gui du chêne [1], espèce de gui à feuillage caduc, fréquent sur le chêne que le gui ordinaire ne parasite qu'exceptionnellement ; d'où, d'ailleurs, l'importance que les druides lui reconnaissaient, en raison notamment de sa rareté. Ce gui à feuilles caduques entraîne l'hypertrophie des rameaux parasités, qui forment des tumeurs pouvant atteindre la taille d'une tête humaine.

Toujours dans cette vaste famille de plantes parasites, les *Arceuthobium* vivent sur les conifères et marquent une étape plus avancée dans le développement du parasitisme, puisque, cette fois, leurs feuilles se réduisent à des écailles, tandis que disparaissent leurs propriétés photosynthétiques. Les conifères, où l'on ne compte qu'une seule espèce parasite d'origine tropicale, sont des hôtes particulièrement recherchés par ce groupe où figure d'ailleurs une plante détentrice d'un record de petitesse, parasitant les pins de l'Himalaya [2].

---

1. *Loranthus europeus.*
2. *Arceuthobium ninutissimum.*

Cette plante minuscule ne dépasse guère quelques millimètres et envahit profondément les tissus de l'hôte ; elle déclenche la formation chez celui-ci de ces fameux balais de sorcière, sorte d'hypertrophies des ramifications de l'hôte parasité. On voit alors sur les pins des espèces de touffes de rameaux denses et intriqués qui paraissent une déformation étrangère à l'arbre qui les porte, mais qui sont en réalité la réponse des rameaux de cet arbre à l'atteinte de ce parasite à peine visible.

Enfin, au dernier stade d'évolution du parasitisme, la famille du gui nous offre l'exemple de deux espèces. L'une [1], parasitant une euphorbe du Cap, qu'elle infiltre d'innombrables cordons, l'autre [2], dépourvue de feuilles, donc totalement incapable d'effectuer la photosynthèse et dont l'appareil végétatif n'est constitué que du dense réseau de cordons répandus au sein de la plante-hôte, en l'occurrence les grands cactus-cierges de l'Ouest américain. A ce stade de dégradation parasitaire, la plante finit par ressembler à un champignon dont les filaments envahissent entièrement l'hôte. Dans ces deux cas, les parasites en question choisissent un hôte bien précis, et un seul : une euphorbe dans le premier cas, un cactus-cierge dans le second. On passe de la polyphagie, qui est de règle chez les parasites facultatifs ou les semi-parasites, à la monophagie stricte, fréquente dans les cas de parasitisme strict.

Le parcours de cette série de plantes appartenant toutes à la famille du gui est tout à fait suggestif, puisque l'on part d'arbres, tels les *Nuytsia* australiens, parasites exclusivement par leurs racines, pour aboutir à des plantes formées de filaments entièrement contenus dans les tissus de l'hôte, en passant par des arbustes comme le gui, fixé sur les branches des arbres, et d'autres, du type *Arceutho-*

1. *Viscum minimum.*
2. *Phrygilanthus aphyllus.*.

bium, dont l'appareil végétatif est déjà pour l'essentiel interne à l'hôte porteur. Bref, ce sont toutes les étapes du parasitisme que l'on parcourt d'exemple en exemple pour arriver finalement à des plantes devenues méconnaissables et que l'on confondrait volontiers avec des champignons.

De la plante verte au pseudo-champignon

Cette transformation profonde de la plante parasite en un pseudo-champignon est de règle dans la troisième famille de cette série [1], composée exclusivement de parasites stricts ayant atteint le dernier degré de la dégradation parasitaire. Ici, tous les membres ont perdu la fonction chlorophyllienne et prennent plus ou moins des allures de champignons. Ces plantes sont formées de cordons souterrains, dépourvus de feuilles, parasitant les racines des plantes environnantes. Ces cordons se renflent par endroits en tubercules dans les zones de contact avec les racines parasitées ; ils sont souvent traversés par les racines de l'hôte. De cet appareil souterrain émergent les tiges porteuses de fleurs, épaisses et charnues, recouvertes d'écailles, et toujours dépourvues de chlorophylle ; les fleurs se regroupent sur des réceptacles en forme de massue ou de plateau, l'ensemble présentant des allures fort insolites.

Tout en vérité dans ces plantes est étrange. L'appareil souterrain d'abord, qui constitue l'essentiel du végétal ; ainsi, chez les *Thonningia* de Côte-d'Ivoire, la plante est représentée par un lacis de cordons souterrains qui ressemblent à s'y méprendre à des racines. Sur ces cordons se forment çà et là de grosses tumeurs dans lesquelles pénètrent les racines de la plante-hôte, un peu comme dans

1. Les Balanophoracées.

des culs-de-sac, car elles n'en ressortent pas. Les *Thonningia* sont très éclectiques dans le choix de leurs hôtes qui sont toujours des arbres ; car il faut en effet des plantes de forte taille pour alimenter ces grosses tumeurs qui sont elles-mêmes une étrangeté du monde végétal en ce sens que s'y mélangent de façon indissociable les cellules de la plante-hôte et celles du parasite. C'est ce qu'on appelle en botanique des « chimères », c'est-à-dire des organes constitués d'éléments appartenant à des espèces différentes et qui se structurent pour former une entité originale, symbiotique et botaniquement inclassable.

Le volume de ces tumeurs peut atteindre celui d'une tête d'enfant ; curieusement, c'est la racine-hôte qui pénètre dans la tumeur où elle se ramifie à l'infini, constituant un véritable arbre nourricier. C'est donc l'hôte qui pénètre dans le parasite, qui le recherche en quelque sorte ; et les chances pour qu'une racine-hôte rejoigne le parasite sont accrues par le fait que les « racines » du parasite constituent des nappes horizontales s'étendant sur de très grandes surfaces.

Chez les *Balanophora*, qui ont donné leur nom à la famille, il n'y a plus de cordon, mais uniquement des tumeurs, lesquelles peuvent atteindre des tailles impressionnantes, allant de la taille d'un poing à celle d'une tête humaine. Toutes ces plantes sont de véritables monstruosités par leur structure et par leur allure qui évoquent parfois celles d'un champignon. Ainsi, les inflorescences en massue des *Rhopalocnmis* émergent d'une sorte de volve, ce qui les fait ressembler tout à fait à une amanite phalloïde. Si l'on ajoute à cela l'épouvantable odeur de poisson pourri des énormes inflorescences d'une espèce voisine [1], l'on voit que l'on touche ici à des végétaux qui, par tous leurs caractères, « tirent » davantage vers le champignon que vers la plante verte.

---

1. *Barcophyte sanguinea.*

Nous avons ainsi parcouru deux séries botaniques, l'une presque exclusivement européenne, l'autre presque exclusivement tropicale, de plantes dont le mode de vie parasitaire s'affirme de plus en plus nettement. Le sujet n'en est pas épuisé pour autant, et l'on ne saurait clore cette rubrique sans évoquer quelques plantes originales ou monstrueuses, piquetées ici ou là dans l'immense répertoire du monde végétal.

Chacun connaît la cuscute ou plutôt les cuscutes, puisque l'on dénombre environ cent espèces de ces plantes volubiles appartenant à la famille du liseron. Toutes sont des herbes à allure de lianes, sans racines ni feuilles ; autrement dit, des tiges s'enroulant sur la plante parasitée et formant sur elle un chevelu dense et souvent étouffant. L'originalité des cuscutes est leur capacité de récupérer la fonction chlorophyllienne en cas de défaillance de l'hôte ; en d'autres termes, si tout va mal, elles oublient leurs habitudes parasitaires et se remettent promptement à travailler. Mais, chez la plupart d'entre elles, tout va bien ! La plante prend alors une couleur jaune orangé et se dispense totalement d'effectuer l'assimilation chlorophyllienne. Opportunistes dans leur aptitude à être ou à ne point être parasites, les cuscutes le sont aussi dans le choix de leurs hôtes. Ainsi, pour la plus classique d'entre elles [1], on en dénombre pas moins de 106, bien qu'elle manifeste une certaine prédilection pour les orties. D'autres sont plus exigeantes et préféreront, selon les espèces, parasiter le saule, le lin ou le thym ; mais toutes détestent les plantes chimiquement chargées, soit en alcaloïdes toxiques comme les Daturas, soit en latex toxique comme les euphorbes ou les pavots, soit en acide comme les oseilles ou les oxalis. Aucune cuscute ne s'aventure jamais sur de telles plantes, comme si elles craignaient de s'y empoisonner. Opportunistes certes, mais prudentes : le parasite choisit son menu et évite les mets trop épicés.

1. *Cuscuta europea.*

Malgré leur souplesse adaptative, ces cuscutes sont généralement des parasites très efficaces, capables de pénétrer profondément jusqu'aux vaisseaux conducteurs de l'hôte où elles prélèvent directement la sève ; cette pénétration en profondeur dans le tissu de la plante-support s'effectue grâce à des substances chimiques.

Complètement isolée dans une famille botanique qui ne comporte aucune plante parasite, la famille du Laurier, les *Cassytha* fonctionnent tout à fait comme les cuscutes. Pourquoi ces plantes ont-elles évolué ainsi dans une famille où toutes leurs congénères sont restées prudemment chlorophylliennes ? Voilà un mystère que la biologie n'a certes pas fini d'élucider... Et pourquoi les *Cassytha* ont-elles été classées dans cette famille par les botanistes, et non dans une famille contenant des plantes parasites ? Eh bien, tout simplement parce que les *Cassytha* donnent des fleurs très semblables à celles du laurier et que, depuis toujours, et non sans de fort bonnes raisons, les botanistes classent les plantes en fonction de leurs fleurs et non de leur allure générale [1].

Mais les champions toutes catégories dans l'art du parasitisme sont, sans aucun doute, les représentants de deux familles tropicales. Dans la première [2], dont le nombre de représentants est limité, la régression parasitaire est intense. Tous les organes ont disparu : racines, tiges et feuilles. La plante est réduite à un tissu contenant encore quelques vaisseaux conducteurs, chez *Cytinus*, ou plus simplement encore à de simples filaments à allures de champignons dépourvus de tout élément conducteur, chez les *Rafflesia*. En fait, la dégradation parasitaire aboutit à une absence complète d'organisation et transforme la plante en une sorte de

1. On se reportera sur ce point à mon ouvrage *Les Plantes : Amours et Civilisations végétales*, Fayard, 2ᵉ éd., 1981.
2. Famille des Rafflésiacées.

champignon, puisqu'elle ne comporte plus que des tissus indifférenciés ou des filaments. Bien entendu, il n'y a plus de chlorophylle, plus d'amidon, plus d'appareil assimilateur. Les tissus du parasite épousent étroitement ceux de l'hôte qui l'abrite complètement, et dans lequel il poursuit sa croissance, souvent à très faible distance du point végétatif de la croissance de l'hôte, ceci afin d'épouser littéralement tout le volume de celui-ci et d'exploiter ainsi une surface maximum d'absorption. Dans cet ultime cas de figure où l'hôte et son parasite sont étroitement imbriqués, si le parasite venait à rendre quelque service à son hôte – ce qui après tout n'est pas exclu –, nous en reviendrions du parasitisme à la symbiose, comme c'est le cas lorsque des champignons alimentent les racines d'une plante supérieure.

Mais ces plantes ne sont pas des champignons, car elles produisent des fleurs qui non seulement ne subissent pas de régression, mais semblent au contraire compenser la défaillance de l'appareil végétatif par la monstruosité de l'appareil reproducteur. Tel est le cas des fleurs de *Rafflesia*, et plus particulièrement de la fleur monstrueuse de *Rafflesia arnoldii*, la plus grande fleur du monde, qui peut atteindre près d'un mètre de diamètre, sur les racines des vignes sauvages des forêts tropicales d'Asie du Sud-Est.

Dans la famille voisine [1], la ressemblance avec les champignons s'accentue encore. Si l'appareil végétatif est constitué cette fois par une tige souterraine s'insérant dans la racine-hôte par des sortes de suçoirs, les fleurs, qui peuvent atteindre jusqu'à 30 centimètres de hauteur et sont souvent profondément enfoncées en terre, évoquent étrangement la forme des champignons, notamment lorsqu'elles sont en boutons. Le botaniste Thunberg, découvrant ces plantes en Afrique du Sud, les avait

---

1. Famille des Hydnoracées.

d'abord considérées comme des champignons qu'il situa à proximité des clavaires et des vesses-de-loup. Il faut attendre que le bouton s'ouvre et laisse apparaître les organes classiques de la reproduction florale – étamines et pistil – pour que l'ambiguïté soit levée.

Où plantes et animaux parasites se ressemblent

Voici donc mis en scène quelques prototypes suggestifs et représentatifs du vaste monde des parasites. Tous s'inscrivent dans des séries évolutives allant d'un parasitisme facultatif, tel celui des *Rhinanthus* avec maintien des fonctions et de l'appareil chlorophyllien, à un parasitisme strict avec profonde dégradation de l'appareil végétatif. Plusieurs séries de ce type peuvent être repérées dans le monde végétal et l'on peut donc considérer qu'il y a eu, sur plusieurs lignées évolutives, des évolutions parallèles qu'il est intéressant de comparer avec les phénomènes de parasitisme constatés chez les animaux. Ainsi, par exemple, plusieurs familles de Gastéropodes présentent tous les types de passage entre animaux libres, parfaitement normaux, et animaux complètement modifiés par la vie parasitaire, vivant généralement dans les viscères de leurs hôtes. Ces derniers ont perdu leur coquille ainsi que l'essentiel de leurs organes, et ont élaboré en échange des dispositifs adaptés à leur vie parasitaire : par exemple, une sorte de trompe permettant la lente pénétration de tout le corps du parasite à l'intérieur des tissus de son hôte. Pour risquer une comparaison hardie, chez ces escargots, « la maison n'est plus la coquille, mais bien le corps de l'hôte à l'intérieur duquel ils ont pénétré ».

Des Crustacés comme la sacculine, parasitant les crabes, ont subi des évolutions du même type qui les rendent profondément méconnaissables. On n'observe plus en effet qu'une vésicule fixée sur le ventre de l'hôte et renfermant les organes reproducteurs, tandis que des filaments ramifiés parcourent tous les tissus de l'hôte, comme le feraient des filaments de champignons. La comparaison avec le *Rafflesia* s'impose manifestement dans ce cas où seul l'appareil sexuel, spectaculaire il est vrai, est externe et où, au contraire, l'appareil végétatif est entièrement interne aux tissus de l'hôte. C'est uniquement à l'allure des larves que l'on peut identifier la sacculine comme un crustacé. Adulte, après s'être injectée dans le corps de l'hôte, elle devient une sorte de champignon à sexe animal, étrange excentricité de la nature. Bien plus, elle féminise son hôte comme si celui-ci, condamné à materner son parasite, se trouvait aussi condamné du même coup à adopter le sexe féminin! Toutefois, le parasitisme végétal n'atteint jamais les cas extrêmes constatés chez les animaux où un ver intestinal, par exemple, vit entièrement à l'intérieur de son hôte et ne possède plus aucune relation avec le milieu extérieur.

Il arrive fréquemment aussi que la plante se défende du parasite en produisant des gales, exactement comme le fait l'animal parasité en produisant des kystes : autre analogie entre formes animales et végétales du parasitisme.

Il est également curieux de constater que la fixation de certains parasites végétaux sur leur hôte s'effectue par l'intermédiaire d'organes tout à fait semblables au placenta des animaux : organes en forme de coupe, dont les franges sont frisées et ressemblent aux pseudo-placentas par où passent les substances alimentaires de l'hôte vers le parasite ; ces organes, fréquents chez plusieurs espèces tropicales de la famille du gui, persistent à la mort du parasite ; lorsque alors ses tissus se désagrègent et tombent, la cupule ligneuse aux bords frangés apparaît, et sa structure est si élaborée qu'elle peut ressembler à une fleur : d'où le nom de rose de Palma ou de rose de Madère donné à ces organes étranges où l'on a le sentiment que la nature a transposé au monde végétal un mode de transmission des matières alimentaires spécifique du monde animal, et plus particulièrement de l'alimentation maternelle.

On peut enfin, dans le même ordre d'idées, comparer la relation du parasite et de son hôte à celle d'un greffon et de son porte-greffe. En réalité, on ignore tout des échanges qui s'effectuent dans un sens ou dans les deux sens entre l'un et l'autre. Car des problèmes physiologiques de compatibilité et d'incompatibilité se posent dans les deux cas, qui sont encore mal connus. Pourquoi tel parasite est-il éclectique dans le choix de ses hôtes et tel autre strictement inféodé à un hôte unique ? Mystère. Pourquoi telle espèce ne se greffe-t-elle que sur des individus de même espèce, ce qui est une loi générale, alors que les Cactus font preuve d'un éclectisme saisissant, se greffant presque indifféremment les uns sur les autres ? Autre mystère... qui est sans doute le même mystère ! On constate même que certaines plantes parasites, dans la famille du gui en particulier, se parasitent mutuellement, d'où une sorte d'hyper-parasitisme ou de parasitisme au second degré. Un peu comme le gigolo au grand cœur donnant la pièce au clochard !

Des plantes en chômage

L'abandon de la fonction chlorophyllienne par les parasites stricts évoque l'abandon des fonctions de production si caractéristiques de l'évolution des sociétés modernes, et qui s'expriment à travers les chiffres toujours croissants du chômage. La tendance continue à la diminution du temps de travail va dans le même sens. Ces phénomènes sociaux, qui semblent correspondre à une évolution fondamentale des sociétés industrielles, inversent curieusement l'ordre de la nature. Dans la nature, en effet, les producteurs, c'est-à-dire les plantes, sont à la base de l'ensemble de l'édifice écologique qualifié de pyramide alimentaire. Ce sont elles qui nourrissent les animaux et les hommes. Si l'on considère la tendance naturelle des animaux et des hommes à proliférer, on ne peut que constater l'incapacité du monde des producteurs à répondre de manière satisfaisante à leur demande ; d'où les régulations classiques des populations animales et humaines par les épidémies et les famines.

En fait, la nature semble ignorer ce que les sociétés appellent les gains de productivité ; la productivité chlorophyllienne, depuis des temps immémoriaux, est stable et se maintient à un rendement qui peut paraître ridiculement bas, puisqu'il se situe aux environs de 1 %. En revanche, la productivité économique, grâce aux progrès technologiques, est en constante progression, au point que la demande de consommation ne suit plus l'organisation toujours plus puissante des structures et des modalités de production. La consommation n'étant pas indéfiniment extensible et la productivité croissant sans cesse, il en résulte une réduction du nombre des producteurs. Et comme tous les producteurs, réels ou potentiels, sont des consommateurs, il en résulte qu'un grand nombre de consommateurs, ne trouvant plus sur le marché du travail de tâches de production à assurer, sont condamnés à une forme tragique de parasitisme social obligatoire : le chômage. Le chômage est donc, entre autres, une conséquence logique des efforts déployés pour accroître la productivité : autre exemple de dérégulation des sociétés humaines par rapport aux modèles de la nature.

A ce propos, le modèle de la cuscute s'impose irrésistiblement : il illustre la capacité d'être, selon l'opportunité, producteur ou parasite, et évoque cette fameuse masse flottante des chômeurs, travailleurs à temps partiel ou travailleurs « au noir », qui donne en dernière analyse sa souplesse au système et crée des modes de régulation parallèles, dont certains pays (comment ne pas songer à l'Italie ?) nous révèlent l'exemplaire efficacité.

Dans la nature, au contraire, au cœur d'une forêt équatoriale par exemple, point de compétition, point d'effort pour augmenter la productivité photosynthétique ; point de « Japonais » dont la photosynthèse serait efficace à 5 ou 10 % : les fonctions de production restent assurées avec une productivité identique à elle-même et constante depuis toujours.

A une époque où les gouvernants des sociétés industrielles ont toutes les peines du monde à maîtriser le fonctionnement de la machine économique, l'analyse des grands équilibres naturels leur serait peut-être de quelque secours.

CHAPITRE 10

Les marginaux

Le monde des plantes possède ses marginaux : c'est le vaste univers des champignons, sans doute le plus riche magasin d'accessoires, d'étrangetés et d'inventions du monde végétal. Pour le commun, un champignon est une sorte de parapluie au manche plus ou moins épais et à l'ombelle plus ou moins ouverte. Les lactaires évoquent un parapluie que le vent aurait retourné, le coprin un parapluie qui ne se serait ouvert qu'à demi.

Un monde immense et mystérieux

Les amateurs de champignons les plus éclairés reconnaîtront quelques dizaines, les spécialistes quelques centaines d'espèces différentes, séparant les comestibles des vénéneux et classant la plupart des autres dans le vaste groupe intermédiaire des « indigestes », sans grand intérêt ! Les livres sur les champignons éclosent aussi rapidement aux étals des libraires que le font les champignons eux-mêmes sous les pluies d'automne, en même temps que les expositions mycologiques attirent un public d'amateurs et de curieux. Bref, le champignon intrigue et intéresse. Et sa récolte représente, dans nos sociétés de production, l'un des derniers vestiges de l'âge de la cueillette, dont les accidents relatés çà et là apparaissent comme le tribut tout naturel. En effet, la récolte des plantes sauvages fait courir des risques qui n'existent plus lorsque la culture garantit et standardise la production.

Et pourtant, que de mystères se cachent encore derrière ces chapeaux charnus et colorés ! Si l'on connaît – mal, généralement – les gros champignons, on ignore tout des petits. Or, sur les 150 000 espèces connues, les gros n'en représentent que quelques centaines ; le reste appartient au monde microscopique des eaux et des sols.

Les levures comptent parmi les plus petits. Elles ne sont formées que d'une cellule minuscule, se reproduisant par bourgeonnement. Et pourtant, par l'un de ces paradoxes fréquents en botanique, elles appartiennent à un groupe évolué : les Ascomycètes, dont elles représentent une forme de régression. La modestie de leur forme et de leur taille contraste avec l'énorme importance que leur confèrent leurs propriétés enzymatiques, puisqu'on leur doit, entre autres, la fermentation des pâtes et des moûts : en somme, le pain et le vin.

Très éloignés des levures dans la classification des champignons, mais beaucoup plus primitifs, les Myxomycètes ressemblent à des amibes dont ils ont le « style » rampant et gluant ; ils se déplacent comme elles par reptation, entraînant ou digérant leurs proies à l'aide de pseudopodes envoyés en tous sens ; puis, au moment de la fructification, ils se dessèchent subitement, se vident de leur contenu et produisent des organes reproducteurs aux formes souvent éminemment spectaculaires. Tout se passe comme si le myxomycète n'avait pas choisi son règne ; animal par son mode de vie, il semble devenir végétal au moment de sa reproduction !

Les Phycomycètes, enfin, dont le nom rappelle qu'ils ressemblent à des algues, se reproduisent comme elles par des spores nageuses et ciliées, ressemblant à de microscopiques animaux unicellulaires nageant dans l'eau. Les plus simples ne sont constitués que d'une seule cellule, souvent d'ailleurs parasite d'un végétal, comme les Mildious.

Voilà pour les très petits champignons ; dans ces formes primitives que sont les myxomycètes et les phycomycètes, ou régressives comme les levures, le champignon donne l'impression de ne pas vouloir prendre parti entre le végétal et l'animal.

En vérité, les choses ne deviennent guère plus claires avec les champignons plus évolués, toujours constitués de filaments formés de cellules, ou d'articles à plusieurs noyaux sagement alignés à la file indienne et dénommés mycélium, dont l'ensemble constitue ces feutrages si caractéristiques que sont les moisissures. Ce feutrage mycélien est, si l'on peut dire, l'état ordinaire du champignon. Seuls les champignons très évolués vont plus loin dans l'organisation et construiront ces formes remarquables qui subitement émergent du sol, après une pluie, et qui sont les organes de reproduction du feutrage enterré. Ce que nous appelons communément un champignon n'est donc qu'un organe de reproduction, « la fleur » d'une plante plus complexe vivant enfouie dans la litière pourrissante et l'humus des sols.

Mais alors, pourquoi rassembler comme dans un immense fourre-tout des êtres aussi différents qu'une levure unicellulaire microscopique et un gros champignon en console, parasitant un tronc d'arbre mourant ? Qu'ont-ils en commun, ces êtres, qu'on puisse les qualifier de champignons ? C'est bien la question que des générations et des générations de naturalistes n'ont cessé de se poser.

Une réputation jadis fâcheuse

La mystérieuse et subite éclosion des champignons apparaissait aux Anciens comme la manifestation d'un « échauffement » corrompant la terre, ou comme quelque manifestation démoniaque. Pour Albert le Grand, leur toxicité si fréquente serait due à la pourriture dont ils émanent, aux nids de serpents près desquels ils croissent, à la proximité des arbres vénéneux qu'ils fréquentent. Le grand Linné lui-même les considéra comme étrangers au monde végétal, et Darwin, « mycophobe » comme tous les Anglais, lesquels détestent les champignons, leur vouait un mépris de fer ; ne dit-on pas que sa fille parcourait les forêts d'Angleterre et recueillait, à l'extrémité d'une canne pointue, les mains protégées par des gants, ces impudiques phallus dont l'odeur repoussante s'accorde si parfaitement à la morphologie provocante, puis allait les incinérer dans quelque lieu caché « pour sauvegarder la moralité des jeunes filles anglaises » ! Cette anecdote, en tous points conforme à l'esprit de l'Angleterre victorienne, montre assez que les champignons n'ont cessé de dérouter nos ancêtres : ils ne savaient ni trop quoi en penser, ni trop quoi en faire.

Le malheur semblait en effet frapper ceux qui les approchaient de trop près, et au siècle dernier, ils faisaient encore, bon an mal an, 300 victimes en France, contre 10 seulement aujourd'hui ; non point qu'on en consomme moins, mais simplement on les connaît mieux. De plus, les rapports suspects que les sorciers entretenaient avec les champignons et les crapauds n'étaient pas non plus de nature à les rendre d'un commerce sympathique, et moins encore les multiples empoisonnements dont on leur attribuait l'origine.

L'un, en tout cas, est resté célèbre : celui de l'empereur Claude qu'Agrippine exécuta, avec l'aide de son âme damnée Locuste, le 12 octobre 54, pour placer Néron sur le trône ; Néron, qui avait été mis dans le secret par sa mère, ne manquait pas d'un sombre humour. Empereur, on lui dit un jour : « Les champignons sont la nourriture des dieux », et il répliqua : « Oui, ce sont eux qui ont fait de mon père un dieu ! » Car Claude, comme les autres empereurs, avait été déifié après sa mort. Le grand Euripide eut plus de chance : il fut sauvé pour avoir manqué un banquet à la suite duquel décédèrent ses deux fils et sa fille, tous empoisonnés par des champignons – et cela, bien que les Grecs fussent nettement moins amateurs de champignons que les Romains ! Le pape Clément VII décéda de la même manière en 1554, et l'on pourrait étirer cette liste des empoisonnements célèbres... En fait, le nom latin du champignon, *fungus*, dit bien ce qu'il veut dire, à savoir : *funus agere*, je fabrique des cadavres. Mais telle n'est cependant pas la propriété commune des champignons, car les mortels ne sont que quelques espèces, d'ailleurs bien connues aujourd'hui, qui ne sauraient jeter le discrédit sur le groupe tout entier.

Comment naquirent les champignons ?

Mais alors, ces 150 000 espèces de champignons, si différentes, qu'ont-elles donc en commun pour que l'on puisse les intégrer dans un même groupe botanique ? Une seule propriété, mais fondamentale : l'incapacité de synthétiser la chlorophylle et, par conséquent, d'avoir un comportement digne d'une plante normale. Certains, comme le botaniste anglais Corner, pensent – mais qui le prouvera jamais ? – que les champignons dérivent d'algues vertes filamenteuses qui auraient perdu leur aptitude à faire la synthèse chlorophyllienne. Où et quand ce phénomène s'est-il produit ? Bien malin qui le dira. Mais l'on peut échafauder quelques hypothèses.

Lors de la conquête des sols émergés, mais encore marécageux, par les premiers végétaux terrestres, il est probable que quelques algues filamenteuses migrèrent et s'installèrent dans ces milieux nouveaux, où elles se trouvèrent rapidement en compétition avec des végétaux mieux adaptés qu'elles à la vie extramarine. Comme tous les êtres vivants, ces végétaux étaient mortels ; leurs branches, leurs troncs s'effondraient au terme de leur existence, formant des dépôts abondants, charriés ou recouverts de boue par les inondations et sur lesquels s'affairaient une multitude de petits animaux marins, venus eux aussi à ces nouveaux milieux de vie : vers, mollusques, crabes. Ainsi se constituèrent sans doute les premiers sols organiques, dans lesquels les malheureuses algues filamenteuses finirent par être enfouies, étouffées sous l'épaisseur des débris accumulés et plongées dans l'obscurité sous l'ombre des arbres. Leur aptitude à faire la photosynthèse n'était plus alors un avantage, faute d'air et de lumière, et certaines « eurent l'idée » de se débarrasser de ce pouvoir en perdant leur chlorophylle, ce qui les amenait à changer radicalement de mœurs alimentaires. Pour cela, elles durent reconvertir leur chimie et acquérir l'équipement d'enzymes nécessaires à la décomposition des matières végétales ou animales mortes : ainsi naquirent les premiers champignons mangeurs de déchets, se nourrissant de la matière morte abondamment présente, fabriquée par les plantes, et que la vie devait bien recycler, faute de quoi elle eût fini par s'étouffer elle-même !

Au fur et à mesure que la vie végétale terrestre produisait ces monstrueux tonnages de feuilles, de rameaux et de troncs, le sol s'enrichissait ainsi d'une armée de décomposeurs parmi lesquels les champignons entrèrent rapidement en concurrence avec les bactéries, tandis que les algues, incapables de se dresser pour monter vers la lumière et prétendre elles aussi à une vie terrestre décente, mais également incapables de s'alimenter de déchets pour n'avoir pas réussi leur reconversion biochimique, ne tardèrent pas à disparaître ou à se réfugier dans quelques réserves où on les trouve encore aujourd'hui.

Il semble en réalité que la prolifération des champignons ait été lente, si l'on en juge par les énormes dépôts de houille et de charbon du Carbonifère, vestiges de forêts qu'aucun décomposeur ne sut digérer ni recycler. On pourrait en quelque sorte remercier les champignons d'avoir tardé à venir, et tardé plus encore à proliférer, puisque c'est à leur absence à cette époque que nous devons peut-être nos ressources actuelles en combustibles fossiles, pétroles et charbons.

Voilà une thèse somme toute plausible de l'histoire des champignons. Mais il en est d'autres. Ainsi, les champignons pourraient dériver d'algues rouges, homologues dans le monde des cellules à noyau de ce que sont les algues bleues dans le monde des bactéries. Et comme les algues bleues ont perdu leur chlorophylle pour donner les bactéries, les algues rouges l'auraient perdue pour donner les champignons. Hypothèse en faveur de laquelle plaident bon nombre d'arguments, mais qui aboutit toujours à la même constatation : les champignons sont des algues reconverties, dépourvues de chlorophylle. Cette perte de la chlorophylle ne les a cependant pas conduits à se transformer, comme d'autres algues le firent, en animaux. Vivant à la frontière indécise des deux règnes, ils entreprirent d'évoluer pour eux-mêmes et dans leur propre cadre, constituant un monde radicalement marginal, autant par ses mœurs alimentaires que par ses modes de reproduction.

Aux frontières indécises de l'animal et du végétal

L'absence de chlorophylle implique en effet toute une série de conséquences qui éloignent les champignons des végétaux pour les rapprocher des animaux, notamment par leur chimie. Ainsi ne savent-ils point édifier autour de leurs cellules ces épaisses parois de cellulose qui donnent aux cellules végétales leur consistance rigide. En revanche, ils imprègnent souvent leurs membranes de chitine, comme le font les insectes, cette chitine étant l'homologue, dans le monde des arthropodes, de ce qu'est la lignine dans celui des végétaux. Lorsqu'on décortique un homard avec un casse-noix, c'est à son squelette chitineux que l'on s'attaque.

Faute de chlorophylle, les champignons ne synthétisent pas de sucres, donc pas d'amidon et rarement de la cellulose, qui sont les modes habituels de stockage des sucres chez les végétaux. Mais ils fabriquent du glycogène, comme le font nos muscles et notre foie. A les voir pourrir, ils évoquent plus une mort animale qu'une mort végétale. Certains champignons se dessèchent, comme une plante fane ; mais d'autres pourrissent avec une odeur repoussante : ainsi l'ergot de seigle émet en vieillissant une odeur dont on ne s'étonne pas qu'elle soit due à la formation de putrescine et de cadavérine, ces bases chimiques abondantes dans les cadavres et dont les noms disent bien ce qu'ils veulent dire ! Quant au *Phallus impudicus,* il émet une odeur parfaitement en rapport avec sa cocasse obscénité. Voilà en tout cas un champignon dont la forme animale est particulièrement suggestive !

Les mœurs alimentaires des champignons se rapprochent aussi de celles des animaux ; comme eux, et comme l'homme en particulier, ils se nourrissent d'aliments synthétisés par les végétaux. Débarrassés de la tâche de la photosynthèse, ils réinvestissent leurs capacités synthétiques en produisant d'innombrables substances, dont certaines ont un intérêt économique majeur : les plus étranges sont sans doute les alcaloïdes hallucinogènes que produisent plusieurs espèces de champignons, notamment les ergots et les Psilocybes. Ces substances toxiques perturbent profondément le fonctionnement normal du cerveau en se substituant à des substances voisines, les neurotransmetteurs, normalement synthétisés par le système nerveux et dont la structure chimique leur est étroitement apparentée. Cette analogie entre la chimie d'un chapeau de champignon et celle d'un cerveau humain ne laisse pas d'être surprenante [1]. Mais plus surprenante encore est l'aptitude de certains champignons à s'éclairer la nuit comme le font les vers luisants. Il est peu probable que les soldats de la guerre de 14 aient pu lire leur journal à la lumière des armillaires couleur de miel, qui ne donnent guère plus de lumière qu'ils ne donnent de miel, malgré ce qu'on a pu en écrire... mais néanmoins ils en donnent ! Et, après tout, les soldats lisaient peut-être seulement les communiqués de victoire, lesquels sont toujours libellés en très gros caractères... On a pu cependant photographier de ces champignons dans l'obscurité, uniquement grâce à la lumière qu'ils émettaient.

Les champignons synthétisent aussi d'innombrables enzymes qui leur permettent d'attaquer et de décomposer les matières les plus diverses, ainsi que de nombreux antibiotiques. C'est d'ailleurs par les antibiotiques qu'ils émettent que les champignons se livrent des guerres chimiques souvent sévères. Il arrive qu'un débris végétal, un tronc d'arbre par exemple, ne soit parasité que par une seule espèce de champignon à la fois, qui, en s'installant, élimine toutes les autres. Le sol ou le cadavre est toujours au premier occupant, à celui qui l'envahit le plus vite de ses filaments mycéliens, formés à partir d'une spore répandue par hasard et dont la

1. On se reportera sur ce thème à mon ouvrage *Drogues et Plantes magiques*, Fayard 1983, 3e éd.

propagation est souvent foudroyante. Puis d'autres espèces viendront s'installer quand la première aura mangé tout ce qui était comestible pour elle.

L'art de se nourrir au détriment des autres, morts ou vifs

De leur inaptitude à faire la photosynthèse découlent pour les champignons trois modes alimentaires possibles : le plus courant est le saprophytisme, qui consiste à se nourrir de pourriture et de litières en décomposition ; les filaments du champignon pénètrent par leur extrémité pointue à l'intérieur des débris végétaux, à la manière de seringues hypodermiques, et inoculent, à l'échelle microscopique, des quantités de substances chimiques et enzymatiques qui digéreront les malheureux cadavres.

On verra ainsi, sur un tronc d'arbre en décomposition, les séries de décomposeurs se succéder dans le temps, chacun prenant le relais du précédent, jusqu'à ce que la substance végétale ait été totalement dissoute et restituée au monde minéral.

Vivant dans les sols, dans les troncs, les humus, les litières, les champignons sont des êtres cachés ; ils méritent bien leur qualificatif de cryptogames, ce qui signifie qu'ils sont, comme on le dit en langage populaire, des « cryptos », des clandestins intimement liés à la vie pourrissante et fongique des sols dont ils ont l'odeur de terre ou de moisi : ils finissent toujours par venir à bout de toute substance organique, chacun naturellement en fonction des possibilités biochimiques de son espèce.

Mais les champignons n'ont pas toujours la politesse d'attendre qu'un végétal soit mort pour l'attaquer : il arrive que des spores se déposent sur des plantes vivantes. Les arbres alors s'infestent, s'infectent, se creusent, se vident, se brisent et finissent par mourir. La tâche du décomposeur commence là avant la mort, et finit par la produire. L'exemple du hêtre illustre parfaitement ce mécanisme.

L'attaque débute dès que l'arbre subit une blessure, soit qu'un orage ait emporté une branche maîtresse, soit qu'un rongeur ait provoqué quelque dommage à la base du tronc. Les filaments mycéliens de l'armillaire visqueux [1] pénètrent par les cassures des branches dont l'invasion se fait de haut en bas. Par les plaies de la base s'introduit le mycélium de l'armillaire couleur de miel [2], qui progresse sous l'écorce de bas en haut. Ensuite s'installent des polypores, puis des pholiotes ; ces champignons produisent des fructifications qui se développent sur le tronc et finissent par provoquer la mort de l'arbre. C'est alors que s'installe le polypore amadouvier [3], qui envahit le bois et le fait pourrir. Ainsi attaqué, le tronc s'effondre, tombe sur le sol et y devient la proie d'une foule de destructeurs, notamment de Basidiomycètes, appartenant aux genres Pholiote, Polypore, Pluteus, Volvaria, Calocera, Naucoria, Drosophila. Ceux-ci réduisent le bois en une espèce de sciure qui sera à son tour exploitée par des volvaires, des clavaires, des pezizes et des myxomycètes, jusqu'à ce que l'arbre soit totalement détruit. La destruction du bois mort par les champignons prend parfois des aspects curieux ; ainsi, envahi par le mycélium d'une minuscule Pezize [4], le bois pourrissant devient bleu. D'autres espèces, comme l'Armillaire couleur de miel, on l'a vu, peuvent le rendre phosphorescent la nuit.

Certains arbres, parmi les conifères ou les arbres tropicaux, réussissent à cicatriser leurs blessures en

1. *Mucidula mucida.*
2. *Armillaria mellea.*
3. *Ungulina fomentaria.*
4. *Chlorosplenium aeruginosum.*

sécrétant des gommes et des résines à propriétés antibiotiques, ce qui les met à l'abri des contaminations fongiques ; mais c'est là un privilège que toutes les espèces ne possèdent pas.

Le travail de décomposition du champignon est long et patient ; un mycélium de vesse-de-loup peut se propager dans les racines mortes des herbes pendant des années, voire des siècles ; il forme alors un vaste cercle dont le diamètre s'accroît d'année en année. Ce sont ces fameux ronds de sorcières ou cercles de fées que l'on voit dessinés dans l'herbe des prés, généralement d'un vert plus sombre que l'herbe environnante. Chaque année se forment à l'automne des chapeaux reproducteurs, sur le pourtour du cercle qui peut, en deux ou trois siècles, atteindre 100 m de diamètre.

Mais les végétaux ne sont pas les seuls à attirer les champignons qui s'en nourrissent, morts ou vifs ! Car les champignons sont partout : la momie de Ramsès II, sauvée par des chercheurs français en 1976, n'en comptait pas moins de 90 espèces ; décomposer une momie faite tout exprès pour se conserver durant des millénaires, voilà bien la preuve de l'obstination des champignons à tout décomposer !

Un parasitisme, mais qui sait ne pas aller trop loin

Le deuxième mode de vie des champignons est le parasitisme : cette fois, ils ne s'intéressent plus aux morts, mais aux vivants, développant leurs tissus directement aux dépens de l'hôte qui les abrite, et pouvant aller jusqu'à le tuer. Les mildious, les rouilles, les blancs et, chez les animaux, les teignes, les muguets ainsi que quelques autres formes beaucoup plus redoutables, ont demandé aux chimistes des efforts d'imagination fabuleux pour produire antifongiques et médicaments appropriés. Mais la nature sait limiter ses propres effets destructeurs ; et l'on voit le champignon veiller à ne pas détruire l'hôte dont il dépend. Bien plus, il aide même la plante qu'il attaque à se défendre, en émettant des substances appelées éliciteurs : celles-ci induisent la production, par la plante-hôte, de substances qui freinent la croissance du champignon pathogène. Ainsi, le parasite stimule lui-même la résistance de la plante qu'il attaque, se comportant comme s'il ne voulait pas sa mort ! Une mort qui, d'ailleurs, pourrait entraîner la sienne propre, lorsqu'il s'agit de champignons parasites vivant entièrement à l'intérieur des tissus de l'hôte.

Bien plus – et l'on voit ici à quel point la nature a parfois le goût du travail bien fait –, afin que le champignon soit sûr de l'efficacité des éliciteurs qu'il émet dans la plante-hôte, la sécrétion de ceux-ci est souvent accompagnée de la synthèse d'un facteur de spécificité, sécrété également par le champignon parasite et qui rend ledit éliciteur spécifiquement et exclusivement actif sur la plante parasitée. Le système de protection de l'hôte fonctionne donc à coup sûr, de par les sécrétions que le champignon élabore à cette fin !

Dans la nature, la haine n'existe jamais sans une contrepartie d'amour, et si les champignons peuvent tuer, ils peuvent aussi aider à vivre. C'est alors le troisième mode de vie, celui de la symbiose, association plus ou moins étroite d'un champignon avec un autre être vivant à qui il rendra des services. La forme la plus courante en est la symbiose mycorhizienne, déjà décrite dans un précédent chapitre. Les racines de nombreux arbres sont enveloppées d'un velouté dense de champignons qui décomposent les matières organiques du sol et favorisent la nutrition et l'intégration par la racine des substances minérales ou de croissance dont elle a besoin. Ce feutrage mycorhizien n'est pas sans évoquer le rôle que les bactéries jouent dans l'intestin des animaux, dont la paroi absorbe également les substances alimentaires et qu'il est donc légitime de comparer à la racine des plantes. De nombreuses espèces d'arbres sont ainsi mycorhizées et doivent à l'étroite collaboration que leurs racines entretiennent avec les champignons un état de santé meilleur que chez certains congénères moins favorisés. Mais la forme de symbiose parfaite est évidemment la symbiose lichénique où un champignon et une algue s'associent, on l'a vu, pour le meilleur et pour le pire, formant un nouvel individu unique capable de vivre dans les milieux les plus sévères.

Des mœurs sexuelles sans équivalent dans la nature

Si les mœurs alimentaires des champignons frappent par leur riche diversité, contrastant singulièrement avec la plate monotonie de la synthèse chlorophyllienne qu'effectuent les plantes ordinaires, leur mode de reproduction est au moins aussi passionnant et original. Non seulement les champignons sont envahissants par l'expansion rapide de leurs filaments mycéliens, mais ils le sont davantage encore par les spores qu'ils émettent, produites tantôt par voie sexuée, tantôt par voie asexuée. Cette dernière correspond à des formes de bourgeonnement qui produisent des bébés en série, des clones envahissants. Les formes macroscopiques de champignons, qu'il s'agisse de champignons à chapeau ou de toute autre forme directement apparente, correspondent à des formes de reproduction sexuée. Ici aussi, les organes reproducteurs sont des spores, produites avec une prolificité extraordinaire. Une vesse-de-loup produit 7 millions de spores, un champignon à chapeau quelques milliards, et un grand champignon à console, dont les plus vastes peuvent atteindre 2,50 m de diamètre, des dizaines de milliards. Une seule console d'Amadouvier [1], dont le chapeau a la forme d'un sabot pouvant atteindre 50 cm de large, parasitant les troncs d'arbres, peut produire au cours d'un seul été 9 à 18 milliards de spores ; comme ce gros champignon vit au moins 20 ans et renouvelle chaque année son appareil producteur de spores délicatement baptisé hyménium, il forme au cours de sa vie entre 180 et 360 milliards de spores dont l'immense majorité est d'ailleurs incapable de germer. Ces champignons battent ainsi les records du monde animal où la reine des termites paraît presque stérile avec ses 100 millions d'œufs pondus en trois ans – pour donner, il est vrai, de forts contingents d'ouvrières ou de soldats inféconds –, lorsqu'on la compare au hareng qui peut émettre jusqu'à 75 milliards d'œufs par an (il est vrai qu'un sur mille seulement donne un alevin, et que ces alevins sont pratiquement tous destinés à être mangés avant de devenir adultes, donc aptes à se reproduire eux-mêmes). Ainsi peut-on dire à juste titre que les champignons sont les plus énormes gaspilleurs de semence vivante, battant tous les records des mondes végétal et animal ; ce qui ne signifie pas, toutefois, que leur sexualité soit débridée ou dépravée, bien au contraire.

C'est plutôt dans les conditions difficiles que les champignons acceptent de se reproduire par voie sexuée. Quand tout va bien, la prolifération des filaments mycéliens suffit ; quand les choses vont moins bien et que le milieu est moins favorable, c'est à la production de spores par voie asexuée que le champignon a recours : il peut s'agir d'une fragmentation du mycélium, d'un bourgeonnement, de l'émission de spores en chapelets, etc. Mais ce n'est que lorsque les choses vont franchement mal que le champignon a recours à la reproduction sexuée ; il produira alors un œuf à parois épaisses, pouvant rester longtemps à l'état

1. *Ungulina fomentaria.*

de vie ralentie ; la sexualité atteint ici son but essentiel : maintenir et reproduire durablement l'espèce. Point de jeux sexués stériles dans le monde des champignons, qui semble obéir à un code moral de style très victorien. Il peut suffire d'ailleurs qu'un mycélium, où les organes de reproduction sexuée sont déjà formés, soit repiqué sur un milieu riche pour que la reproduction ne se fasse pas et que la sexualité disparaisse. Mieux encore, des groupes entiers de champignons ont purement et simplement abandonné la voie de la reproduction sexuée et ne se reproduisent plus que par voie végétative : c'est le vaste groupe des champignons dits « imparfaits », autre singularité de ce monde décidément original et unique. Cette imperfection qui consiste à ne pas se reproduire par voie sexuée semble même frapper tous les champignons à chapeaux dès qu'on tente de les cultiver comme n'importe quels légumes : hormis le classique champignon de Paris, et tout récemment le bolet du pin, ils s'obstinent à ne plus faire de chapeau, qui est précisément leur organe reproducteur, et à rester à l'état filamenteux. De sorte qu'on ne peut que récolter ces champignons, jamais les cultiver.

Enfin, quand la reproduction sexuée se produit régulièrement, comme c'est le cas chez les gros champignons à chapeaux qui peuplent en automne nos prairies et nos forêts, elle présente une série de particularités bizarres : l'accouplement des noyaux mâles et femelles est une opération laborieuse, qui n'intervient souvent que très longtemps après la fusion des deux cellules sexuelles ; de sorte que l'on voit des mycéliums formés de cellules à deux noyaux : les « dicaryons », se diviser indéfiniment comme si elles s'obstinaient à ne pas vouloir mélanger leur patrimoine héréditaire pour faire un œuf. Et quand enfin cet œuf se forme, voici qu'il se redivise aussitôt en quatre ou huit spores qui seront les véritables organes de reproduction, portés par des organes de fructification variés dont les plus classiques sont les chapeaux bien connus. En fait, la reproduction sexuée devient en quelque sorte un état chronique, sans cellules sexuelles nettement différenciées, où l'on observe un stade de fusion entre cellules et un autre, très ultérieur, de fusion entre noyaux.

Mais ce n'est pas tout : à cette sexualité paresseuse, souvent dégradée, toujours atypique, mais pourtant prolifique, les champignons ajoutent, comme pour compliquer encore les choses, une étrangeté supplémentaire. C'est l'incapacité, dans de nombreux cas, de faire fusionner un gamète mâle et un gamète femelle même lorsque ceux-ci entrent en contact étroit ! Pour que la fusion réussisse, encore faut-il que le gamète mâle et le gamète femelle soient portés par des mycéliums compatibles ; cette compatibilité est régie par les lois de la génétique, de sorte qu'en réalité, les chances de fécondation sont diminuées de moitié et parfois même des trois quarts, lorsque l'hétérogénéité des filaments est déterminée par deux gènes ; il n'y aura alors qu'une chance sur huit pour qu'un gamète femelle puisse être fécondé par un gamète mâle. C'est le phénomène d'hétérothallisme. L'union sexuelle exige alors pour réussir une double compatibilité : entre les gamètes, comme dans tout phénomène de reproduction sexuée, mais aussi entre les mycéliums, ce qui est tout à fait spécifique aux champignons ! Mais ce déterminisme peut être enfreint, dans certains cas, chez des filaments jeunes qui transgressent la règle d'incompatibilité : on parle à leur sujet de « copulations illégitimes » !

Bref, si les champignons – surtout les champignons microscopiques – semblent renâcler devant la sexualité, on voit qu'ils la compliquent au contraire à l'infini lorsqu'ils se décident à la pratiquer ; mais lorsqu'elle réussit et aboutit à un chapeau, c'est-à-dire à cet organe de reproduction apparent que nous appelons « le champignon », elle produit alors une incroyable masse de spores, comme si, ayant surmonté tous ses handicaps, le champignon voulait alors montrer ce dont il est capable !

Les rapports des champignons avec la sexualité sont décidément bien étranges : outre le *Phallus impudicus* dont le nom dit bien et la forme et l'odeur, voici qu'on vient de découvrir que les truffes élaborent une hormone sexuelle que l'on n'a trouvée jusqu'ici que chez l'homme : cette hormone synthétisée par les testicules migre dans les glandes sudoripares qui l'excrètent par la sueur. Or on connaît le rôle des odeurs dans les phénomènes d'attraction sexuelle chez tous les mammifères ; cette hormone pourrait agir dans le même sens ; et c'est parce qu'elle y reconnaît l'odeur du verrat que la truie est si efficacement attirée par les truffes...

Une reconversion réussie

Il reste à s'interroger sur la signification de ces étranges phénomènes biologiques qui valent aux champignons de jouer un rôle si particulier dans la nature. Pourquoi ce retour aux âges anciens où la vie marine n'avait pas encore « inventé » la chlorophylle ? Certes, les champignons ont réinvesti leurs possibilités biologiques en d'autres domaines : à la manière des bactéries, ils pallient leur incapacité d'effectuer l'assimilation chlorophyllienne par d'extraordinaires pouvoirs de synthèse, dus à la riche diversité de leur patrimoine enzymatique. On retrouve ici l'aptitude propre à la Vie de « compenser » : qu'un attribut essentiel vienne à faire défaut à un individu, à quelque espèce qu'il appartienne, et le voilà qui développe aussitôt des possibilités latentes souvent surprenantes : l'aveugle perfectionne son ouïe et son toucher, et la main gauche fait merveille lorsque la droite défaille. Le champignon, pour sa part, est incapable d'assimiler et de synthétiser les matériaux de base de la Vie ; il laisse aux plantes vertes le rôle de producteur, et s'attribue celui de consommateur, et surtout de « décomposeur », domaine dans lequel il excelle. Il suffit de voir avec quelle énergie les moisissures s'attaquent aux bois, aux cuirs... mais aussi aux confitures !

De telles régressions sont communes dans l'histoire de la Vie ; nous les voyons même surgir dans la société moderne où le rôle de décomposeur, assigné dans la nature et pour l'essentiel au monde fongique et bactérien, se trouve remarquablement assumé par certaines franges de la population jeune dont le moins qu'on puisse dire est qu'elles « décomposent » le tissu social hérité du passé...

Les hippies du monde végétal

Sur un mode humoristique, on serait ainsi amené à établir d'étranges parallèles entre les champignons et les hippies, dont les premiers seraient un peu les équivalents dans le monde végétal. Leur prolifération, aux uns et aux autres, prend en effet parfois des allures épidémiques, provoquant de véritables pathologies sociales : Mai 1968 en fut une. Des effets spectaculaires se déclenchèrent après un long travail souterrain, par lequel s'insinuèrent les idées nouvelles véhiculées d'Amérique par le mouvement hippie : travail de sape, travail de « cryptos »... travail de champignons ! De telles épidémies ne pouvaient que provoquer de graves déséquilibres et de fortes réactions épidermiques de la part des tranquilles bourgeois ; pour tout dire, une sorte de prurit, comme ces réactions épidermiques que les champignons déclenchent aussi lorsqu'ils produisent les innombrables maladies de peau dont ils sont responsables. Les hippies avaient des têtes chevelues, comme le coprin du même nom, ou les Capillicium hirsutes des myxomycètes entourant d'une longue tignasse dépenaillée les boîtes à spores de ces champignons amiboïdes si étranges. Quant aux mœurs sexuelles des hippies, elles étaient au moins aussi imaginatives et exploratoires que celles des champignons. Leur visage doux et tendre évoquait l'androgynie et le mythe de l'ange, façon comme une autre d'être un « imparfait », c'est-à-dire de ne pas avoir de sexe ! Quant à l'éclectisme de leurs choix sexuels, après tout, l'hétérothallisme des champignons, agrémenté de la possibilité de risquer des copulations illégitimes, eût été pour eux une excellente référence, s'ils l'avaient connu ! Enfin, champignons et hippies sont très orientés vers la chimie : des champignons comme l'ergot de seigle ou les Psilocybes mexicains produisent des substances hallucinogènes particulièrement prisées des hippies et c'est à ces champignons ou à leurs principes chimiques que les hippies empruntaient la matière première de leurs voyages dans l'imaginaire.

Mais laissons là le jeu des anecdotes analogiques pour revenir à des homologies plus sérieuses et plus troublantes. Les hippies d'hier et certains marginaux d'aujourd'hui apparaissent dans nos sociétés comme l'équivalent des décomposeurs, ou tout au moins des saprophytes. C'est dans ces groupes que s'inventèrent de nouveaux modes de vie et que se frayèrent, voici une dizaine d'années, quelques pistes peut-être utiles pour le futur ; car tel est le rôle des marginaux dans la nature comme dans la société. Les sociétés meurent, comme les individus qui les composent, et les décomposeurs y ont toujours joué un rôle essentiel en déblayant le terrain. Ils le laissent disponible pour de nouvelles constructions, de nouvelles expériences et de nouvelles synthèses, que tenteront d'autres marginaux, pionniers fragiles mais audacieux. L'écologiste, saisi par de telles analogies, ne peut y voir une fois de plus qu'une preuve entre mille de l'extraordinaire homogénéité du phénomène vivant, à quelque niveau de complexité qu'on le saisisse.

Quatrième Partie

L'ADAPTATION

Où l'on découvre que les plantes déployent des trésors d'imagination pour s'accommoder des conditions de vie les plus sévères.

CHAPITRE 11

Le chêne et le roseau [1]

A comparer les quelque deux cent cinquante mille espèces de plantes à fleurs qui peuplent la planète, une évidence s'impose : les unes sont des arbres, les autres des herbes. Il en est des plantes comme des animaux : on en trouve de grosses et de petites. Pourquoi ? Pourquoi la nature permet-elle la coexistence d'êtres aussi différents ? Quels sont les avantages et les inconvénients des uns et des autres ? Faut-il être arbre ou faut-il être herbe ?

Les fossiles restent obstinément muets sur l'origine des plantes à fleurs, mais l'on pense que les premières plantes terrestres, échappées des lagunes de l'ère primaire, étaient des herbes. Elles furent suivies promptement dans leur conquête des continents par des vers et des crustacés primitifs qui s'en nourrirent. Plantes et animaux grandirent au fil des âges, tandis que se formaient les immenses forêts de plantes sans fleurs qui dominèrent la terre au Carbonifère, nous laissant leurs vestiges sous forme de houilles et de charbons.

Tout laisse croire que les ancêtres des premières plantes à fleurs étaient aussi des herbes ; puis elles grandirent à leur tour pour devenir ces arbres immenses qui constituent, avec leurs descendants, la flore si dense et si riche des forêts tropicales humides.

---

1. Ce texte a paru dans la première édition des *Plantes, leurs amours, leurs problèmes, leurs civilisations*, Fayard, 1980, sous le titre : « Du qualitatif au quantitatif ou de l'arbre à l'herbe ». Il a été exclu de la deuxième édition, trouvant mieux sa place ici.

Du laboratoire à l'usine

Il semble donc que les grandes inventions aient été le fait de plantes de petite taille à cycle court, c'est-à-dire des herbes. Et comment s'étonnerait-on qu'ici comme ailleurs, les débuts soient modestes ? Tout commence petit, puis croît, se développe et meurt, tandis que s'amorcent de nouveaux recommencements. L'herbe invente, l'arbre reproduit. Les herbes sont les laboratoires, les arbres les usines.

Il en fut de même pour le règne animal : les ancêtres des amphibiens actuels, telles que grenouilles ou salamandres, n'apparurent qu'à la fin de l'ère primaire : ils étaient de petite taille et leurs descendants le restèrent. Bien adaptés aux habitats marginaux, mi-aquatiques, mi-terrestres, ils surent se maintenir, jusqu'à aujourd'hui, en compétition avec les autres espèces animales adaptées soit à l'eau, soit à la terre. Mais les grands amphibiens qui connurent leur heure de gloire dans les forêts marécageuses de l'ère primaire finirent par s'éteindre, contraints de céder la place aux reptiles : en pondant leurs œufs sur le sol sec, ceux-ci réussissaient une performance remarquable qui, très vite, leur conféra un avantage décisif. Ils remplacèrent donc les grands amphibiens, leurs cousins. Alors commença l'ère des reptiles, avec le développement des grands dinosaures qui peuplèrent la terre à l'ère secondaire.

Pendant la plus grande partie de leur règne, les dinosaures ont peuplé les continents aux côtés des premiers mammifères. Ils étaient les grosses bêtes, les mammifères les petites ; une fois encore, ce sont les petites qui gagnèrent. A la fin de l'ère secondaire, des vagues d'extinctions successives éliminèrent les grands dinosaures.

Seuls les mammifères, dont aucun à l'époque ne pesait plus de 10 kilos, subsistèrent. Ils entreprirent alors de grandir à leur tour et de peupler la Terre. On vit ainsi grandir les chevaux, les singes... et l'homme ! Et naturellement, aujourd'hui, ce sont les plus gros qui sont à nouveau condamnés : girafe, éléphant, gorille, rhinocéros, etc.

Tout se passe comme si la nature mettait au point ses formes et ses inventions sur modèles réduits en laboratoire. Puis, lorsque la forme est au point et que l'environnement s'avère favorable, le prototype passe en usine et se développe en vraie grandeur. Ce sont les époques des grands pullulements et des grands peuplements qui nous laissent les groupes très importants d'animaux ou d'arbres. Mais lorsque ceux-ci sont confrontés à de nouvelles difficultés, résultant de modifications importantes de l'environnement, un changement de climat par exemple, ils reviennent prudemment à des tailles plus modestes ou sont remplacés par d'autres groupes en cours de mise au point, et de petite taille également.

Il ne semble pas que les civilisations humaines échappent à cette loi. Leurs réalisations les plus spectaculaires correspondent à leur apogée, notamment pour ce qui est des grands monuments que chacune nous laissa. Mais l'apogée annonce le déclin. Que survienne quelque catastrophe : guerre, invasion, épidémie, décadence interne, et elles retombent dans la nuit, tandis que se lézardent leurs villes et leurs palais qui nous parviennent morts et enfouis dans le sol ; car les civilisations humaines aussi laissent des fossiles ! Un nouveau groupe prend alors le relais, venu souvent on ne sait d'où, parti modestement de quelque province lointaine et marginale des empires décadents.

L'évolution, on le constate, ne va jamais en ligne droite. Elle procède par cycles successifs qui se relaient les uns les autres. Et la loi d'extinction des lignées par gigantisme, valable pour les végétaux comme pour les animaux, ne semble guère épargner les empires. Épargnera-t-elle demain les grandes multinationales et les mégalopoles ?

Car ce qui est petit résiste mieux aux modifications de l'environnement ou aux aléas de l'histoire ; l'examen des reliques des flores primitives, qui ont subi de terribles épreuves comme l'assèchement des climats vers la fin de l'ère primaire, confirme bien cette impression : le peu qu'il en reste est toujours des herbes. Seules les fougères conservent encore aujourd'hui des espèces arborescentes. Car l'herbe est plus solide que l'arbre. Sous la tempête, le chêne casse, mais le roseau plie.

Les êtres de grande taille sont favorisés sous les tropiques où les climats n'ont guère changé depuis l'ère primaire : les arbres y sont nombreux, car l'évolution biologique y a multiplié et diversifié les espèces sans qu'aucun accident majeur vienne brusquement décimer ces riches populations. Les forêts de Malaisie ou d'Amérique tropicale contiennent des milliers d'espèces d'arbres, celles des régions tempérées des centaines seulement. Ces grandes forêts sont donc les véritables réservoirs de plantes à fleurs, comme la mer fut le réservoir initial d'où sont issues toutes les plantes terrestres. On peut pousser la comparaison plus loin : c'est au sein de ces réservoirs que les plantes ont mis au point toutes les adaptations possibles et imaginables, toutes les formes, tous les types que nous leur connaissons : certaines algues ont réussi à s'équiper de façon suffisamment efficace pour conquérir les continents ; beaucoup plus tard, dans les forêts tropicales, certaines plantes réussirent à acquérir les qualités requises pour diffuser en zone aride ou dans les régions froides, qui leur imposaient des modes de vie entièrement différents. Dans les deux cas, les prototypes s'élaborèrent dans ces vastes réservoirs que sont les mers ou les forêts équatoriales, puis migrèrent vers les continents ou les régions à climat plus sévère.

Le palmarès des records

L'arbre s'impose par sa taille qui le classe en tête et lui fait battre les records du monde vivant. Même si les botanistes ne s'accordent pas toujours sur le palmarès, on peut tenter d'en dresser l'inventaire, cette fois sur le plan international.

Il est peu probable, comme certains l'ont cru, que le record de longévité appartienne à des Cycas australiens, fossiles vivants remontant à l'ère primaire, les Macrozamia, auxquels l'on a cru pouvoir attribuer 12 000 à 15 000 ans d'âge. Car ces arbres croissent avec une extrême lenteur, atteignant péniblement un mètre en un siècle ! Mais la plupart des botanistes s'accordent aujourd'hui pour attribuer la palme de la longévité à un pin californien : *Pinus longaeva.* Ces pins, jadis baptisés *Aristata,* et rebaptisés récemment, vivent à haute altitude (de 3 000 à 3 600 m) dans les White Mountains de Californie. Dans ces régions subdésertiques où la couverture du sol est faible, ils font un peu figure de solitaires, formant des forêts claires, « ouvertes », ce qui diminue les menaces d'incendie. La croissance étant très lente, les troncs sont denses et épais, ce qui les rend ininflammables. Et leurs taux élevés de résines les rendent de surcroît imputrescibles, de sorte que les squelettes des arbres morts, dans ces déserts glacés, se maintiennent fort longtemps.

Le plus gros, dit le Patriarche, a une circonférence de 12 m au pied. Mais c'est un adolescent, avec ses 1 500 ans d'âge. Car le plus vieil arbre vivant a 4 900 ans ; il avait 1 000 ans à l'époque d'Abraham, et était déjà entré dans sa vieillesse au temps du Christ ! Plusieurs autres pins dépassent les 4 600 ans : leur allure déshydratée, noueuse, sèche et décharnée, déchiquetée par les vents violents à ces altitudes, rend parfaitement compte de leur âge vénérable. Curieusement, ce sont les plus malingres qui vivent les plus vieux, les plus gros, au contraire, mourant souvent en bas âge. Ici aussi, obésité et longévité ne font pas bon ménage.

L'âge est déterminé par des carottages effectués dans le tronc en vue de compter le nombre des anneaux : chaque anneau correspond à l'accroissement en épaisseur d'une année, celui-ci variant d'ailleurs selon les années en fonction des volumes de pluviométrie. On peut, par ce système, reconstituer le climat de jadis ; en l'occurrence, on a pu remonter, en calculant l'âge des squelettes, jusqu'à 8 200 ans !

Ces pins battent assez largement les records de longévité attribués autrefois aux Séquoias dont les plus âgés ne paraissent « guère » dépasser 3 200 ans. Ils le doivent sans doute à leur croissance très lente.

Le record de longévité universellement reconnu à ces pins a été récemment contesté par un rapport attribuant, grâce à une datation effectuée au carbone 14, 5 200 ans d'âge à un Cèdre japonais. Affaire à suivre ! En tout cas, les baobabs auxquels on attribue des âges considérables d'après leurs tailles souvent impressionnantes sont sans doute beaucoup plus jeunes qu'on ne le dit ; car il s'agit d'arbres à croissance rapide, ce qui n'est jamais un gage de longévité. Qui veut aller loin, dans la nature aussi, ménage sa monture !

A l'inverse, certaines plantes des régions arides atteignent des âges impressionnants tout en restant de taille très modeste : ils détiennent en quelque sorte le record de lenteur dans la croissance. Le cactus chilien originaire de la région de Copiapo, et pour cette raison nommé Copiapoa, forme au bout de cinq cents ans une grosse boule qui n'atteint guère plus de 60 centimètres de diamètre. Et les Anacantherops au nom barbare ne croissent que de 10 centimètres en cent ans !

C'est aux séquoias et aux eucalyptus australiens que reviennent les records de taille : on connaît des

Eucalyptus [1] atteignant une hauteur de plus de 100 mètres et une circonférence de plus de 20 mètres à la base. Tombé au siècle dernier, l'un de ces Eucalyptus atteignait 114,30 m et fut sans doute l'arbre le plus haut du monde. Le record de circonférence appartient à un conifère [2] qu'on peut voir à Santa-Maria-de-Thulé au Mexique : avec un tour de taille de 50 m à sa base et de 34 m à 1,50 m de hauteur, il est sans doute l'arbre le plus gros du monde.

Quant aux Séquoias, ils détiennent le record de taille et de volume d'un être vivant. Le séquoia géant [3] baptisé Général Sherman, qui s'élève à 85 mètres de hauteur dans le Sequoia National Park de Californie, a une circonférence de 24,30 m à 1,50 m du sol. On a calculé qu'il pourrait fournir 5 milliards d'allumettes. Son écorce rouge, brunâtre et molle, facilite son identification, s'il en était besoin, car c'est le seul arbre de la Création qu'on puisse frapper du poing sans douleur, de par le caractère spongieux de cette écorce ; on estime qu'il pèse aujourd'hui plus de deux mille tonnes. On a calculé aussi que la graine de séquoia pesant en moyenne 4,7 milligrammes, celle-ci multiplie son poids de 250 milliards de fois pour donner l'arbre adulte ! D'autres séquoias [4], bien que moins massifs, atteignent des hauteurs plus impressionnantes encore, puisqu'un exemplaire montait en 1970 à 111,60 m, avec cependant une circonférence nettement plus modeste à la base : 13,40 m.

Ces séquoias sont talonnés, pour les records de hauteur, par des pins de Douglas dont certains auraient atteint 95 m, également aux États-Unis, décidément la patrie des records !

1. *E. amygdalina.*
2. *Taxodium mucronatum.*
3. *Sequoiadendron giganteum.*
4. *Sequoia sempervirens.*

Certains arbres ont des formes particulières qui leur permettent d'atteindre des volumes ou des dimensions extraordinaires. Ainsi a-t-on vu des palmiers grimpants, à tiges relativement minces mais infiniment longues, qui, en atteignant 180 mètres, détiendraient le record de longueur de tous les êtres vivants. Quant au figuier du Bengale, il est capable de recouvrir une surface au sol gigantesque, par son aptitude à émettre des racines aériennes formant autant de supports verticaux parallèles au tronc : on peut dire d'un tel arbre qu'il cache la forêt, puisqu'il forme à lui seul une sorte de forêt miniature. Un exemplaire de ce ficus a pu atteindre une circonférence globale de 600 mètres, grâce à ses 320 racines secondaires formant autant de supports à sa frondaison. Et cet arbre gigantesque bat un autre record : ses fruits sont peut-être les plus petits du monde végétal ; ce sont de minuscules « pépins » enfermés dans de toutes petites figues.

Un Ficus de cette espèce, poussant actuellement au Jardin botanique de Calcutta, a élaboré environ mille troncs formés par ses racines aériennes, et couvre 1,6 hectare, bien qu'il ne soit âgé que d'un peu plus de 200 ans.

Même lorsqu'ils se contentent d'une taille moyenne, sans vouloir concurrencer les géants du règne végétal, les arbres n'en sont pas moins contraints, pour croître et se développer, de consommer des quantités impressionnantes d'énergie et de matières premières. A la différence des animaux qui, à partir d'un certain âge, stoppent leur croissance, l'arbre grandit jusqu'à sa mort : et plus il grandit, plus lourd devient l'entretien de sa structure. D'une certaine manière, les très grands arbres sont une sorte de luxe de la nature et l'on conçoit qu'ils ne sauraient vivre dans les milieux arides où l'eau, nourriture fondamentale des plantes, est rare.

L'artériosclérose des troncs et des feuilles

Mais les arbres compensent partiellement leur handicap en mettant au point des systèmes d'économie d'énergie et de matière première : ils cessent rapidement d'alimenter les tissus dont le fonctionnement n'est pas absolument indispensable à leur survie, et tentent même alors de s'en débarrasser. En fait, un grand arbre est toujours aux trois quarts mort : la partie superficielle de l'écorce n'a qu'une fonction de protection, qu'assurent avec efficacité des cellules à membranes épaisses mais mortes de longue date, vides de toute matière vivante et empilées les unes sur les autres : c'est le liège. De même le bois, formant le cœur du tronc, est constitué d'une énorme masse de cellules mortes ne conservant qu'une fonction de soutien. C'est en réalité dans une étroite bande cellulaire englobant la partie la plus profonde de l'écorce et la partie la plus superficielle du bois que se maintient la vie de l'arbre : là se forment chaque année plusieurs anneaux de cellules vivantes à travers lesquelles circulent les sèves nutritives. Le tronc d'un arbre est en somme une énorme artère dont le diamètre ne cesserait de croître, mais dont l'ouverture resterait toujours la même : en somme, une version intelligente et adaptée de l'artériosclérose ! L'économie de matière vivante et d'énergie touche aussi les rameaux ; un grand arbre se débarrasse chaque année d'un grand nombre de branches mortes : **vents** et tempêtes l'élaguent naturellement !

Au fond, un arbre ressemble un peu à une communauté humaine dont le fonctionnement harmonieux est assuré par le dynamisme d'une minorité de ses membres, la majorité représentant le ventre mou, le marais fluctuant, la masse anonyme et inerte.

Les feuilles n'échappent pas davantage aux processus de vieillissement : elles changent de couleur au fur et à mesure que leurs cellules s'imprègnent de déchets ; vert tendre dans leur jeunesse, elles virent peu à peu au vert sombre, par une sorte d'artériosclérose des parois cellulaires des feuilles âgées, qui reflètent moins puissamment la lumière qu'elles reçoivent. C'est pourquoi tous les arbres perdent leurs feuilles, aussi bien en région tropicale qu'en région tempérée. Mais le rythme de la chute des feuilles y est différent : dans les forêts équatoriales, la stabilité du climat qu'exprime l'absence de saisons autorise chaque espèce à avoir son propre rythme de renouvellement des feuilles, de sorte que la forêt elle-même reste toujours verte. En allant de l'équateur vers les pôles, une saison sèche se manifeste qui, au fur et à mesure que l'on s'éloigne de l'équateur, devient une saison froide : les arbres s'adaptent à ces climats en se débarrassant de leurs feuilles au début de ces saisons.

Chaque espèce se caractérise par la forme de ses feuilles, plus particulièrement par leur réseau de nervures qui constitue en quelque sorte ses « empreintes digitales ».

C'est donc en réduisant le volume de ses tissus vivants au minimum nécessaire pour assurer les fonctions essentielles de son existence que l'arbre réussit à subsister concurremment aux herbes. L'herbe possède en effet l'énorme avantage de se reproduire dès la première année ; à la rigueur dès la deuxième année pour les bisannuelles comme la digitale ou le bouillon-blanc. L'arbre ne produit ses premières fleurs que beaucoup plus tard. Comme chez les animaux, sa maturité sexuelle, sa « puberté », n'intervient qu'à un âge avancé, variable selon les espèces et d'autant plus tardif que sa longévité est plus élevée : dix ans chez un noisetier ; quarante chez un chêne d'Europe, et souvent beaucoup plus. Les chances de disparaître par maladie ou accident avant la floraison s'en trouvent considérablement accrues.

Avec les vagues de glaciations successives survenues au cours de ce dernier million d'années, entraînant chaque fois d'effroyables hécatombes, l'histoire nous enseigne que ces risques sont sérieux, au moins dans les régions tempérées où les climats sont infiniment moins stables que dans la zone intertropicale. C'est ce qui explique sans doute que la plupart des grandes familles botaniques des régions tempérées sont constituées par des herbes. Ce qui ne veut pas dire que les arbres y soient rares : il suffit de parcourir les grandes forêts d'Europe ou d'Amérique du Nord pour s'en convaincre. Mais ces forêts sont très différentes des forêts équatoriales : alors que ces dernières peuvent présenter plus d'une centaine d'espèces d'arbres différentes sur un kilomètre carré, nos forêts n'en contiennent que quelques-unes, privilégiées par l'homme il est vrai. Et si, par hasard, l'homme n'y touche pas, comme c'est le cas dans quelques réserves intégrales, le nombre d'espèces arborescentes reste malgré tout très parcimonieux, sans comparaison avec la riche diversité floristique des forêts tropicales. Les dernières glaciations ont contribué pour une bonne part à cet appauvrissement, car les arbres durent mener une terrible bataille contre le froid dont l'Europe fut sans doute le théâtre d'opérations... le plus brûlant !

Migrations et invasions

L'avancée des glaciers, au cours des glaciations quaternaires, a contraint les plantes à « fuir », par graines interposées, vers le sud. Ce mouvement a été favorisé en Amérique du Nord par l'orientation nord-sud des axes montagneux : les espèces ont pu migrer le long de ces chaînes sans rencontrer d'obstacle. En Europe, au contraire, le repli vers le sud a été contrarié par la présence de la

Méditerranée ; les plantes, chassées par le froid, ont glissé le long du fossé inondé qui, à cette époque, recouvrait la vallée du Rhône ; puis elles se sont trouvées acculées à la mer. La barrière méditerranéenne n'était pas seulement géographique : on pouvait imaginer une « descente » à travers la péninsule ibérique vers l'Afrique du Nord. Elle était d'abord climatique. Car le long été sec et chaud du bassin méditerranéen était insupportable pour la plupart des espèces d'Europe du Nord, habituées à une répartition des pluies plus clémente. Celles qui ne purent supporter ces conditions nouvelles périrent, d'où un net appauvrissement de la flore. C'est à cette époque que disparurent de France, où ils vivaient à l'état spontané, les magnolias, les tulipiers, le ginkgo, les marronniers, les séquoias et de nombreux conifères. Ces arbres ont été réintroduits ultérieurement pour leurs qualités ornementales. L'Amérique du Nord a conservé ces espèces, sauf le ginkgo. Elles ont reculé devant les glaciers pour y réoccuper plus tard leurs anciennes stations.

Ainsi s'explique la pauvreté de la flore européenne comparée à celle de l'Amérique du Nord ou de l'Asie tempérée. Lorsque les glaces se retirèrent, les plantes entreprirent la reconquête des terres libérées. Plus les moyens de diffusion des espèces étaient grands, plus cette reconquête fut rapide. Les arbres les plus résistants au froid, tels que les bouleaux, les arbres à chatons et les conifères, sont allés le plus vite et le plus loin. Ils ont, en quelques millénaires, réoccupé les immenses territoires dégagés par les glaces au Canada, en Scandinavie et en Sibérie. Ainsi se constituèrent les forêts des hautes latitudes, avec leurs énormes réserves de bois, trésor que l'homme dilapide aujourd'hui par une consommation intempestive de pâte à papier. Comme à l'époque des grandes invasions, quelques espèces d'arbres dynamiques et conquérantes envahirent ces vastes territoires peu à peu libérés de l'emprise du froid.

A l'inverse, les forêts tropicales humides, où les risques d'accidents climatiques n'existent pas, ont vu les espèces arborescentes proliférer et se multiplier sans heurt depuis l'ère primaire. L'arbre vit à l'aise dans les milieux très stables ; l'herbe, plus petite, plus « nerveuse », plus « maniable », s'adapte bien à des conditions de vie changeantes. C'est David qui doit sa victoire contre Goliath à son agilité et à sa souplesse. Ce qui est petit est plus aisément adaptable et reconvertible : on retombe là sur une loi bien connue, mais que l'on comprend mieux lorsqu'on se souvient des processus par lesquels s'effectue l'adaptation des êtres vivants à leurs milieux de vie. Lorsque ces milieux sont extrêmement stables, comme sous l'équateur, le problème de l'adaptation ne se pose pas, puisqu'il n'y a pas de changement ! Les arbres ont donc pu se maintenir, évoluer et proliférer en toute quiétude et en toute lenteur. Mais lorsque les milieux sont sans cesse perturbés par des accidents climatiques ou autres, la nécessité de s'adapter promptement devient impérative, sous peine de mort. Or l'adaptation résulte de la sélection qu'effectue le milieu, à chaque génération, des êtres les mieux adaptés et les plus aptes. Les autres sont éliminés ; l'inadaptation, c'est la mort. Plus le cycle des générations est rapide, plus grandes seront donc les chances d'adaptation. Les herbes, qui font une nouvelle génération chaque année, ont donc un immense avantage sur les arbres dont les générations durent des dizaines d'années.

On comprend que les herbes soient plus nombreuses que les arbres en région tempérée ou froide. En bouclant leur cycle en une saison et en persistant en hiver sous forme de graines, elles esquivent en quelque sorte le froid hivernal que l'arbre doit subir. Ce qui demande à ce dernier un gros effort adaptatif que quelques centaines d'espèces seulement ont réussi à faire, sur les dizaines de milliers qui peuplent les tropiques ! Le résultat est clair et se lit aisémment en comparant la végétation des climats froids, arctiques ou montagnards, à une forêt équatoriale : celle-ci est composée à 90 % d'arbres qui s'élèvent dans une atmosphère chaude et humide particulièrement propice, jusqu'à atteindre souvent des volumes énormes. A l'inverse, la pelouse alpine ou la toundra boréale ne possèdent aucun arbre, car l'été est trop bref pour permettre les synthèses nécessaires à l'édification de structures ausssi lourdes : seules y subsistent des herbes ou des buissons bas. La plupart de ces herbes possèdent dans le sol un bulbe que recouvre en hiver une épaisse couche de neige ; ce manteau protecteur permanent maintient la température du sol à un niveau très supérieur à celle de l'atmosphère : nouvel avantage marqué par les herbes sur les arbres. En raison de leur taille, ceux-ci ne peuvent bénéficier de ce puissant système de protection qui consiste à enfouir les bourgeons dans le sol, pour les mettre à l'abri durant l'hiver. Or les bourgeons des arbres, bien que protégés par des écailles, restent exposés aux grands froids. D'autres herbes se contentent d'effectuer tout leur cycle au cours du bref été, puis de disparaître entièrement, ne laissant sur le sol que leur cadavre, et leurs graines également recouvertes d'un manteau de neige. L'été suivant, quand le sol à nouveau dégèlera, ces graines germeront et parcourront en quelques semaines un nouveau cycle.

Rudolf Steiner, dans sa vision grandiose et symbolique, avait été frappé par la manière si différente dont s'interpénètrent les forces terrestres et les forces cosmiques aux pôles et à l'équateur. Sous les tropiques, l'interpénétration est intime et les frontières sont indécises entre la terre et l'espace : le domaine terrestre ne cesse pas à la limite du sol : il s'élance vers le ciel ; les arbres, « invaginations minérales du sol », élèvent leurs troncs très haut ; leurs racines sont aériennes ; des lianes s'élancent de toute part. Les plantes des régions froides sont en complet contraste avec celles-ci : ici le terrestre se referme sur lui-même et ne se mêle pas au cosmique – la terre devient un miroir qui n'absorbe rien, mais réfléchit tout. Les racines s'enfoncent dans le sol, et la plante se réfugie littéralement dans sa racine qui devient l'organe le plus volumineux. L'arbrisseau rampant remplace l'arbre. Les zones tempérées réalisent l'équilibre entre ces deux extrémités, donnant l'image moyenne, l'archétype en quelque sorte du végétal pur.

L'équateur reste donc le berceau, le réservoir où s'élaborent et se maintiennent les formes les plus diverses et les plus variées des plantes terrestres. Les autres régions climatiques du globe sélectionnent les espèces les mieux équipées pour s'y adapter. Celles-ci, confrontées à de nouvelles conditions de vie, subissent alors les transformations adéquates ; certains arbres abandonnent l'oiseau ou l'insecte et s'adaptent à la pollinisation par le vent. Telle fut sans doute l'origine de la plupart des grands arbres de nos forêts. En même temps, ils adoptent le rythme saisonnier, la chute automnale des feuilles. Mais d'autres, comme le houx, le laurier-cerise, le chêne vert, conservent le système des feuilles persistantes : ce sont les arbres pérennes, qui perdent et remplacent leurs feuilles une à une, mais non en même temps. Beaucoup d'arbres réduisent la durée de leur génération : ils se reproduisent de plus en plus tôt et se dispensent d'élaborer la lourde et encombrante structure arborescente ; ces arbres capables de se reproduire dans leur première jeunesse sont en fait déjà des herbes, avec tous les avantages cités. Leur mort prématurée, en bas âge, n'est nullement un inconvénient : car ce qui importe à la nature, à la Vie, c'est la durée, la perpétuation des lignées, la multiplication des individus ; ce qui compte, c'est qu'ils se reproduisent vite et tôt, s'ils doivent vivre en climat rude : d'où l'avantage de l'herbe, infiniment plus adaptable que l'arbre ; comme les enfants qui s'adaptent mieux et plus vite à de nouvelles conditions de vie que leurs parents dont les habitudes sont plus ancrées, moins ouvertes à l'aventure du changement.

On a pu suivre, en en observant tous les états intermédiaires, le passage de l'arbre à l'herbe chez les pivoines. De nombreux groupes botaniques sont représentés par des arbres sous les tropiques et par des herbes en climat froid ou tempéré. Cette évolution n'a cependant pas atteint la fleur, qui reste inchangée dans son architecture fondamentale et permet de classer ces plantes affines dans les mêmes ordres ou familles botaniques, preuve de leur commune origine. Il arrive même que certaines espèces soient capables de fournir des arbres sous les tropiques et des herbes annuelles ailleurs. C'est le cas du ricin, aujourd'hui planté comme espèce ornementale annuelle dans nos jardins et parcs publics, mais qui reste un arbre dans les régions tropicales. C'est aussi le cas du coton.

Les arbres « totalitaires »

Un arbre sera naturellement d'autant plus favorisé dans le mouvement général de l'évolution qu'il produira ses fleurs plus tôt et plus longtemps. Cette considération a amené à classer les arbres en diverses catégories :

Le type le plus archaïque n'existe que sous les tropiques : ce sont les arbres à tronc droit, non ramifié, mais terminé par un unique bourgeon produisant une unique rosette de grandes feuilles. La sève afflue abondamment dans ces bourgeons d'où elle se répartit ensuite dans les feuilles. Le prélèvement de la sève, suivi de sa fermentation, est à l'origine du vin de palme en Afrique, du vin d'agave au Mexique, et de l'abondante émission de liquide que produit l'Arbre du voyageur lorsqu'on blesse l'extrémité du tronc au point d'insertion des feuilles.

Les arbres construits suivant cette architecture dominaient les forêts primitives, qui nous ont laissé ces prototypes anciens que sont les fougères arborescentes et les cycas. Plus proches de nous, dans la civilisation des plantes à fleurs, certains palmiers ont conservé ce même type de construction. Les feuilles de la rosette terminale sont en nombre constant : lorsqu'une feuille âgée tombe, laissant parfois la cicatrice de son insertion sur le tronc, elle est aussitôt remplacée par une autre. Ces feuilles sont généralement très grandes, car l'arbre, dépourvu de branches secondaires, a peu de place pour insérer ses feuilles qui viennent toutes de l'unique bourgeon terminal : la taille des feuilles compense donc l'exiguïté de la surface potentielle de leur insertion sur l'arbre. Elles peuvent atteindre vingt mètres de longueur chez certains raphias, et dépassent souvent cinq mètres chez les palmiers à huile ou les palmiers des Seychelles ! Ce sont les plus grandes feuilles du monde végétal.

Une telle structure est en réalité fragile : qu'un accident quelconque atteigne l'unique bourgeon terminal et l'arbre, décapité, est condamné à mort. Ne former qu'un seul bourgeon est donc bien imprudent : c'est encore mettre tous ses œufs dans le même panier. Aussi ce type d'arbre est-il rare aujourd'hui dans le monde des plantes. On tue rarement une plante en la décapitant, car de nouveaux bourgeons, jusque-là inhibés, prennent promptement la relève et reproduisent feuilles et rameaux. En revanche, la décapitation est fatale à l'homme et à l'animal supérieur. Mais il arrive qu'elle soit heureuse dans les régimes totalitaires qu'un seul chef dirige : sa disparition, éventuellement par « décollation du chef », crée un vide, période propice pour les compétiteurs jusque-là tenus en lisière et comme inhibés par le dominant : à leur tour cette fois de tenter leur chance et de jouer leur carte personnelle ! C'est ce que font aussi les bourgeons dominés chez la plupart des plantes, lorsque disparaît par décapitation celui qui les domine. On le voit bien chez le Dracena, qui rejette abondamment du tronc, dès que l'on sectionne son appareil foliaire aérien. Immédiatement, de petits bourgeons jaillissent, qui prennent la relève. Ils engagent aussitôt une vive compétition dont le sort peut rester longtemps indécis ; puis il arrive que l'un d'eux l'emporte et dicte à nouveau sa loi. L'espèce en somme est condamnée à la tyrannie : même lorsqu'elle abat le tyran, un autre le remplace ! Le Dracena est une plante décidément totalitaire. Voilà un arbre, en tout cas, qui ne perd jamais la tête, car il en a plusieurs en réserve. Il n'est pas comme les pauvres cocotiers souvent décapités par la maladie et qui alignent tristement leurs troncs lugubres, longs et secs, comme de pauvres moignons criant au ciel leur désespoir.

On conçoit que les arbres à unique bourgeon terminal ne puissent survivre sous les climats froids, qui détruiraient ce fragile bourgeon : ils n'existent que sous les tropiques où ils ont pris naissance et où ils se sont exclusivement maintenus. La fragilité de ces arbres est encore accrue par le fait que beaucoup ne produisent leurs fleurs et leurs fruits qu'en une seule fois, par simple transformation de leur bourgeon terminal en bourgeon floral. Un grand palmier du Sud-Est asiatique [1] élève pendant soixante ans une couronne de feuilles géantes de forme palmée jusqu'à cinquante, voire soixante mètres de hauteur. Entièrement stérile jusque-là, son bourgeon terminal produit alors une gigantesque inflorescence de plusieurs mètres, portant jusqu'à soixante millions

---

1. *Coryphea umbraculifera.*

de fleurs. Toutes les réserves accumulées pendant des décennies sont utilisées pour produire cette monstrueuse floraison et l'arbre, ayant ainsi assuré sa reproduction, se dessèche et meurt épuisé.

La plupart des espèces fonctionnant de la sorte n'atteignent pas ces dimensions, car elles vivent moins longtemps. La plus familière est l'agave américain, aujourd'hui acclimaté dans toutes les régions chaudes du globe, en particulier dans le bassin méditerranéen. Cette plante grasse, aux feuilles épaisses et pointues, acérées comme un dard, envahit les lieux incultes, bords des routes, talus de chemin de fer, vieux murs, manifestant une rusticité à toute épreuve. Après une dizaine d'années environ, elle émet une grande hampe florale, haute de plusieurs mètres, qui évoque un poteau télégraphique dont les isolateurs seraient les fleurs. Elle épuise dans cet effort toute la substance vive accumulée dans ses grandes feuilles glauques et charnues qui maigrissent pitoyablement et entraînent la mort de la plante après production des graines. Le sisal, autre espèce d'agave, « fonctionne » de même, comme les grands Fourcroias des déserts américains qui forment au soir de leur vie des hampes florales gigantesques en forme de sapin, très ornementales.

Ces espèces, qui consacrent leur vie entière à préparer leur reproduction et ne l'accomplissent que dans un ultime effort signifiant leur arrêt de mort, montrent bien le prix que la nature attache à l'acte reproducteur. Car ici les frontières de la vie et de la mort, en ce moment unique où la mère donne sa vie pour ses enfants, confluent. Elle n'a travaillé, accumulé toute sa vie durant des réserves que pour ce moment décisif où elle se suicidera pour nourrir sa descendance. Comme le font les pélicans, dit-on, qui, en cas de disette, donnent à leurs petits leur chair en pâture. Riche symbole en vérité, dans lequel la liturgie catholique vit un symbole de l'eucharistie.

C'est encore au nom d'une « loi naturelle » qui trouverait dans de tels exemples un semblant de justification que les théologiens d'autrefois préféraient voir mourir une mère en couches pourvu que ce sacrifice permît de sauver le bébé ! De fait, ces arbres eux aussi meurent en couches.

L'aptitude à fournir un intense effort reproducteur à la veille de la mort n'est pas l'apanage exclusif de ces espèces tropicales. On sait que des arbres fruitiers fleurissent souvent avec une exceptionnelle intensité l'année précédant leur mort. Des observations identiques ont été faites sur des ormes européens, atteints d'une maladie cryptogamique incurable entraînant leur disparition massive sur tout l'Ouest du continent : leur floraison est anormalement abondante au cours de leur dernière année, lorsque la maladie a déjà signé leur condamnation.

Les plantes à floraison unique restent toutefois une curiosité de la nature ; on conçoit qu'elles ne soient guère favorisées par la sélection naturelle qui les pénalise d'un lourd handicap au profit des espèces à reproduction annuelle. Nombreux sont les arbres à tronc vertical non ramifié, comme les palmiers, qui organisent leur reproduction de manière classique et produisent, une fois atteinte leur puberté, une floraison et une fructification abondantes, qui se reproduiront chaque année. C'est le cas de la plupart des palmiers qui ne se sentent nullement la vocation d'imiter l'esprit de sacrifice de leur cousin, le Coryphea.

Mais la grande majorité des arbres présente les formes ramifiées et branchues qui nous sont familières. Ils produisent simultanément de nombreux bourgeons végétatifs et floraux, de sorte qu'ils fleurissent et fructifient régulièrement et abondamment, s'assurant une généreuse descendance. Il est logique que ce type d'arbres ait été favorisé par la sélection naturelle et qu'il ait pu seul conquérir les régions à climat rude.

Parmi les arbres ramifiés, on distingue le type saule, en forme de boule, et le type peuplier à développement vertical. On retrouve cette même distinction entre le chêne et le hêtre, le pommier et le cerisier. Le type à port vertical élancé semble le prototype de l'arbre parfait, à feuilles petites et nombreuses, pouvant atteindre des dimensions gigantesques dans les forêts tropicales notamment, comme les grands arbres de la famille des Dipterocarpacées qui font émerger leur couronne à soixante mètres de hauteur au-dessus du moutonnement des cimes. Ce type permet l'utilisation potentielle optimale de la lumière et de l'espace, assurant une assimilation chlorophyllienne maximale. En multipliant à l'envi leurs branches secondaires et leurs innombrables petites feuilles, ils sont d'excellents capteurs solaires, à fort rendement énergétique – l'inverse du palmier dont la tige verticale et non ramifiée limite considérablement les possibilités.

Par référence à la célèbre dialectique chinoise, on peut distinguer encore entre les arbres Yin et les arbres Yang. Dans le premier groupe pourraient figurer les arbres à croissance rapide, tels que les peupliers ou les baobabs, mais dont le bois trop vite formé reste mou et fragile. Car le Yin symbolise l'extension, la diffusion dans l'espace, l'éclatement. Yang symbolise au contraire la densité, l'intériorité, la concentration : on y trouverait les arbres à croissance très lente, formant des bois très durs, tels que l'if ou le buis.

L'arbre en herbe

A mi-chemin entre l'arbre et l'herbe, le bambou offre un type d'architecture particulier, s'apparentant aux deux prototypes précédents : il commence son développement par de grosses tiges épaisses et non ramifiées, puis ramifie peu à peu son feuillage au fur et à mesure qu'il s'élève en hauteur. Certains bambous détiennent des records de vitesse de croissance, pouvant atteindre une hauteur de 30 mètres en quelques mois, ce qui est proprement extraordinaire, au point que l'on a pu dire qu'on les voyait pousser ! De nombreuses espèces de bambous ne fleurissent qu'une seule fois dans leur vie : ils se développent pendant des années, parfois jusqu'à une trentaine d'années, puis fleurissent, fructifient subitement et meurent. Un exemple spectaculaire est celui de quelques représentants de bambous transportés des montagnes de la Jamaïque dans les jardins botaniques de Kew, près de Londres. Ces bambous ont fleuri et sont morts en 1917 à l'âge de trente-trois ans au moment même où mouraient leurs congénères de la Jamaïque, après avoir produit des milliers et des milliers de graines. On a même pu observer que cette abondante nourriture appréciée des rongeurs favorisait le développement d'épidémies périodiques de peste en Extrême-Orient, où le bambou est une plante polyvalente destinée à tous les usages.

Intermédiaire entre l'arbre et l'herbe, le bambou l'est aussi entre les forêts tropicales humides et la région tempérée. Le bambou géant est relativement rare dans les forêts humides et se développe plutôt en lisière, où le climat a tendance à devenir saisonnier et la forêt par conséquent moins dense. Puis, au fur et à mesure que l'on remonte vers des climats plus froids, les grands bambous disparaissent. Mais les Gynériums ornementaux, originaires du bassin de l'Amazone, s'acclimatent sans trop de peine dans les jardins, certains pouvant atteindre dix-huit mètres de hauteur. Dans le bassin méditerranéen, un gros roseau, la canne de Provence, est partout présent, avec une taille pouvant atteindre sept mètres et une épaisseur autorisant son emploi dans la confection des cannes à pêche. Viennent ensuite, en région tempérée, les classiques roseaux avec leur taille de deux à trois mètres, puis enfin les nombreuses herbes des prairies tempérées ou des pelouses alpines qui, à la limite, ne dépassent plus dix centimètres de hauteur. On parcourt ainsi dans cette même famille des Graminées, à laquelle toutes ces plantes appartiennent, une sorte de fondu enchaîné entre les formes tropicales les plus grandes, mais aussi les plus archaïques, comme le montre la constitution particulière de la fleur et du fruit du bambou, et les formes plus petites et plus récentes, adaptées aux climats sévères. Exemple d'une de ces nombreuses tentatives par lesquelles une forme et une structure mises au point en forêt équatoriale réussissent, par adaptation évolutive et réduction de taille, à conquérir les climats les plus arides et les plus froids.

On peut donc résumer le mouvement général de l'évolution végétale à une tendance très nette à la concentration de l'appareil aérien, qui se réduit et descend de plus en plus bas vers le sol, voire même dans le sol, au fur et à mesure que se réduit également la durée moyenne de vie ; et ce mouvement est parallèle à la tendance des formes végétales à sortir des forêts tropicales où elles ont pris naissance et qui restent leur réservoir fondamental, pour s'adapter aux milieux de vie les plus divers.

Le passage de l'arbre à l'herbe est une illustration du phénomène de néoténie, capacité que manifestent des formes encore en état de jeunesse d'acquérir la propriété de se reproduire. Ainsi un oignon, par ses écailles toutes empilées les unes sur les autres, est-il une sorte de palmier en miniature, dont le tronc ne se serait pas développé verticalement. C'est donc un palmier néoténique. Le chou est un autre exemple du même phénomène. Dans les deux cas, la reproduction s'effectue précocement, sans qu'il soit nécessaire d'attendre qu'un immense tronc se soit formé et que de nombreuses années se soient écoulées pour qu'enfin fleurs et feuilles se décident à apparaître. L'espèce humaine, qui arrive à l'âge de la puberté entre dix et quatorze ans selon le sexe, présente une forte tendance néoténique, puisque la maturité physiologique n'est atteinte que vers dix-neuf ans chez les filles, et vingt-cinq chez les garçons. Le phénomène ne fait d'ailleurs que s'accentuer avec l'avancée de l'âge de la puberté.

En raccourcissant les délais entre les générations, le passage de l'arbre à l'herbe accélère le mouvement de l'évolution : en effet, plus les générations sont nombreuses en un temps donné, plus nombreux sont les individus sur lesquels la sélection naturelle peut jouer, et plus rapidement seront retenus des individus bien adaptés aux nouvelles conditions de vie. A l'inverse, les espèces lentes à se reproduire seront naturellement défavorisées, car elles présenteront moins d'individus au tri de la sélection durant un temps donné, et il y aura donc moins de rescapés. La nature fonctionne comme la société : lors des élections qui sont le mode usuel de sélection des sociétés démocratiques, les partis qui présentent beaucoup de candidats ont plus d'élus que ceux qui n'en présentent que quelques-uns. Et ceux qui renouvellent rapidement leur « cheptel » sous le thème bien connu de l'« homme nouveau » et du fameux « sortez les sortants » s'assurent un avantage certain par rapport à ceux que le vieillissement de leurs cadres use prématurément.

En fait, une herbe est un arbre qui acquiert dès sa prime jeunesse la capacité de fleurir et fructifier, et qui du coup n'a plus besoin de développer la lourde et encombrante structure de l'état arborescent. L'herbe possède les potentialités adaptatives de la jeunesse. Elle est un arbre... en herbe !

Dans ce procès de l'arbre, seuls ont été présentés les témoins à charge ; mais quelques arguments militent aussi en sa faveur, ne serait-ce que les immenses services que l'exploitation forestière rend à l'humanité. Hors ce point de vue strictement utilitaire, l'arbre joue aussi dans les grands équilibres de la nature un rôle déterminant. Par son volume, il occupe une place très supérieure à la mince bande herbacée, et la quantité de matière vivante produite par les arbres est bien supérieure à celle que fournissent les herbes : plus que les herbes, les arbres sont donc un support essentiel du monde animal, qu'ils nourrissent de leurs riches et diverses productions. Leurs frondaisons constituent en outre autant d'habitats, de « niches écologiques » spécifiques qu'occuperont les diverses espèces animales ; et il n'est pas douteux que celles-ci se sont multipliées au fur et à mesure que la vie végétale terrestre s'ingéniait à créer des formes nouvelles et variées, chacune offrant aux animaux ses avantages propres : tel type de fruit, telle odeur attirante, tel matériau pour construire son habitat, etc.

Mais l'évolution est cyclique, et si la tendance générale est au passage de l'arbre à l'herbe, on voit aussi des herbes redevenir arbres : c'est le cas de la clématite, dont les tiges redevenues ligneuses font de cette plante une des rares lianes des forêts tempérées ; c'est le cas aussi de ces faux arbres que sont les palmiers, dont le tronc conserve une structure d'herbe : on le voit bien à la base d'un cocotier où de nombreux faisceaux parallèles forment autant de structures indépendantes, très différentes du tronc compact des vrais arbres, mais très semblables – en plus grand – à la structure d'une tige d'herbe. Quant au bananier, herbe géante, il semble indécis et prend l'allure d'un arbre, tout en « oubliant » de fabriquer du bois !

De l'herbe à l'arbre et de l'arbre à l'herbe, puis à nouveau de l'herbe à l'arbre, la nature semble s'épuiser en mouvements successifs de déploiements et de contractions, dont le sens nous échappe. Son mouvement s'inscrit sur une spirale en forme de ressort, et l'on retrouve un schéma semblable à celui qui conduisait de l'inflorescence à la fleur et de la fleur à l'inflorescence. Il s'en dégage le sentiment d'une progression par ondes successives, dans une perpétuelle métamorphose des formes, une mouvance infinie et indéfinie, sorte de pulsation rythmique qui, depuis la nuit des temps, fut toujours le privilège du vivant sur la matière inerte. Pulsation rythmique qui caractérise aussi bien la vie individuelle des animaux (rythmes respiratoire et cardiaque) et des plantes (rythme photosynthétique lié à la succession des jours et des nuits). Rythmes et pulsations ici éphémères, là amples et profonds, mystères cachés de cet insaisissable phénomène que demeure à nos yeux la Vie.

CHAPITRE 12

La forêt et le désert

Sous les tropiques du Cancer et du Capricorne, à 22 degrés au nord et au sud de l'équateur, la ceinture des grands déserts offre la physionomie de l'étoffe minérale de la Terre dans sa majestueuse nudité.

Plusieurs solutions à un même problème

Les Touareg, princes du désert, se protègent de la chaleur torride sous de longues tuniques dont n'émergent que leurs regards de braise. Mais les arbres se dévêtent, perdent leurs feuilles et subsistent à l'état de squelettes dénudés. Étrangement, au nord du Sahara, le long été chaud et sec du bassin méditerranéen nous offre le spectacle inverse : des millions d'hommes et de femmes quasi nus envahissent les plages, tandis que la végétation aux feuilles pérennantes demeure toujours verte. A croire que pour riposter à la sécheresse, la nature ne sait pas ce qu'elle veut, et les hommes non plus, puisqu'ils utilisent des stratégies inverses pour résoudre le même problème. Qu'en est-il au juste ? Au fur et à mesure que l'on s'éloigne de l'équateur, le volume des pluies diminue, la forêt tropicale s'éclaircit et les arbres se dispersent en fonction·des réserves en eau qui se raréfient à l'approche des tropiques. On passe ainsi de la forêt dense à la forêt claire, puis à la forêt-parc, puis à la savane arborée, puis à la végétation sahélienne, enfin à la steppe et au désert. Et, dans le même mouvement, on voit les arbres aux feuilles caduques remplacer les pérennants.

Perdre ses feuilles est une habile astuce pour riposter à la sécheresse. On sait que les feuilles, véritables piles solaires, sont aussi des organes qui transpirent. On peut comparer un arbre à ces saturateurs que l'on adapte aux radiateurs pour maintenir dans une pièce une atmosphère humide. En transpirant, les arbres produisent le même résultat, puisqu'ils évaporent en moyenne un litre d'eau pour chaque gramme fixé par photosynthèse sous forme de sucre ! Rendement misérable, la quasi-totalité de l'eau ainsi prélevée dans le sol se trouvant finalement renvoyée dans l'atmosphère par les feuilles. Les supprimer revient donc à limiter au maximum les pertes d'eau ; c'est, en somme, vider le saturateur ! Cette stratégie a été adoptée aussi bien par les arbres destinés à subir la longue saison sèche des zones subdésertiques intertropicales que par ceux qui, comme dans nos régions tempérées, doivent traverser sans dommage un hiver rigoureux : car l'hiver est pour l'arbre une saison sèche ; lorsque le sol est gelé, les racines ne peuvent plus puiser l'eau nécessaire à la transpiration et à la photosynthèse. L'arbre serait condamné à mort s'il n'avait inventé ce stratagème de l'élimination des feuilles pour stopper sa transpiration ; faute de quoi il continuerait à émettre de l'eau en aval par ses feuilles, sans pouvoir s'approvisionner en amont par ses racines : d'où l'inexorable flétrissement, la mort inéluctable.

A cette adaptation de l'appareil foliaire correspond dans le sol une adaptation parallèle des racines. Plus le climat est aride et plus le sol est pauvre en eau. Dans ces conditions, seront favorisées les espèces capables d'exploiter par leurs racines les plus grands volumes possibles de sol. Certaines plantes des déserts enfoncent leurs racines jusqu'à 20 ou 30 mètres de profondeur, tel le Prosopis, légumineuse arborescente des régions désertiques d'Amérique du Nord. D'autres, au contraire, les propagent en surface sur plusieurs dizaines de mètres carrés. Les fameuses racines de réglisse appartiennent précisément à une espèce dont l'appareil radiculaire revêt une importance considérable : la récolte exige que l'on creuse de véritables tranchées pour prélever les racines de ces plantes adaptées aux climats arides du Moyen-Orient. Naturellement, plus le sol est pauvre en eau, plus grandes seront les surfaces et les volumes exploités par une seule plante ; de sorte que les plantes s'espacent alors de plus en plus les unes des autres, formant ces végétations dites « ouvertes », caractéristiques des zones arides et désertiques, où le sol nu est piqueté çà et là de quelques touffes ou bouquets épais.

Régler un problème en le supprimant

Lorsque les précipitations sont inférieures à cent millimètres, et parfois même à moins de 20 millimètres par an, le désert s'installe ; seules subsistent alors des plantes très adaptées, capables de survivre dans des conditions extrêmes où tous les arbres ont disparu. Les adaptations écologiques, liées à de profondes modifications des modes de vie, se signalent au premier chef : telles sont les éphémères, les plantes à bulbes et les reviviscentes. Les premières accélèrent le déroulement de leur cycle végétatif pour l'inclure entièrement dans le très bref laps de temps fécondé par une chute de pluie ; qu'une pluie survienne dans un désert particulièrement aride, et aussitôt les graines de ces espèces, à l'état de vie latente souvent depuis plusieurs années, en fait depuis la dernière pluie, germent et bouclent leur cycle complet jusqu'à la floraison et la fructification avec une surprenante rapidité, parfois en moins de quinze jours. La rose de Jéricho, qui n'est pas une rose mais une Crucifère, bat des records en ce domaine puisqu'elle réussit à boucler son cycle, de la graine à la graine, en moins de dix jours ! Dans la superbe et subite floraison du désert déclenchée par la pluie, les plantes dont les bulbes sont restés enfouis dans le sol s'empressent elles aussi de dresser leurs tiges feuillues et leurs hampes florales. En fait, ces plantes esquivent le problème de la sécheresse : elles n'ont pas à s'adapter au manque d'eau, puisque leur mode de vie veut qu'elles n'existent qu'après une pluie et qu'elles ne persistent entre deux pluies que sous forme de bulbes ou de graines. La graine, cette merveilleuse invention du monde végétal, joue ici son rôle à la perfection en maintenant pendant des années, dans des conditions d'aridité extrême, son pouvoir germinatif.

Cette adaptation peut aller très loin : des graines, condamnées dans les grands déserts australiens à attendre parfois dix ans la prochaine pluie, ont mis au point un système inhibiteur qui les empêche de germer à la moindre ondée qui les laisserait mourir de soif dès le lendemain : il s'agit d'inhibiteurs de croissance dont les effets ne sont levés que si une certaine quantité d'eau est présente dans l'environnement et durant un certain temps !

L'élégante solution de la reviviscence

La reviviscence est un privilège des plantes archaïques, notamment des mousses et des lichens qui, en période de grande sécheresse, flétrissent totalement, sans pour autant mourir, ce qu'aucune plante supérieure n'est capable de faire ; car les reviviscentes ont la propriété d'évoluer de manière réversible et de se réhydrater lorsque le sol à nouveau se gonfle d'eau. A son point de flétrissement maximum, la teneur en eau d'une mousse, comme *Hypnum triquetrum* par exemple, est réduite de 80 % par rapport à sa teneur normale : en somme, c'est la plante tout entière qui se met à l'état de vie ralentie et qui, en quelque sorte, « joue à la graine ». L'intensité du pouvoir de reviviscence varie d'une espèce à l'autre, le record absolu semblant être détenu par une mousse [1] qui, après quatorze ans de sécheresse, a pu redonner quelques tiges feuillées. Généralement, les délais sont plus courts, et l'aptitude à la reviviscence ne dépasse guère quelques mois. En fait, ces plantes inférieures avaient inventé, bien avant leurs descendantes, le principe de la mise en état d'hibernation ; principe que la graine illustrera beaucoup plus tard dans l'histoire de l'évolution, avec une perfection inégalée, et que les animaux supérieurs ignorent toujours. Seuls, en effet, des animaux très primitifs, comme les amibes susceptibles de s'enkyster, ou les bactéries susceptibles de sporuler, possèdent cette propriété de fuir dans le temps, en attendant des conditions meilleures pour reprendre vie. Les algues aériennes, les mousses des murs et des rochers, ne disposant d'aucune réserve d'eau, possèdent fréquemment ce pouvoir de reviviscence qu'elles partagent d'ailleurs avec des infusoires, des rotifères et même des animaux plus évolués comme les tardigrades, vivant dans les mêmes conditions. Les fougères des murailles, comme le Cétérach, et quelques sélaginelles tropicales sont, parmi les plantes évoluées, les toutes dernières à avoir conservé ce privilège. Quant aux plantes modernes, elles ont dû inventer d'autres stratégies pour éviter la mort par transpiration lorsque leur écologie les contraint à vivre dans des conditions difficiles.

1. *Barbula muralis.*

L'art de réduire les pertes d'eau

Ces stratégies se résument toujours à deux processus très simples : soit réduire les pertes, soit augmenter les mises en réserve d'eau ; et souvent faire les deux à la fois. Le moyen le plus simple de réduire les pertes d'eau par transpiration consiste à réduire la surface des feuilles : c'est ce que font, en région méditerranéenne, les feuilles à consistance raide, comme celles du laurier, de l'olivier, du chêne vert, du chêne-liège, du romarin ou, sous d'autres cieux, les feuilles en aiguilles ou en écailles des conifères. Ces petites feuilles rigides se revêtent en outre d'un épais enduit cireux imperméable, fréquemment doublé à l'intérieur d'un tissu formé de cellules à parois épaisses. Ces feuilles portent donc un imperméable : mais c'est pour conserver leur transpiration, pour rester mouillées... non pour se protéger de la pluie ! Les stomates, ces pores par lesquels s'effectuent les échanges gazeux et particulièrement la transpiration, sont en nombre réduit ; ils sont souvent enfoncés dans l'épiderme, parfois cachés dans des cryptes profondes et poilues où persiste un microclimat humide limitant la transpiration. Pour réduire encore davantage les échanges gazeux, certaines Graminées, condamnées à vivre sur des substrats extrêmement secs, comme les oyats des dunes, enroulent leurs feuilles sur elles-mêmes lorsque l'air est sec, au point de faire tomber la transpiration à 10, voire à 5 % de sa valeur normale. A ces astuces s'ajoute parfois une intense pilosité qui, en freinant les mouvements de l'air à la surface de l'épiderme, crée un effet de sas et contribue aussi à diminuer la transpiration. Ces adaptations donnent à ces feuilles un toucher tantôt rigide et coriace, tantôt velouté et poilu. S'y ajoutent fréquemment des épines, provenant de la modification des feuilles ou des tiges : autre manière de réduire la surface de transpiration ! La plante du désert s'arme alors contre la dent du prédateur, en améliorant sa propre adaptation aux conditions extrêmes dans lesquelles elle vit. Mais l'épine n'est pas l'unique privilège de ce type de plante : bien d'autres espèces en produisent également...

Plus sociales, et produisant des formations d'une grande élégance, certaines plantes s'organisent en coussinets. L'intérêt d'un tel dispositif est évident ; la dense association des tiges feuillues crée un microclimat interne qui atténue fortement les variations de température et d'humidité. Les plantes en coussinets organisent donc leur petite ambiance personnelle et invitent courtoisement d'autres espèces à se développer électivement en leur sein. Les hauts plateaux arides des grands déserts d'Iran et d'Afghanistan offrent d'admirables paysages de plantes en coussinets, parfaitement adaptées au vent, au froid et à la sécheresse de ces milieux extrêmes par leurs feuilles étroites et rigides, leurs épines nombreuses, leur port ramassé et, parfois, leur intense pilosité.

Mais le *nec plus ultra* de l'adaptation à la sécheresse est bien évidemment la succulence, c'est-à-dire l'art d'accumuler de l'eau dans les feuilles et dans les tiges, tout en prenant soin d'éviter, comme dans les cas précédents, un excès de transpiration. Le vaste monde des plantes grasses ou succulentes comporte environ dix mille espèces chez les seules plantes à fleurs, soit trois à quatre pour cent de leur totalité.

Les superadaptations de la succulence

Capables d'accumuler des réserves d'eau parfois impressionnantes, les succulentes sont en quelque sorte des plantes-réservoirs : leurs tissus possèdent des cellules de grandes dimensions à parois minces ; l'eau est retenue dans les vacuoles de ces cellules, contenant de fortes proportions de mucilages qui piègent de non moins fortes quantités d'eau, formant une sève visqueuse et âcre. Le suc est parfois d'une température élevée. Celui de certains cactus peut atteindre une température interne supérieure de quinze à vingt degrés à la température ambiante, ce qui dément la légende du voyageur égaré tirant d'une blessure de cactus un flot de sève rafraîchissante...

Les amateurs de plantes grasses distinguent traditionnellement des espèces à feuilles succulentes et d'autres à tiges succulentes. On oublie généralement les espèces à racines succulentes, qui sont peut-être les plus curieuses.

La plupart des plantes à feuilles succulentes affectent le port de plantes grasses en rosette, dont le prototype est la petite joubarbe des toits qui vit sous nos climats. Les feuilles, de forme et de taille variables à l'infini, mais toujours charnues et succulentes, se disposent autour d'un axe central nain, formant la fameuse rosette. Il arrive parfois, comme chez les Greenovia, que les feuilles en rosette, lorsqu'elles manquent d'eau, se referment les unes sur les autres comme un bulbe, les feuilles mortes externes protégeant le bourgeon central. Les rosettes peuvent être de taille considérable, comme chez les agaves ou les aloès où chaque feuille s'arme d'un dard puissant. La rosette peut être plus ou moins fermée, comme un chou pommé, ou, au contraire, très ouverte. A la limite, elle s'ouvre totalement et les feuilles paraissent alors s'emboîter les unes dans les autres comme des dalles en mosaïque ou les tuiles d'un toit délicatement ouvragé ; c'est le cas d'*Aeonium tabuliforme,* gracieuse plante ornementale qui, comme les trente autres espèces de ce genre spécifique des Canaries, meurt en formant ses fleurs, comme le font également les agaves. Il arrive que l'extrémité des feuilles soit translucide et que la rosette entièrement enterrée ne laisse dépasser précisément que ces parties. La plante est comme dotée d'un système optique, transférant la lumière à travers des cristaux de sels de calcium vers les tissus chlorophylliens concentrés au ras du sol. Les Haworthia, où chaque feuille est pourvue d'une sorte de fenêtre translucide de la grosseur d'un doigt, et où le suc chlorophyllien ne se localise qu'en dessous, semblent avoir adopté le même principe.

La forme des feuilles succulentes varie à l'infini. La famille des Aizoacées, pourvue de nombreux représentants sud-africains, offre des exemples tout à fait étranges et spectaculaires, présentant des limbes ovoïdes, cylindriques, triédriques, polyédriques, comme par exemple chez *Carpobrotus edulis*. Mieux, chez les Lithops, dont le nom évoque un caillou, les deux seules feuilles massives et charnues sont portées par une tige courte et se confondent avec la caillasse du désert. La disposition des feuilles les unes par rapport aux autres est toujours remarquablement agencée chez les espèces succulentes.

Les adaptations en accordéon

Plus étrange encore est l'architecture des plantes à tiges succulentes ; la photosynthèse et toutes les fonctions naturelles de la plante sont assumées cette fois par les tiges, tandis que les feuilles disparaissent partiellement ou totalement. Les cactus, les euphorbes, les Stapelia sont les prototypes de ce groupe et offrent d'innombrables adaptations, souvent extraordinairement imaginatives. La surface des tiges est toujours cannelée ou tubéreuse, ce qui permet à la plante de s'élargir ou de se rétrécir selon les apports ou les pertes en eau ; car ces plantes grasses sont susceptibles de maigrir en période de disette et de grossir après de fortes pluies, d'où leur cycle en accordéon que rend précisément possible les cannelures qui leur sont si caractéristiques. Entre la plante à tiges succulentes et la plante à feuilles succulentes, tous les intermédiaires existent. Ainsi de nombreuses euphorbes grasses produisent encore des feuilles, bien que leurs tiges soient déjà fortement succulentes. A l'inverse, les Épiphyllum, les Opuntias, les Schlumbergera produisent des rameaux verts, plats et piquants, ressemblant par leur apparence et les fonctions qu'ils remplissent à de véritables feuilles. Mais ce sont en fait des tiges aplaties, comme on le vérifie au fait qu'elles portent des fleurs et des fruits.

Les plantes succulentes ont inventé mille astuces pour assurer efficacement l'accumulation et le maintien de l'eau. La transpiration est réduite par réduction de la surface de la plante. Une plante succulente peut avoir une surface trois cents fois inférieure à celle d'une plante normale ; cette réduction s'effectue d'abord au niveau des feuilles, toujours simples et qui souvent se chevauchent, de sorte qu'une toute petite surface soit exposée au vent et au soleil. Les enduits cireux sont fréquents, les stomates rares et souvent cachés ne fonctionnent parfois que la nuit, lorsque l'évaporation est moindre. Comme les stomates, les fleurs des cactus, par exemple, ne s'ouvrent que la nuit et sont déjà fanées au matin suivant : autre manière, pour ces grandes fleurs, de s'épargner au maximum les pertes d'eau. Si d'aventure la fleur est de grande taille, à pétales coriaces et charnus, comme chez les Stapelia, elle réussit à rester ouverte plusieurs jours sans se faner en se recouvrant d'un très épais enduit cireux. Les croupes, les mamelons et les bosses atténuent en outre l'incidence directe de la lumière solaire et limitent ainsi le dessèchement par transpiration.

Pourquoi des épines ?

Enfin, à l'idée de tiges succulentes est toujours associée l'idée d'épines ; pas de cactus sans épines ! On a pu abondamment discuter de leur rôle : pour les uns, qui nient tout finalisme, elles n'en auraient aucun, pas plus que n'en aurait l'appendice chez l'homme ! Pour d'autres, leur richesse en dépôts cristallins en ferait en quelque sorte des réservoirs recueillant les déchets de la plante. Pour d'autres encore, les épines servent de protections contre la dent des herbivores, protections auxquelles s'ajoutent parfois d'autres moyens comme la sécrétion d'alcaloïdes chez de nombreux Cactus – en particulier hallucinogènes, comme ceux du peyotl – et Stapelia, ou de latex irritants chez les euphorbes. Pour d'autres, l'association du manteau d'épines et de soies qui recouvrent la tige de maints cactus a pour effet de maintenir un certain volume d'air stable autour des stomates, ce qui réduit l'évaporation. De plus, les épines blanches permettent de réfléchir une certaine quantité de lumière incidente, limitant ainsi l'insolation globale de la plante. D'autres encore ont voulu voir dans ces organes acérés des pièges destinés à permettre la condensation de la rosée ; cette eau, condensée sur les épines de cactus, s'écoule vers l'aréole, c'est-à-dire vers le coussinet qui les porte et qui l'absorbera à la manière d'une éponge. Pour tous, en tout cas, les épines ont un effet décoratif, et on n'imaginerait pas davantage de cactus que de roses sans épines !

Une autre hypothèse intéressante voudrait que les plantes à épines étant plus nombreuses dans les régions fortement ensoleillées que dans les sites ombreux et humides, l'on puisse considérer qu'une plante se hérisse de dards lorsqu'elle est pratiquement la seule espèce vivante entre des rochers déserts et des sables calcinés ; elle se devrait alors de redoubler ses systèmes de défense contre des animaux qui n'ont pas d'autre choix que de s'en repaître. A l'inverse, lorsqu'elles sont cultivées, la plupart des plantes à épines abandonnent peu à peu leurs armes, remettant le soin de leur protection au jardinier qui les adopte et les enferme dans son enclos. De même, les laitues sécrètent à l'état sauvage un abondant latex blanc produisant un effet répulsif sur les limaces. En revanche, les laitues cultivées dans les jardins réduisent considérablement cette production de latex ; mais c'est alors le jardinier qui pourchasse le prédateur naturel de ces salades. L'expérience courante de la vie confirme bien ces faits : on se défend d'autant plus ardemment qu'on est moins protégé, une surprotection produisant un effet de serre aussi dommageable aux humains qu'aux végétaux.

Chez les grandes succulentes terrestres, les réserves d'eau peuvent être considérables ; la boule épineuse d'un Cereocactus peut peser jusqu'à cinquante kilos et les grands cierges californiens [1], hauts de quinze à vingt mètres, en contiennent jusqu'à trois tonnes. Mais le record en matière de tige succulente est sans doute le baobab ; cet arbre énorme, dont le bois très tendre est complètement inutilisable en tant que bois d'œuvre, consiste surtout en un tissu ligneux et spongieux très riche en eau. A cette première adaptation, le baobab en ajoute une seconde : il perd ses feuilles au début de la saison sèche, comme la plupart de ses congénères du Sahel. A ce stade, il ressemble donc à un cactus et en même temps à un arbre : d'une part, il met de l'eau en réserve comme les premiers, mais, d'autre part, il ne fait aucune assimilation chlorophyllienne autrement que par ses feuilles, comme n'importe quel arbre : cas d'une adaptation originale hybride entre les succulentes et les caducifoliées.

---

1. *Carnegia gigantea.*

Les succulentes racinaires

Restent, parmi les curiosités les moins connues et les plus étranges du monde végétal, les plantes à racines succulentes où s'accumulent des réserves d'eau et de nourriture dans des organes situés au niveau ou en dessous du niveau du sol. Les cactus peyotl, à forme de grosses molaires, illustrent bien ce type d'architecture original. Ces plantes vivent pour la plupart dans des régions plates et semi-désertiques, exposées à des incendies de brousse. Elles affectent souvent des formes extraordinaires : énormes troncs plus ou moins enterrés en forme de supports, appelés caudex et émergeant plus ou moins du substrat rocailleux dont il est fort difficile de les extraire, comme chez les Pachycormus, les Pachycodium, les Brachystelma, les Ceropegia. Les Asclepiadacées en offrent d'étranges exemples avec notamment le groupe des Ceropegia : *Ceropegia stapeliformis cristata* est une plante bizzare et monstrueuse, comme issue d'une œuvre de science-fiction, dont les fleurs en forme de lanterne jouent le rôle d'attrape-mouches ; de la même famille, les Brachystelma, notamment *Brachystelma barbarae*, possèdent un gros caudex atteignant douze centimètres de diamètre, d'où émergent de curieuses fleurs en forme de lanterne également, dégageant une effroyable odeur de concombre.

Des évolutions convergentes

Ainsi a-t-on parcouru la large gamme des adaptations imposées à la plante par la modicité des ressources en eau. Ce thème illustre parfaitement les efforts auxquels doivent se contraindre les plantes, dans un extraordinaire luxe d'invention et d'imagination, pour répondre à un défi du milieu et vivre dans des conditions extrêmes. Les plantes des zones arides présentent en effet la plus extraordinaire multiplicité de formes et de modes de vie, manifestant les vastes potentialités adaptatives des plantes à fleurs : car les autres groupes, fougères ou conifères en particulier, semblent avoir pratiquement échoué dans cette direction évolutive et n'offrent que très peu d'espèces adaptées aux conditions de la vie désertique. Dans ces exemples, la nature lance un défi et la Vie y répond. La réponse, si l'on peut dire, va même au-delà de la question posée, car ce n'est pas une, mais plusieurs réponses qui sont proposées ou inventées. On note également que, si les inventions peuvent se classer en certains types – succulence des feuilles, succulence des tiges, mise en réserve sous forme de racines du type caudex, réduction de la forme et de la taille des organes qui transpirent, etc. –, ces types d'adaptation n'appartiennent jamais à une seule famille qui se serait spécialisée dans une direction déterminée. Bien au contraire, les mêmes adaptations se manifestent dans des familles très différentes, et tout se passe comme si, dans chaque famille, les mêmes efforts avaient dû être faits pour obtenir les mêmes résultats, en réponse aux mêmes défis. Ainsi en est-il de la convergence frappante des euphorbes et des cactus, ou des nombreuses convergences de forme entre les plantes à caudex, à quelque famille qu'elles appartiennent. Les efforts adaptatifs s'inscrivent donc sur une lignée évolutive en quelque sorte latérale, marginale, qui, sans remettre en cause la structure de l'appareil reproducteur, c'est-à-dire des fleurs, et donc l'appartenance à des familles bien typées, ne remodèle que l'appareil végétatif ; celui-là même qui, en transpirant trop, risquerait de mettre en péril la vie de la plante. Les mêmes solutions ont été trouvées par des plantes appartenant à des familles différentes, parce qu'elles étaient sans doute les plus pratiques, les plus performantes, les plus conformes aux exigences de survie dans des conditions extrêmes.

Car la Vie, que décidément rien n'arrête, plie mais ne rompt pas : elle accepte le combat et, en s'adaptant, nous révèle des prodiges d'imagination et de créativité.

Cinquième Partie

L'ACTION DE L'HOMME

Où l'on voit l'homme arriver avec ses gros sabots et perturber gravement les grands équilibres du monde végétal.

CHAPITRE 13

Des équilibres fragiles

Aucun équilibre n'est jamais permanent ni définitif. Les bouleversements géologiques et climatiques qui ont affecté la Terre au cours de son histoire le montrent bien : ils n'ont cessé de perturber les équilibres, pourtant laborieusement établis, et de les modifier. A ces causes naturelles sont venues s'ajouter depuis quelques millions d'années, mais surtout depuis le Néolithique, il y a 10 000 ans, les interventions humaines. En Europe, la forêt n'a cessé de reculer devant l'homme, qui doit la protéger aujourd'hui de ses propres excès et de ses propres appétits. Certes, les défrichements massifs commencés sous l'impulsion des moines aux environs de l'an mille étaient nécessaires pour mettre à la disposition d'une population toujours plus nombreuse des champs et des pâturages pour la culture et l'élevage. Mais le déboisement fut parfois aussi la conséquence d'une évolution spontanée d'origine humaine, comme ce fut par exemple le cas dans les Landes de l'Europe atlantique.

Des lambeaux de landes dans une forêt envahissante

Ainsi, la célèbre lande de Lüneburg, en Allemagne du Nord, si chère aux amis de la nature d'outre-Rhin, reste, par l'étrangeté et la sauvage beauté de ses paysages, le symbole et le vestige d'un mode d'exploitation fort ancien et qui se perpétue encore, quoique menacé par les pratiques de l'agriculture moderne.

Il y a moins de 20 000 ans, ces régions étaient encore recouvertes par une énorme chape de glace dont l'épaisseur pouvait atteindre plusieurs kilomètres. Le front de la banquise migra successivement vers le nord et vers le sud à chaque épisode glaciaire, rabotant, écrasant et broyant finement la roche sous-jacente, jusqu'à la réduire en fines particules de sable et d'argile. Ces sables furent ensuite disséminés par les vents et s'accumulèrent sur d'énormes épaisseurs, formant un sol très pauvre, presque entièrement privé de matière organique. Une forêt relativement dense de chênes et de bouleaux recouvrit ces sédiments glaciaires ; elle a pratiquement disparu aujourd'hui, remplacée par des plantations de pin sylvestre introduites il y a environ 250 ans sur d'anciennes landes à callunes qui recouvraient jadis tout le pays ; ces landes ne se sont maintenues qu'en quelques localités, souvent protégées aujourd'hui en tant que réserves naturelles.

Le grand botaniste allemand Tüxen a pu reconstituer avec précision l'histoire et le « fonctionnement » de ces landes.

Le déboisement initial fut entièrement le fait de l'homme, le bois servant à construire les fermes dans ces pays sans pierres, mais aussi à alimenter les salines de Lüneburg. Dès qu'une clairière était formée, la bruyère callune, parfaitement adaptée à ces sols, mais exigeant beaucoup de lumière pour se développer, s'implantait aussitôt. Cette évolution de la forêt vers la lande, due à la hache du bûcheron, était déjà favorisée de longue date par le pâturage. Dès la fin du Néolithique, le bétail était conduit dans les sous-bois où il ne laissait pas une plantule d'arbre. Que les vieux arbres disparussent de leur belle mort, et, faute d'une régénération spontanée, la callune trouvait aussitôt assez de lumière pour s'établir et prospérer. Le feu, ce vieil allié de l'homme dans sa lutte contre la forêt, acheva l'œuvre de la hache et du bétail. Ainsi disparurent toutes les espèces ligneuses de la forêt, à l'exception du genévrier commun dont l'étrange silhouette marque lugubrement ces paysages de landes sauvages, âpres et mélancoliques.

Le jeu du genévrier, du sorbier et de la grive

Isolés ou en bouquets, les genévriers abritent presque toujours un sorbier, parfois un églantier. Ces arbustes ont été « plantés » par des grives qui mangent les fruits du sorbier et les digèrent tranquillement sous les genévriers, à l'abri des oiseaux de proie, et en rejettent les graines dans leurs déjections. Celles qui ont la chance de ne pas être dévorées par les souris germent et redonnent un arbre, pourvu que les conditions d'humidité et de lumière soient favorables. Il arrive qu'un sorbier soit en pleine fructification dans la lande, alors que le genévrier sous lequel il vit le jour a disparu depuis longtemps, ou l'entoure encore de son squelette desséché. Et il arrive enfin, pour boucler le cycle, que les grives, aussi friandes des « baies de genièvre » que des fruits de sorbier, sèment ces « baies » sous un sorbier qu'on voit alors s'entourer de jeunes plantules de genévrier, qui l'enveloppent comme d'une couronne. Réglés par l'appétit des grives, genévriers et sorbiers exécutent ainsi un singulier ballet que rehausse ici ou là de son éclat la floraison d'un églantier.

Hormis ces pointements sporadiques et erratiques, la lande étend son manteau sur les croupes mollement ondulées qui frangent les vastes plaines de l'Europe du Nord. Sa physionomie évolue au gré des saisons : au printemps, elle doit son air de fête à la floraison des petits genêts anglais, et un peu plus tard, des genêts poilus qui la piquettent de taches jaune clair [1]. En août, elle revêt son habit classique quand l'abondante floraison de la bruyère callune apporte ses tons roses délicats et sa senteur si particulière.

La lande est traditionnellement le domaine des grands troupeaux de moutons, d'ailleurs indispensables au maintien de son équilibre.

Le bouleau et ses petits...

Les moutons empêchent en effet la réinstallation des arbres en dévorant les plantules issues des graines que le vent a apportées des forêts environnantes. Ce sont naturellement les bouleaux et les pins qui jouent ici encore leur rôle de pionniers. Les graines de pins sont ailées, celles de bouleaux poilues ; les unes et les autres, parfaitement adaptées à la dissémination par le vent, germent rapidement et prolifèrent avec une rapidité surprenante : il suffit de voir la bruyère totalement « contaminée » par de jeunes pousses de bouleaux, à proximité d'un bouleau adulte, grand pourvoyeur de graines, pour imaginer quel serait le sort de la lande si la dent du mouton, friand de ces tendres pousses, n'y mettait bon ordre ! Un observateur averti remarquera d'ailleurs que les jeunes pousses sont surtout nombreuses du côté opposé aux vents dominants, ce qui est logique puisque c'est le vent qui dissémine les graines. On voit ainsi de véritables pépinières naturelles de jeunes bouleaux s'étirer sur des dizaines de mètres autour de l'arbre père.

Mais la lande est aussi un lieu d'élection et de prédilection pour les abeilles dont le miel était, jusqu'à l'introduction de la canne à sucre au XVIIe siècle, la principale source de sucre de

---

1. *Genista anglica* et *Genista pilosa*.

l'alimentation humaine. Bien plus, la cire des abeilles servait à la production des bougies, mais aussi des moules destinés à la fabrication des armes et de tous objets ou ustensiles métalliques. Or l'abeille et le mouton vivent en bonne intelligence écologique sur cette lande : la passage des moutons arrache les toiles que les araignées tendent sur les callunes et qui décimeraient les populations d'abeilles si le piétinement des moutons ne venait heureusement réduire le nombre de ces pièges naturels.

Mais les moutons préfèrent les jeunes callunes plus tendres à leur palais, et délaissent les callunes vieillissantes. Trop de moutons finiraient donc, par surpâturage, par désertifier entièrement le paysage, empêchant la régénération spontanée de la callune. Or c'est ici que l'homme intervient, contribuant à son tour au maintien de l'équilibre complexe qui régit ces milieux. Pour cela, les paysans pratiquaient jadis une sorte de décorticage : l'étrepage de la lande. Ils prélevaient en surface des plaques de landes vieillies, riches en mousses et en lichens, qu'ils utilisaient pour l'aménagement de leur toiture, de leurs étables ou de leurs silos à pommes de terre ou à betteraves. Ces plaques, débitées en briquettes, servaient aussi de combustible, comme la tourbe ! Une lande affaiblie par l'âge et devenue de ce fait peu appétente pour les troupeaux, redonnait l'année suivante de jeunes plantules de callune, en pleine fraîcheur, dont la floraison est intense et abondante.

Mais tout excès nuit au bon équilibre de la lande, qui ne se maintient que par le jeu simultané et subtil de tous ces facteurs dont aucun ne doit l'emporter sur les autres. Un étrepage trop intense, un prélèvement trop important peut aussi bien compromettre la régénération de la callune : le sol se dénude, s'appauvrit et reste exclusivement colonisé par des lichens qui représentent le stade ultime de régression végétale de ces milieux.

La callune était aussi utilisée comme engrais : on la répandait annuellement sur les champs de seigle qui, avant l'introduction de la pomme de terre, était l'unique culture de ces sols très pauvres.

Ainsi fonctionnèrent ces landes pendant des siècles, entretenues par le pâturage, l'étrepage et accessoirement le feu. Elles connurent au Moyen Age leur expansion maximale.

Les menaces de la modernité

Mais l'économie moderne a ses exigences de productivité, et depuis quelques décennies, ces pratiques ancestrales ont été totalement bouleversées ; les moutons sont nourris de pommes de terre et fréquentent beaucoup moins la lande, peut-être aussi faute de bergers ! Ils n'arrachent donc plus les toiles d'araignées, ce qui a entraîné le déclin de l'apiculture, jadis si réputée. Ils ne broutent plus non plus les plantules de bouleaux qui envahissent la lande avec une rapidité foudroyante. Au point que les visiteurs des landes de Lüneburg sont invités à se substituer aux moutons pour arracher ces jeunes pousses si prolifiques ! De plus, il n'est pas impossible que le bouleau soit favorisé davantage encore par les teneurs élevées de l'air en anhydride sulfureux, auxquelles les pins sont très sensibles : en effet, dans ces régions d'Allemagne du Nord où l'industrialisation de l'embouchure de l'Elbe, avec de puissants complexes comme ceux de Brême et de Hambourg, entraîne un fort degré de pollution dans un environnement relativement proche des landes, les pins souffrent plus que les bouleaux qui ont l'avantage de perdre leurs feuilles chaque année et d'éliminer ainsi les tissus nécrosés pour les remplacer l'année suivante par de jeunes feuilles saines ; ce que les pins, aux aiguilles permanentes, ne peuvent faire, d'où leur lente intoxication.

Mais d'autres facteurs contribuent aussi à faire régresser la lande : les engrais chimiques se substituant aux engrais naturels dans les champs cultivés, et les briquettes de lande ne servant plus de combustible, l'étrepage est abandonné ; la lande n'est donc plus régénérée, ce qui ne gêne guère les paysans, puisqu'ils n'y conduisent plus leurs moutons. L'équilibre de la lande est ainsi complètement bouleversé. Elle vieillit et meurt au profit des jeunes bouleaux qui, peu à peu, la remplacent. Le passage de la callune au bouleau est en effet une étape décisive du repeuplement forestier de ces sols sableux et pauvres. On le voit bien sur les secteurs où les moutons, par surpâturage, ont mis le sol à nu et où l'on peut suivre les diverses étapes du repeuplement naturel : le sable est alors emporté par le vent et ces substrats mouvants sont d'abord colonisés par une Graminée [1], capable de s'implanter sur des sols exceptionnellement maigres. Des herbes plus grandes, toujours des Graminées, comme les Agrostis et les fétuques [2], s'installent ensuite. C'est à ce stade que s'implante la callune, promptement remplacée par les bouleaux lorsque le processus d'entretien par les moutons est abandonné. Enfin apparaissent les chênes, reconstituant ainsi la forêt primitive de chênes et de bouleaux. Les pins, qui entrent en compétition généralement défavorable avec le bouleau au cours de la dernière phase du repeuplement forestier, n'ont été introduits dans ces régions que par l'homme et n'y ont pas leur place naturelle.

Comment protéger du dynamisme naturel un milieu ancestral et régressif ?

Comme bien des paysages de landes de l'Europe atlantique, la lande de Lüneburg représente donc

1. *Corinephorus canescens.*
2. *Agrostis coarctata* et *Festuca ovina.*

une phase régressive de population forestière qui n'a cessé de s'étendre au cours des quatre derniers millénaires, avec son apogée entre le Moyen Age et le XVIIIe siècle. Mais, en moins de deux siècles, l'introduction de la pomme de terre et des pratiques modernes de l'agriculture contemporaine a amorcé une évolution inverse, tendant à la restauration de la végétation climacique initiale : la forêt de chênes et de bouleaux. Celle-ci aura donc subi, du fait de l'homme, un mégacycle multimillénaire : apparaissant à la fin des glaciations, elle a reculé de la fin du Néolithique jusqu'au XVIIIe siècle et progresse aujourd'hui à nouveau dans les zones que l'homme ne transforme pas en champs cultivés ou en zones d'élevage. Car les paysages de lande ne persistent spontanément qu'à proximité immédiate du littoral, lorsque l'action des vents violents empêche l'installation des arbres : ces cas ne se rencontrent qu'exceptionnellement, dans des régions côtières très exposées comme la Bretagne ou quelques autres grands « finistères ».

Les landes continentales, en revanche, sont toujours dues aux actions humaines. L'attachement sentimental profond que les Allemands portent aux landes de Lüneburg, visitées chaque année par des centaines de milliers de touristes, exprime la valeur symbolique et presque mythologique de ces paysages hors du commun, d'une sauvage beauté et comme miraculeusement parvenus jusqu'à nous... Mais pour combien d'années encore ? Car ces landes se réduisent aujourd'hui comme peau de chagrin, et appellent la protection de l'homme qui jadis les créa, contre une nature qui aujourd'hui les emporte à jamais. Singulier exemple où l'effort de « protection » se développe ici non pas contre d'intempestives interventions humaines, mais contre l'action spontanée de la nature elle-même qui entend reprendre ses droits et se réinstaller là où l'homme, depuis des millénaires, l'a corsetée et entravée selon ses lois. Protéger et conserver quelques lambeaux de lande, c'est donc ici sous-traire aux lois implacables de l'écologie et au dynamisme de la nature des paysages que nos aïeux ont créés et entretenus par leur travail et leur peine. Peut-être conservera-t-on de la sorte un jour des champs de blé, si d'aventure l'homme du troisième millénaire venait à industrialiser l'agriculture chimique au point de systématiser les cultures en fermenteurs et sans sol, ou encore à développer à des coûts compétitifs une aquaculture océanique industrialisée ?...

En tout cas, une idée s'impose ici, parfaitement étrangère au public et presque incongrue : protéger la nature, ce n'est sûrement pas – en tout cas pas toujours – la laisser faire. Car elle emporterait vite les équilibres fragiles et rares, fruits de conjonctures souvent particulières et spécifiques, qu'il convient au contraire de maintenir et de perpétuer. Plus grand est l'échantillonnage des milieux, plus riche est l'équilibre général des systèmes vivants.

L'histoire de ces landes illustre enfin la perpétuelle mouvance de la Vie : de la banquise à la toundra puis à la forêt, de la forêt à la lande, enfin de nouveau de la lande à la forêt, le tapis végétal se dilate et se contracte un peu à la manière d'un accordéon... Et la musique en est celle de la Vie elle-même, tantôt symphonique et harmonieuse, tantôt déchaînée ou saccadée, à l'image des rythmes qui ponctuent ses avancées et ses reculs, ses morts et ses résurrections.

CHAPITRE 14

Des sols appauvris et désertifiés

Des dizaines d'ouvrages ont été consacrés, au cours des dernières années, aux graves perturbations causées par l'homme dans la nature. La prise de conscience récente de ces déséquilibres fut à l'origine du mouvement écologique et, si tout n'a pas encore été dit sur le sujet, c'est un domaine où il est désormais difficile de se montrer original ou novateur. Aussi sera-t-il évoqué ici brièvement et à grands traits ; l'omettre serait oublier que l'homme est, pour le monde des plantes, un partenaire de tout premier plan, intervenant avec vigueur et souvent outrecuidance dans leur existence individuelle ou collective. De sorte qu'il est difficile d'imaginer une vie sociale des plantes dont l'homme ne serait pas un acteur privilégié.

Afin de rendre à César ce qui lui est dû, nous consacrerons donc deux chapitres de cet ouvrage à instruire, dans ses grandes lignes, le procès que les plantes seraient en droit d'intenter aux hommes, en essayant d'être leur avocat impartial mais informé. Quant aux minutes du procès, aux détails, on les trouvera abondamment exposés dans la riche collection d'ouvrages que la vague écologique a fait déferler depuis 1970.

L'état actuel du bassin méditerranéen illustre parfaitement l'évolution des rapports de l'homme et de la nature depuis des millénaires.

Le « biome » méditerranéen

S'il est une région au monde où les actions humaines n'ont cessé de se développer et de s'intensifier, c'est bien en effet la région méditerranéenne. Aussi offre-t-elle un exemple spectaculaire d'une très ancienne et constante dégradation du couvert végétal par l'homme.

Pour l'écologiste, le concept de Méditerranée évoque d'emblée trois caractéristiques très particulières : un climat original, peu répandu sur la planète ; une mer fermée, presque entièrement isolée des grandes masses océaniques ; une présence humaine exceptionnellement active depuis des temps immémoriaux.

La combinaison de ces facteurs crée des conditions écologiques spécifiques qui font du bassin méditerranéen une des zones les plus fragiles et les plus menacées du monde.

La région méditerranéenne est d'abord marquée par l'originalité de son climat. Schématiquement, il se caractérise par des étés longs, chauds et secs, et par des hivers humides et tempérés. Bien entendu, il existe, selon les altitudes ou les latitudes, toute une série de sous-climats allant d'une dominante humide (Côte d'Azur française, par exemple) à une dominante aride (certaines régions d'Afrique du Nord notamment).

L'alternance si caractéristique de saisons chaudes et sèches et de saisons humides et tempérées, propre au climat méditerranéen, se retrouve en divers points du globe. Ceux-ci restent cependant limités : ils sont tous localisés approximativement entre le 30e et le 40e degré de latitude et non loin des masses océaniques modératrices des températures hivernales. Ainsi trouve-t-on dans l'hémisphère Nord la Californie, une petite partie du Nord de la Chine, ainsi que le Sud du Japon ; et dans l'hémisphère Sud, une fraction du Chili, l'extrême Sud du continent africain et de l'Australie. Toutes ces régions sont réputées fort belles, attractives et touristiques, car le climat méditerranéen marque profondément le paysage végétal et lui confère une originalité et une allure toutes particulières.

Par son climat et sa végétation, la Méditerranée forme une grande unité écologique, ce que les écologistes appellent un « biome ». Celui-ci présente des caractéristiques très différentes de celles de l'Europe du Nord et, pour s'en rendre compte, il suffit de savoir observer : le voyageur qui quitte Paris pour se rendre à Moscou ne voit pratiquement, tout au long de son voyage, aucune différence caractéristique dans la flore. L'herbe qui recouvre l'aéroport de Moscou comporte les espèces familières de nos pelouses et de nos prairies. En revanche, il suffit d'aller de Lyon à Marseille pour être frappé par le brusque changement, non seulement du paysage, mais aussi des espèces rencontrées, c'est-à-dire de la flore. Le plus mauvais observateur, le moins écologiste de tous ne pourra pas ne pas s'apercevoir qu'il change de biome ; et s'il prend la route, il observe que ce changement se produit au sud de Montélimar.

Un paysage marqué par l'homme

En réalité, ce que l'observateur constate, c'est l'état actuel de la végétation méditerranéenne telle que nous l'a légué un passé exceptionnellement chargé d'histoire. Car les paysages méditerranéens ont été puissamment modifiés au cours des temps, et il est impossible de comprendre l'écologie d'une région sans d'abord connaître les évolutions biologiques qui s'y sont produites, étalées sur d'énormes épaisseurs de temps (repérées en millions d'années) et les événements archéologiques et historiques correspondant aux interventions humaines (remontant à plusieurs dizaines de milliers d'années). Ici comme ailleurs, le présent ne se déchiffre qu'à la lumière du passé.

Jusqu'au siècle dernier, les hommes pensaient que les milieux dans lesquels ils vivaient, et qu'ils appelaient « la nature », étaient immuables. Certes, ils constataient les bouleversements épisodiques causés par les guerres, les épidémies, les famines ou les grandes catastrophes naturelles de l'histoire. Mais ces événements, précisément en raison de leur propension à se répéter à intervalles plus ou moins réguliers, leurs paraissaient se succéder de manière cyclique, un peu comme les saisons qui se suivent sans toujours se ressembler, mais dont le rythme d'apparition et de succession est immuable. Aux vaches grasses succédaient ainsi les vaches maigres, et inversement... Cette vision « classique » de la nature et de la société, encore fortement ancrée dans la mentalité populaire, est bien résumée dans cette réflexion de Marc-Aurèle : « Le sage considère les destructions périodiques et les renaissances de l'Univers, et se dit que notre postérité ne verra rien de nouveau et que nos ancêtres n'ont rien vu de plus grand que ce que nous avons vu ».

Pour une vision dynamique de l'histoire des paysages

Ces idées ont marqué toutes les philosophies de l'Antiquité, jusqu'à ce que le concept d'évolution vienne bouleverser notre vision du monde. Aussi sommes-nous, semble-t-il, condamnés à vivre désormais dans une continuelle dialectique, célébrant tantôt la continuité, c'est-à-dire la tradition, l'enracinement, tantôt l'évolution, c'est-à-dire le changement, le progrès. Cette alternance n'est-elle pas particulièrement sensible dans l'histoire de la France comtemporaine où le mythe gaulliste de la « stabilité » a été remplacé par les mythes giscardiens et mitterrandistes du « changement » ?...

En fait, les seuls changements perçus par la plupart de nos contemporains restent les changements cycliques aisément observables en une vie d'homme. Ne suffit-il pas de vivre quelques heures pour constater que nos « humeurs » changent, de la veille au sommeil ou de la faim à la satiété, ou plus prosaïquement de la bonne à la mauvaise humeur ; et quelques jours, pour constater que le temps en fait autant, du moins en climat tempéré ? En un an, nous voyons se succéder le rythme des saisons (sauf sous l'équateur). Mais il faudrait vivre plusieurs milliers d'années pour voir changer les climats. Ainsi, au cours du dernier million d'années, le climat européen, et plus particulièrement le climat méditerranéen, a subi plusieurs périodes de glaciation qui l'ont à chaque fois profondément modifié. Enfin, il faudrait vivre plusieurs dizaines de millions d'années pour voir changer les espèces animales et végétales, pour saisir en quelque sorte le mouvement de l'évolution biologique : ainsi les premières plantes à fleurs sont apparues il y a une centaine de millions d'années, tandis que les conifères apparaissaient deux fois plus tôt et les fougères plus tôt encore. Et celui qui aurait vécu plusieurs milliards d'années aurait pu assister à la formation de l'azur céleste par formation d'une atmosphère oxygénée, elle-même consécutive à l'apparition des premières plantes microscopiques au sein des océans primitifs.

Pour comprendre l'écologie du bassin méditerranéen, il n'est certes pas nécessaire de remonter aussi loin. Quelques millénaires suffisent pour imaginer l'état de la flore et de la végétation à l'époque préhistorique où l'homme n'avait pas encore marqué le paysage de son empreinte. Le littoral de la Méditerranée était alors couvert de vastes forêts d'un vert plus tendre que les sombres forêts de conifères, caractéristiques des Vosges ou du Jura. De ces temps lointains, la végétation actuelle ne conserve que quelques rares reliques : ainsi, non loin d'Aix-en-Provence, la forêt de la Sainte-Baume perpétue sur 138 hectares une hêtraie dont la présence est tout à fait exceptionnelle sous cette latitude. Cette forêt n'a guère changé depuis la dernière glaciation, c'est-à-dire depuis 10 000 ans environ ; elle semble avoir été protégée en raison de son caractère religieux (la légende veut que Marie-Madeleine s'y soit retirée dans une grotte, après la mort du Christ). Exposée en plein nord, dans un site où s'accumulent les brouillards et sur un sol favorable, elle permet au hêtre de se maintenir à l'extrême limite méridionale de son aire.

Toutefois, le climat méditerranéen se réchauffant après la glaciation, c'est le chêne vert qui devint peu à peu l'arbre dominant de ces forêts. On trouve actuellement sur l'île de Port-Cros, aujourd'hui parc national, un exemple parfaitement conservé de cette forêt en parfait équilibre avec le climat, et qui représente l'échantillon le plus typique de la végétation méditerranéenne post-glaciaire. Une telle forêt sera dite « climacique », c'est-à-dire en équilibre avec le sol, le climat et l'ensemble des facteurs écologiques constituant l'environnement. Elle présente la particularité d'être peuplée d'arbres toujours verts, dont les feuilles coriaces sont enduites d'une couche épaisse de cuticule, ce qui leur permet de limiter leur transpiration et les rend parfaitement aptes à survivre pendant la longue saison sèche. C'est d'ailleurs l'épaisseur de ces revêtements qui confère leur rigidité aux feuilles de la plupart des arbustes et arbres pérennes de la région méditerranéenne.

Le recul de la forêt

Mais la forêt a deux ennemis : l'homme et le feu. Dans l'ensemble du bassin, l'homme déboise depuis des millénaires, car la forêt, espace fermé, repaire des malfaiteurs et siège des maléfices, fait peur. Souvenons-nous des terreurs qu'inspiraient aux Romains les sombres forêts gauloises ! Que ne risque-t-on au coin d'un bois ? D'où l'ancestrale et impérieuse volonté de déboiser pour ouvrir l'espace et assurer la sécurité du voyageur. De plus, la forêt offre le bois d'œuvre et de chauffage : les cèdres du Liban, par exemple, ont fait les frais d'une exploitation abusive due à l'exceptionnelle qualité du bois d'œuvre qu'ils fournissent. De ces cèdres, il ne subsiste plus aujourd'hui que de médiocres reliques sur des montagnes dénudées que l'on déboisait déjà pour construire le Temple de Salomon ! Seul le drapeau libanais perpétue le souvenir de cette végétation majestueuse dont il ne reste rien... et voici qu'avec le Liban menacé, le cèdre l'est aujourd'hui jusque dans ses représentations symboliques !

La forêt disparue, la pluie, le vent, le soleil s'attaquent au sol désormais sans protection ; s'enclenche alors l'insidieux processus de l'érosion qui, en quelques siècles, a si profondément dégradé les sols du bassin méditerranéen. La pluie qui ne trouve plus l'obstacle du feuillage, et dont la chute n'est plus amortie par un tapis d'herbe et de mousse, frappe brutalement le sol qu'aucune litière végétale ne protège plus ; que le relief soit un peu marqué et voici les couches superficielles, riches en humus, emportées irrémédiablement. Or, on sait aujourd'hui qu'il faut plus d'un siècle de vie végétale pour former une couche d'un centimètre d'humus !

De plus, les eaux pluviales ne sont plus retenues par le tapis végétal qui freinait leur ruissellement en jouant le rôle d'éponge. Cet effet amortisseur et régulateur de la forêt une fois disparu, les eaux furieuses ruissellent et s'accumulent, enflant brutalement, au gré des orages, les oueds et les rivières. L'inondation est la conséquence logique du déboisement. La réduction intempestive de la couverture forestière des Apennins causa, il y a quelques années, les violentes crues de l'Arno qui inondèrent Florence. Les célèbres crues des grands fleuves chinois ont sans doute pour origine l'intense déboisement de leur bassin versant au cours des siècles.

Bien entendu, la rapidité de l'écoulement superficiel diminue la pénétration des eaux dans les sols, et entraîne le lent tarissement des nappes souterraines et des sources. La quantité d'eau évaporée après la pluie et rendue à l'atmosphère est ainsi fortement réduite, tandis que la vapeur d'eau normalement transpirée par les arbres disparaît en même temps que ceux-ci. Ces deux facteurs conjugués entraînent l'assèchement du climat, inévitable conséquence du déboisement. On constate en effet qu'en région forestière, la pluviométrie est toujours supérieure à celle des régions voisines, en raison de l'énorme masse d'eau transpirée par l'épaisse couverture végétale. Cette dernière observation montre bien que le climat est lié à la plante comme la plante est elle-même inféodée au climat. Si l'homme de la rue sait bien que les plantes ne poussent pas dans les déserts parce qu'il n'y pleut pas, l'écologiste ajoute que c'est précisément l'absence de plantes, et donc de transpiration, qui contribue à réduire la pluviométrie, donc à maintenir le désert. La végétation amorce et entretient le cycle de l'eau. Cet exemple montre l'enchaînement des causes et des effets, et les rétroactions de ceux-ci sur celles-là, d'où ces interactions cycliques si caractéristiques de la pensée écologique. Dans ses *Pensées pour moi-même*, Marc-Aurèle, qui n'avait pas perçu, semble-t-il, l'idée d'évolution, fait preuve en revanche d'une étonnante intuition écologique lorsqu'il écrit : « Représente-toi sans cesse le monde comme un être unique et une âme unique ; considère comment tout contribue à la cause de tout, et de quelle façon les choses sont tissées et enroulées ensemble ».

Le déboisement, l'érosion des sols, la perturbation du régime des fleuves, des nappes et des sources, l'assèchement des climats sont en effet des phénomènes étroitement imbriqués. La concomitance de ces mécanismes sur l'ensemble du littoral de la Méditerranée explique l'assèchement du climat, lequel accélère à son tour la régression de la végétation qui favorise alors l'érosion et la « desquamation » des sols. Au terme du processus, la roche apparaît, nue et définitivement stérile.

Avec l'homme, le feu

Le feu, autre facteur de dégradation des paysages, amplifie l'effet des interventions humaines ; il est particulièrement menaçant en zone méditerranéenne où les résineux, les broussailles sèches, la végétation à feuilles coriaces forment des proies faciles.

L'action du feu est bien antérieure à celle de l'homme et des études paléoécologiques révèlent des incendies très anciens, dus à la foudre. Mais le feu est le plus souvent d'origine humaine, qu'il soit volontaire ou non. Les pratiques culturales ancestrales, et notamment celles de « l'écobuage » et du « sartage », supposent en effet l'intervention du feu pour le nettoiement des sols récemment défrichés et ainsi momentanément propices à la culture. Ces pratiques se perpétuent encore en de nombreux pays de structures agricoles traditionnelles (culture sur « brûlis ») ; elles fragilisent les sols qu'elles exposent à l'érosion. Après quelques années d'exploitation, les sols usés et érodés sont abandonnés sans espoir de reconstitution spontanée.

Bien d'autres causes sont à l'origine des incendies si fréquents en zone méditerranéenne. Une statistique effectuée en France en 1973 donnait les pourcentages suivants :

- travaux agricoles   29 %
- dépôts d'ordures   11 %
- fumeurs imprudents   11 %
- foudre   9 %
- jeux d'enfants   7 %
- câbles électriques   5 %
- non identifiées   28 %

Les conséquences des incendies méditerranéens sont particulièrement catastrophiques. Ainsi un arbre méditerranéen a-t-il 60 % de chances d'être dévoré par les flammes avant l'âge de vingt ans, et 4 % seulement d'atteindre soixante-dix ans.

La lente reconquête des sols incendiés

En région méditerranéenne, malheureusement, le retour à la végétation initiale est rarement possible, car les incendies se succèdent à un rythme tel que la dynamique du repeuplement, analysée dans un chapitre précédent, n'arrive pratiquement jamais à son terme. En effet, après chaque incendie, le sol est à nouveau exposé à l'érosion ; il finit par s'appauvrir au point de ne plus pouvoir nourrir la forêt. En ce cas, la pinède à pin d'Alep, moins exigeante et beaucoup plus maigre, s'y installe de façon stable et permanente. Le phénomène est particulièrement net dans les variantes chaudes du climat méditerranéen comme la Provence littorale. On estime qu'il faudrait des décennies sans incendies pour que se réinstalle la forêt de chêne vert, comme à Port-Cros. Dans certains cas, il semble bien que cette pinède constitue une formation de substitution permanente, sur sol appauvri et sous climat asséché, où la forêt de chêne vert ne réussira plus à reprendre pied.

Sur les sols plus calcaires, l'évolution suit un itinéraire différent et l'on voit s'installer rapidement le petit chêne kermès, buisson à feuilles piquantes et coriaces, caractéristique de la garrigue avec les romarins, les thyms, etc.

Au contraire, sur sol très siliceux, et dans les variantes les plus chaudes du climat méditerranéen, la forêt de chêne-liège remplace la forêt de chêne vert. Mais, bien souvent, cette forêt ne peut elle-même se maintenir et la végétation se dégrade en maquis où l'on observe en abondance l'arbousier, la bruyère arborescente, les myrtes, les cistes, etc. Que le rythme des incendies s'accélère encore et le maquis se dégrade à son tour pour ne laisser finalement que la cistaie, où les cistes dominent dans des formations pratiquement dénuées d'arbres, et d'une affligeante pauvreté.

Ainsi, la végétation a d'autant moins de chances de retrouver son équilibre que les incendies se succèdent à un rythme plus fréquent. Elle tend alors à piétiner, voire à régresser vers des stades intermédiaires plus ou moins dégradés. Comme ces formations secondaires brûlent encore mieux que la forêt, on imagine combien est difficile et aléatoire le repeuplement végétal.

Les méfaits du surpâturage

Mais le panorama serait incomplet si on ne mentionnait l'incidence du pâturage et l'agressivité exercée par les chèvres et les moutons sur l'environnement végétal. Si le mouton est lui-même destiné à la tonte, il s'avère curieusement un animal parfaitement inapte à tondre un pâturage ! En effet, il arrache les touffes, blesse la terre et favorise ainsi l'érosion. De plus, par le piétinement répété de troupeaux souvent très vastes, il contribue à tasser le sol, ce qui rend aléatoires les germinations et appauvrit le couvert végétal. Les mœurs de la chèvre sont différentes ; celle-ci complète l'œuvre du mouton en s'attaquant aux broussailles et aux jeunes pousses d'arbres pour lesquelles elle semble éprouver une délectation particulière, gênant ainsi la restauration de la forêt. L'action conjuguée de la chèvre et du mouton va mettre la végétation en coupe rase, celle-ci achevant l'œuvre destructrice de celui-là. Ces processus de dégradation ont sans doute joué depuis des millénaires à l'est et au sud du bassin dont les montagnes pelées et les sols squelettiques ne pourraient être reconquis par un couvert forestier qu'au prix d'efforts et de moyens considérables.

La situation s'est aggravée au cours des dernières décennies en raison de l'augmentation de la population qui entraîne un accroissement du cheptel, donc un surpâturage. On sait que c'est l'une des causes principales de l'avancée du désert que l'on constate au nord et au sud du Sahara. Entre 1954 et 1966, la population des steppes semi-arides des hauts plateaux algériens a augmenté de plus de 35 %, alors qu'elle n'augmentait que de 26 % en Algérie du Nord. L'évolution et la répartition de la population en Afrique du Nord est donc différente de ce qu'elle est au nord du bassin, où ce sont au contraire les côtes qui se densifient et les arrière-pays qui se dépeuplent.

Le surpâturage, en entraînant un prélèvement supérieur aux ressources disponibles, épuise peu à peu le « capital », alors que toute agriculture rationnelle se doit au contraire de ne prélever que les « intérêts » des terres productrices. On retrouve ici les idées chères à Malthus pour qui le développement d'une population est tôt ou tard limité par le volume des ressources disponibles, idées qui se vérifient dramatiquement au Sahel.

Des nomades qui se sédentarisent

En Algérie, l'accroissement des populations des steppes du Sud s'accompagne d'une modification du mode de gestion agricole : les nomades traditionnels entrent désormais en concurrence avec de gros éleveurs mécanisés qui emmènent leurs troupeaux en camion là où il a plu et où les pâturages ont reverdi. Pour survivre, les exploitants traditionnels sont contraints de défricher et de cultiver des terres marginales, souvent en pente raide, qui sont ensuite emportées par l'érosion. Ce processus, qui pousse les nomades à la sédentarisation, modifie leurs traditions pastorales. Ils finissent ainsi par se trouver complètement en porte à faux, contraints de pratiquer une agriculture au rendement médiocre, à laquelle ils ne sont nullement préparés, très destructrice pour l'environnement végétal et mal adaptée à leurs besoins.

Ainsi, dans l'ensemble du bassin méditerranéen, les paysages érodés, désertifiés, steppiques et parfois subdésertiques, ne sont que les témoins de la constante dégradation du couvert végétal qui se poursuit depuis des siècles. Ils témoignent spectaculairement des mauvaises relations de l'homme et de l'environnement dans cette région du monde. Confrontées à l'ampleur des dégradations ainsi perpétrées, les tentatives actuelles de reconquête et de reboisement qui se développent ici ou là ne sont que les premiers balbutiements d'une stratégie globale qu'il faudra bien un jour développer à une tout autre échelle. Faute d'une telle stratégie, les lois implacables de l'écologie s'appliqueraient dans toute leur rigueur, et la régulation des populations prendrait la forme cruelle que nous lui connaissons hélas dans tant de régions du monde : quand l'homme, en effet, a détruit son milieu de vie, le milieu à son tour l'élimine, selon un processus de rétroaction cybernétique dont la science écologique est familière. Ainsi l'explosion démographique du Sahel a-t-elle entraîné un surpâturage intense, avec réduction du couvert végétal et assèchement du climat, selon le processus déjà décrit, qui contribue à réduire encore davantage le couvert végétal. On

débouche naturellement, vu le volume des prélèvements nécessaires pour satisfaire les besoins d'une
population croissante, sur des famines et donc sur
un dépeuplement, soit par décès, soit par fuite.
Selon des mécanismes analogues, dans une autre
région du monde, le déboisement intempestif des
versants himalayens a conduit aux formidables
inondations, dont le malheureux Bangladesh a été
à plusieurs reprises déjà la victime. Et toujours
selon le même mécanisme encore, les littoraux
méditerranéens ont été inondés par un extraordinaire raz-de-marée touristique, dont chacun a
pu constater sur la Costa Del Sol, l'Adriatique ou
la Côte d'Azur les effets spectaculaires.

Scénario de l'inacceptable

Cette pression touristique permet d'esquisser un
scénario écologique – et futurologique – qui se
résumerait ainsi :
Plus on se presse sur le littoral, plus on y
construit. Mais plus on construit, plus la couverture
végétale déjà maigre s'appauvrit. De plus les
agglomérations urbaines, en produisant et piégeant
la chaleur, réchauffent l'atmosphère. La réduction
des volumes d'eau transpirée par les plantes et le
réchauffement des microclimats urbains contribuent donc à diminuer la pluviométrie. L'ensoleillement y gagne, et du même coup l'attrait du
littoral : la pression touristique s'accentue. On
construit plus encore et le mouvement s'amplifie
par feed-back positif. L'eau se fait rare, il pleut de
moins en moins, le réseau hydrographique s'assè-
che, les nappes phréatiques baissent, tandis que
le nombre des consommateurs augmente. L'eau
devient alors facteur limitant et la réaction en
chaîne s'arrête, la pénurie d'eau constituant le

feed-back négatif. Entre-temps, il est vrai, la pression sur le littoral était devenue telle que déjà une régulation corrective s'était amorcée : les touristes avaient fui. Il arrive, Dieu merci, que l'homme anticipe sur les régulations naturelles.

Cette histoire ressemble étrangement à celle de la course des prix et des salaires, de la fameuse spirale inflationniste : si irrésistible qu'elle paraisse, elle finit bien par s'arrêter, comme on a pu le voir en Allemagne en 1923. Le facteur limitant était cette fois la brouette, quand en novembre de cette année fameuse, il fallait emmener 4 000 milliards de marks au marché pour acheter un bifteck ou une botte de radis, et que les imprimeries nationales n'avaient pas encore réussi à imprimer des billets d'un tel numéraire. L'inflation allait plus vite que l'impression, et l'encombrement de la monnaie cassa nette la spirale inflationniste.

On peut encore imaginer un autre scénario, humoristique cette fois, celui de la prise de vue. Il n'est pas question de photo ou de cinéma ; mais de ces vues imprenables qu'offrent les promoteurs. La prise de vue est un puissant facteur de régulation du marché immobilier, un facteur limitant qui inverse la tendance inflationniste du coût des appartements. Lorsque la vue sur mur remplace la vue sur mer, lorsque les pignons remplacent les pins pignons... alors la vue « baisse », et le prix des appartements en même temps.

Fuir l'encombrement des grandes agglomérations pour le retrouver sur les plages : étrange paradoxe. Mais les hommes ont beau célébrer la logique : ils s'en moquent dans leurs comportements. Un extraterrestre débarquant sur notre planète aurait fort à faire pour s'y retrouver, s'il utilisait la méthode logique et rationnelle dont nous sommes si fiers. Au terme de ses conservations, déconcerté, il finirait par ne plus s'étonner de rien, ou plutôt d'une seule chose : que nous nous définissions comme l'animal raisonnable par excellence, alors que, dans la pratique, notre conduite est un défi permanent à la raison.

Ainsi l'écologie nous enseigne-t-elle cette étrange dialectique des relations mutuelles de l'homme avec son milieu, relations telles que, la pression humaine venant à s'exercer trop pesamment, le milieu dégradé en quelque sorte se « venge » en faisant à son tour sentir sa pression, jusqu'à éliminer l'homme. L'homme reste – comme il l'a d'ailleurs toujours été – rigoureusement inféodé au milieu qui le porte et le nourrit. En détruisant celui-là, il risque à terme de se détruire lui-même. Et cette loi essentielle est valable sur la planète entière, y compris dans les sociétés industrielles avancées où le progrès technique a momentanément fait reculer le spectre de la faim, mais au prix de nouvelles agressions dont on ne pourra apprécier que plus tard les conséquences (épuisement des ressources minières, imprégnation chimique de la biosphère par des nuisances diverses, accumulation des déchets, destruction des sites et paysages, etc.).

La reconquête des sols apparaît donc, en zone méditerranéenne, comme une priorité essentielle. Mais il s'agit d'un travail de très longue haleine, dont les résultats ne porteront leurs fruits que dans quelques décennies au mieux. Aussi serait-il particulièrement urgent de se mettre au travail dès à présent... Telle devrait être en tout cas une des toutes premières priorités des États méditerranéens : revêtir à nouveau d'un couvert végétal des sols que des millénaires d'exploitation humaine ont appauvris et souvent irrémédiablement dégradés. L'intense niveau d'ensoleillement de ces climats trouverait alors à « s'employer » utilement dans la photosynthèse, tout comme il appelle aussi un développement massif de l'énergie solaire dans ces régions exceptionnellement favorisées où on ne considère pourtant le soleil que comme un « capteur » de touristes, et où les capteurs solaires restent trop rares... On s'acharne au contraire, dans tout

le bassin, à capter du pétrole, et surtout du pétrole
« off shore », c'est-à-dire issu des gisements sous-
marins. On frémit à l'idée de la catastrophe que
produirait, dans cette mer fermée, sans marées et
sans courants, un accident de type majeur comme
ceux survenus récemment au large des côtes de
Californie et du Mexique, où d'énormes nappes de
pétrole se sont répandues des semaines durant sur
tout l'océan... Il n'y aurait plus alors ni touristes,
ni poissons, et la Méditerranée mettrait sans doute
des années à s'en remettre. Car cette mer est aussi
fragile que les terres qui l'entourent, et mériterait
d'être traitée avec le respect, la prudence et la
circonspection qu'exige sa prestigieuse histoire.

CHAPITRE 15

Des plantes en péril

Discrètement, dans la plus complète indifférence, des plantes disparaissent ; pas seulement des individus arrachés çà et là ou perturbés dans leurs conditions de vie, mais aussi des espèces, fruits d'une évolution multimillénaire et que l'on ne verra plus jamais à la surface de la Terre.

La Terre : cimetière d'espèces mortes

Car les espèces meurent comme les individus qui les constituent. Et la terre est un immense cimetière d'espèces fossiles, animales ou végétales : des dizaines de milliers d'espèces de fougères ou de conifères, sans oublier les grands sauriens, ont été emportées lors des accidents géologiques de l'ère primaire ou secondaire, laissant leurs traces dans les gisements fossiles de houille et de charbon. L'homme, en réalité, n'a fait qu'accentuer le rythme du processus naturel de la mort des espèces, par la brutalité de son irruption dans la nature. Au fur et à mesure qu'augmentaient sa puissance et ses moyens techniques, il piétinait la végétation de ses gros sabots, les siens ou ceux de ses engins, provoquant le recul ou la disparition de nombreuses espèces. Certes, en même temps, il créait à son profit des espèces domestiques, mutants ou hybrides, jalousement sélectionnées pour leurs qualités ornementales ou alimentaires : mais sans jamais cependant réussir à créer, comme le fait la nature, de nouvelles espèces. De sorte que l'œuvre humaine d'amélioration des plantes apparaît comme une œuvre magnifique mais égoïste, que la nature ne saurait reconnaître comme sienne et qu'elle effacerait promptement de son sein si l'homme venait à disparaître. En revanche, la liste impressionnante des espèces tuées par l'homme atteste la réduction du patrimoine génétique global de la vie sur terre et témoigne d'un phénomène d'appauvrissement généralisé des formes de vie sous la pression omniprésente et omnipotente des humains.

Les espèces les plus directement menacées sont naturellement les endémiques : il s'agit de plantes localisées sur des aires très restreintes, qui parfois ne dépassent pas l'ordre du kilomètre carré, où elles se maintiennent relativement à l'abri de la compétition d'espèces plus vigoureuses et plus conquérantes en raison des conditions particulières du milieu. Leur pouvoir de reproduction et de dissémination est généralement très réduit, et la plus modeste perturbation d'origine naturelle ou humaine risque de les emporter à jamais.

Un palmier obèse et obscène

Ainsi, s'il est hors de question de voir jamais disparaître, à moins qu'une maladie épidémique ne l'emporte, le célèbre cocotier, hardi conquérant de toutes les plages tropicales du monde, son cousin germain, le palmier des Seychelles, est infiniment plus fragile. Exclusivement localisé dans trois îlots de cet archipel, ce palmier porte des fruits énormes qui leur enlèvent toute chance d'être disséminés ailleurs que sous l'arbre d'où ils tombent ; et leurs graines ne sont pas en reste, puisque chacune d'elles pèse plusieurs kilos. Ce sont ces graines, gigantesques noix de coco, qui ont d'ailleurs valu à ce palmier sa réputation universelle. Cette graine, la plus grosse de toutes, a été baptisée coco-fesse ou cul-de-négresse ; elle a en effet une forme très suggestive, qui devient franchement provocante lorsque le germe émerge de la touffe de poils qui marque la commissure de ses deux lobes ; cette anatomie étrangement anthropomorphique, un tantinet obèse et obscène, a naturellement valu aux graines du palmier des Seychelles d'être considérées depuis l'Antiquité comme puissamment aphrodisiaques ; les bateaux indiens en faisaient un intense trafic et les princes hindous les achetaient à prix d'or. Mais il fallut attendre le XVIIIe siècle pour en découvrir l'origine : car l'on pensait que ces graines venaient du fond de la mer, au large des îles Maldives, d'où le nom latin de *Loïdocea maldivica*, et le nom populaire de « coco de mer ». En fait, Sonnerat, neveu de Pierre Poivre, alors intendant de l'île Maurice, découvrit l'arbre en 1768 sur l'îlot de Praslin et l'îlot voisin de Cousin, dans l'archipel des Seychelles ; on ne le rencontra jamais ailleurs. Incapables de flotter en mer, ces graines n'ont aucun pouvoir naturel de dissémination et condamnent ce palmier à se maintenir là où il est présentement, ou bien à disparaître ; de surcroît, le palmier est dioïque : il y a des mâles et des femelles, de sorte que même si une graine atteignait miraculeusement un rivage éloigné, encore faudrait-il qu'elle soit accompagnée par une autre graine de sexe différent et que l'une et l'autre germent à proximité suffisante pour pouvoir se féconder ; conditions optimales qui, statistiquement, n'ont évidemment que peu de chances de se produire. Le palmier des Seychelles est donc condamné à survivre sur son îlot d'origine et ne résisterait pas à quelque maladie ou catastrophe volcanique ou marine qui l'atteindrait là où il est, c'est-à-dire dans la vallée de Mai, à Praslin, où il occupe une superficie de l'ordre de quelques kilomètres carrés.

Un arbre en forme de plat à tarte !

Autre curiosité de la nature, mais cette fois en Afrique du Sud-Ouest : le *Welwitchia mirabilis* apparaît comme une plante sans passé et sans avenir. Sans passé, car on ne lui connaît aucune attache, aucun ascendant auquel on pourrait le rattacher ; et sans avenir, car il appartient à un groupe complètement isolé en botanique, coincé entre les conifères de l'ère secondaire et les plantes à fleurs contemporaines. Le Welwitchia est un arbre dont le tronc peut atteindre jusqu'à un mètre de diamètre, sans toutefois s'élever à plus de quelques centimètres au-dessus du sol ! Il s'agit en quelque sorte d'un énorme plat à tarte, d'une sorte de grande galette d'où émanent deux feuilles, larges chacune de trente centimètres environ, coriaces, rubanées, qui reposent sur le sol désertique où elles peuvent atteindre deux à trois mètres de longueur. Elles se liment à leur extrémité au sable du désert, au fur et à mesure qu'elles repoussent de la base, comme le feraient les dents d'un rongeur : de sorte que ces deux feuilles sont permanentes et durent toute la vie de la plante, c'est-à-dire approximativement cent ans. Il existe des plantes mâles et des plantes femelles, des inflorescences apparaissant à l'aisselle des feuilles et du tronc. Cette plante totalement originale par sa structure et par sa localisation géographique et botanique, par son isolement aussi, ne croît que dans une petite portion du désert du Kalahari, au sud-ouest de l'Afrique, à proximité de la ville de Walvis Bay. Elle est une des grandes curiosités du monde végétal, au même titre que le palmier des Seychelles, et aussi endémique que lui.

Plus loin de nous encore dans l'hémisphère Sud, le chou des Kerguelen [1] est une des très rares plantes à fleurs de cet archipel. Malgré son port

---

1. *Pringlea antiscorbutica.*

de chou cavalier, où les feuilles pommées sont portées par une tige de soixante-dix centimètres de hauteur, cette plante résiste aux vents violents et aux basses températures du climat antarctique. Les feuilles du chou des Kerguelen peuvent être mangées crues, en salade, surtout celles du cœur ; on consomme aussi la moelle de la tige, dont la saveur rappelle celle du raifort. C'est à cette plante que Cook dut de sauver ses équipages ravagés par le scorbut, lors de son voyage au pôle Sud. Plusieurs tentatives de culture ont été effectuées dans les muséums, jusqu'ici sans grand succès. Il semble que cette plante soit parfaitement adaptée à son milieu et ne se plaise nulle part ailleurs.

Les espèces ultraspécialisées

Plus proches de nous cette fois, quelques espèces à aire géographique restreinte et qui, pour cette raison, méritent une protection vigilante. Voici, entre Arcachon et Biarritz, sur cent kilomètres de dunes landaises à peine, une sorte de pissenlit [1] des dunes aux fleurs jaunes éclatantes et au feuillage laineux, qui n'habite nulle part ailleurs au monde. Mais le record semble être détenu par la Lysimaque [2] de l'île de Minorque, aux Baléares, qui occupe à peine une surface de quelques mètres carrés, à Baranco de Sévalle, à environ deux kilomètres de la mer. L'espèce, complètement isolée, n'existe que là, et la destruction de cette unique station marquerait sa disparition complète. Ce genre d'accident menace actuellement la Violette de Rouen [3] qui ne vit que sur des éboulis crayeux de la région rouennaise et ne persiste plus qu'en de

1. *Hieracium eriophorum.*
2. *Lysimachia minoricensis.*
3. *Viola hispida.*

rares stations ; tandis qu'une autre violette très voisine [1], vivant sur des milieux identiques dans la vallée de l'Armançon, dans le Morvan, a complètement disparu depuis au moins vingt ans, à la suite de l'exploitation en carrière de ces éboulis naturels qui représentaient pour elle la seule station viable possible.

La nécrologie et le martyrologe des flores menacées ou disparues

Ainsi la modification brutale d'un milieu peut-elle emporter à jamais une espèce rarissime qui n'existe qu'en cet endroit, et l'on pourrait ouvrir le registre de décès des plantes à jamais disparues et établir la nécrologie de chaque espèce défunte. On y trouverait par exemple au minimum cinq espèces de tulipes sauvages d'origine alpine, croissant jadis spontanément aux abords des vignes et des cultures, aujourd'hui entièrement éteintes par suite d'un arrachage systématique et d'une cueillette intempestive. Une Centaurée [2], pourtant maintes fois signalée sur les falaises du Cotentin, n'a plus jamais été retrouvée au cours des dernières années ; elle est sans doute éteinte elle aussi.

A cette liste nécrologique pourrait s'ajouter un martyrologe : celui des espèces en voie de disparition, pour le salut desquelles le botaniste, se sentant impuissant face à l'inertie des pouvoirs publics ou aux ravages des récolteurs, ressemble à un médecin qui, visitant une salle de grands malades considérés comme perdus, ferait le relevé des lits bientôt disponibles. Y figurerait par exemple une Crucifère [3] poussant dans l'arrière-dune de Biarritz, sur

1. *Viola criana.*
2. *Centaurium capitatum.*
3. *Alyssa arenarium.*

dix kilomètres carrés au maximum, et que les lotissements, les piétinements et l'exploitation des sables condamnent sans doute à brève échéance. Y figurerait également l'Aster des Pyrénées [1], qui régresse rapidement par arrachage et destruction de ses milieux de vie. Le tourisme, les lotissements, l'exploitation des dunes mettent aussi en péril les quelques rares stations endémiques, dans les dunes des îles atlantiques, d'une Borraginacée [2], et, non loin de là, dans les estuaires de la Loire, de la Gironde et de la Charente, d'une Angélique [3], une des rares plantes aquatiques de la flore française à répartition très restreinte, disséminée çà et là dans les roselières et qui vit aussi sans doute ses dernières années. Plusieurs tulipes de Savoie sont dans la même situation et iront bientôt rejoindre la liste nécrologique déjà citée, tout comme la sous-espèce *Galicum* d'un Pigamon [4] en voie d'extinction dans le Lyonnais par destruction des haies et des marais, qui suivra ainsi de très près le sort tragique de la variété *Parisiensis* de cette même espèce, aujourd'hui définitivement éteinte.

Pour la seule flore française, plus de trois cents espèces sont considérées aujourd'hui comme fragiles ou menacées, sur les quatre mille cinq cents espèces de plantes à fleurs qu'elle comporte ; et des études fines menées en Belgique nous apprennent que chaque année, en gros, depuis 1900, une espèce disparaît du territoire belge, tandis que deux cents autres espèces ont perdu durant la même période plus des trois quarts de leur population. Cette décimation dramatique de la flore alimente en vérité plus de colloques et de conférences internationales qu'il n'induit d'actions positives, de protection et de sauvegarde.

1. *Aster pyrenaicus.*
2. *Omphalodes littoralis.*
3. *Angelica heterocarpa.*
4. *Thalictrum simplex.*

Mais il y a aussi parfois d'heureuses surprises : telle espèce, portée disparue depuis des décennies, voire des siècles, est subitement retrouvée dans quelque obscure et impénétrable forêt où elle était demeurée silencieuse et cachée. C'est ainsi qu'on a découvert en 1979, à l'île Maurice, un Hibiscus que l'on n'avait pas revu depuis plus d'un siècle. Ces cas, hélas, sont rares et ne démentent pas la règle qui fait de l'homme un grand décimateur de la nature.

Comment protéger et conserver ?

Le cas des Orchidées sauvages de la flore européenne, en fort recul sur toutes les pelouses calcaires, est tout à fait significatif des processus par lesquels disparaissent les espèces liées à des milieux eux-mêmes fragiles et menacés. Ces pelouses calcaires, depuis des siècles, ont en effet été entretenues en l'état par un pâturage extensif, généralement dû aux moutons. Dès lors que ces pratiques tombent en désuétude, la dynamique de la végétation est modifiée : les sols très pauvres de ces milieux s'enrichissent spontanément de la litière des herbes non broutées ; les teneurs en humus augmentent et la pelouse se transforme peu à peu en prairie dans laquelle pointeront bientôt les premières traces de fourrés, annonçant l'installation ultérieure de la forêt. Ces changements intervenant dans la nature du sol suscitent l'arrivée de nouvelles espèces qui trouvent là des milieux plus avenants alors qu'elles n'auraient pas résisté aux conditions misérables de la pelouse. Les Orchidées sauvages, surtout les Orchis et les Ophrys, régressent devant cette concurrence et cette transformation spontanée de leur milieu de vie. Les anémones pulsatiles en font autant et disparaissent peu à peu. Ainsi une modification dans la gestion traditionnelle d'un milieu entraîne-t-elle à terme la disparition d'espèces étroitement liées à ces milieux et que leur transformation condamne à plus ou moins long terme. Il en est de même d'une petite Orchidée [1] des régions marécageuses qui ne résiste guère à l'assèchement ou au drainage de ces milieux humides.

De sages mesures de protection supposent donc non seulement la protection des espèces rares, menacées ou fragiles, mais bien davantage celle des milieux qu'elles habitent ; et il ne s'agit pas simplement, pour ce faire, de créer des réserves naturelles qu'on laisserait en l'état : laisser en l'état une pelouse calcaire, c'est la condamner à évoluer et à y voir disparaître des espèces que l'on voudrait précisément sauvegarder. S'impose donc la notion de gestion des réserves, notion encore étrangère à beaucoup, y compris à des spécialistes. De telles réserves exigent une gestion scientifique, permettant un maintien réel du milieu en l'état. C'est ce que fait la Grande-Bretagne, où des réserves de pelouses calcaires sont gérées avec beaucoup de doigté et de précaution, afin d'y maintenir une flore riche et diversifiée. La constitution de véritables réseaux de réserves naturelles convenablement gérées, tels que les préconise le Conseil de l'Europe, serait sans doute la solution la plus raisonnable et la plus efficace pour protéger les richesses biologiques de la flore : mais bien des intérêts économiques s'opposent à l'adoption de telles décisions qui prennent davantage en compte les intérêts à long terme que les revenus supposés pouvoir être prélevés à court terme sur les mêmes sols. C'est aux États et aux collectivités publiques qu'il appartient de dédommager les particuliers lorsque ceux-ci doivent accepter la mise en réserve d'une part de leur patrimoine. Une autre solution est celle de la création de conservatoires d'espèces rares ou mena-

---

1. *Liparis loeseli.*

cées, comme il s'en met en place aujourd'hui un peu partout dans le monde. Les collections d'individus ainsi rassemblés constituent des banques de gènes ; mais il est souvent difficile d'y conserver des populations d'un volume minimum, permettant de faire jouer l'interfécondité des individus, et de maintenir à la fois le strict isolement génétique entre des populations ici artificiellement rassemblées ; de sorte que si ces conservatoires paraissent une mesure nécessaire et salutaire, il n'est pas sûr qu'elle soit suffisante pour préserver dans son intégralité la richesse de la flore. Il s'agit au surplus d'une solution artificielle, supposant une transplantation : si l'on doit se réjouir de ces initiatives, elles ne devraient jamais se faire au détriment de la création de réserves naturelles, qui permettent de maintenir dans leur milieu et dans leurs conditions normales de vie les espèces fragiles ou menacées.

Plantes parquées en collections comme des indiens en réserve, plantes déplacées comme ces populations en mal d'identité ou de patrie, plantes en péril, comme tant d'autres chefs-d'œuvre, plantes décimées, comme le furent tant d'éthnies réduites en servitude ou massacrées : oui décidément les hommes réservent aux plantes le sort qu'ils vouent à leurs semblables. Tantôt il les exaltent, les « cultivent », les magnifient, et alors ce sont les civilisations à leur apogée, « accoucheuses » de nouvelles civilisations végétales, faites de plantes améliorées aux propriétés performantes ou à la beauté fascinante, tantôt ils les offensent, les agressent, les écrasent, et alors ce sont les guerres, les crises, l'effondrement des empires, ou ces hécatombes d'espèces animales ou végétales si caractéristiques de notre temps... oui, décidément, c'est une profonde communauté de destins qui lie désormais, pour le meilleur et pour le pire, la plante à l'homme.

Sixième Partie

L'ÉVOLUTION

Où l'on découvre qu'il existe aussi des espèces « culturelles », et où l'on compare les mécanismes de l'évolution dans l'histoire des hommes et des plantes...

CHAPITRE 16

Un essai de parallèle entre l'évolution du judéo-christianisme et celle des plantes !

L'étrange et profonde communauté de destin qui lie, comme cet ouvrage l'atteste, les plantes et l'homme, rend désormais moins insolites et plus familières les saisissantes analogies de « mœurs » et de « comportement » des uns et des autres. Et si l'homme semble aujourd'hui exercer sur la nature un empire sans partage, c'est qu'il a sans doute oublié ses propres origines, et les lois communes de la vie auxquelles il demeure assujetti.

Cette étroite communauté de destin de l'homme et des plantes se révèle de façon particulièrement suggestive lorsqu'on se prend à comparer les mécanismes de l'évolution des plantes à ceux des sociétés humaines. Parallèle audacieux certes et jamais tenté à notre connaissance, mais qui méritait d'être risqué, tant il suggère de rapprochements surprenants et de réflexions fécondes.

Espèces biologiques et « espèces culturelles »

L'histoire du judéo-christianisme, par ses avatars et rebondissements multiples, illustre de manière saisissante les mécanismes fondamentaux de l'évolution dont les processus ne sont pas radicalement différents, qu'ils s'appliquent aux sociétés végétales, animales ou humaines. Dans tous les cas, ce sont des phénomènes du même ordre qui se produisent, mettant en jeu les mécanismes classiques dont les biologistes s'accordent aujourd'hui, pour la plupart, à considérer qu'ils jouent un rôle déterminant dans la marche de l'évolution : mutations, hybridations, sélections, isolements. C'est le jeu concomitant de tous ces mécanismes qui produisit le puissant déploiement, en forme d'épopée, de l'histoire des plantes, décrit dans un précédent ouvrage [1]. Et ce sont ces mêmes mécanismes encore qui expliquent la poussée de la vie, de ses origines jusqu'à l'homme, tels qu'ils sont décrits au premier chapitre de ce livre.

Si l'exemple du judéo-christianisme est particulièrement probant, c'est d'abord qu'il fait partie intégrante de notre culture et offre, à ce titre, des points de repère historiques auxquels il est aisé de se reporter, quelles que puissent être par ailleurs les convictions personnelles de chacun. De surcroît, cette histoire s'étend sur un temps suffisamment long (près de quatre millénaires) pour qu'il soit possible d'y discerner des processus et des phénomènes universels qui évoquent de manière frappante les mécanismes de formation et de diversification des espèces. Enfin, une religion atteint aussi l'homme dans cette part profonde de lui-même qui s'enracine dans sa biologie, dans ses « tripes », dans son *hara*, c'est-à-dire en son centre vital, quand bien même elle formalise et rationalise ses croyances en concepts intellectuels – ce qu'en Occident elle n'a que trop tendance à faire. Elle le touche dans ses profondeurs, dans son « cœur » où les Chinois localisaient l'intelligence et le dynamisme créateur de l'amour.

1. Voir : *Les Plantes : Amours et Civilisations végétales,* Fayard 2ᵉ édition, 1981.

Certes, il ne s'agira, dans les développements qui vont suivre, que de *métaphores*, puisque les espèces dont il va être question sont de natures radicalement différentes. Les unes sont des espèces biologiques, les autres des espèces « sociales » ; les unes des espèces naturelles, les autres des espèces culturelles – plus précisément, dans l'histoire que nous avons choisi de développer, « spirituelles ».

Chaque individu adhère, au moins en principe, à un ensemble de croyances et de convictions qui s'expriment le plus souvent dans des rituels et des pratiques caractéristiques de l'« espèce spirituelle » à laquelle il appartient. Mais cette adhésion s'accompagne toujours d'une certaine marge individuelle de liberté représentant ces fameuses fluctuations qui, au sein de toute population, différencient et individualisent de manière unique chacun de ses membres. Pas plus que deux individus, à quelque espèce qu'ils appartiennent, ne sont jamais exactement semblables, pas plus deux êtres humains – hormis de « vrais » jumeaux – ne seront jamais identiques, ni sur le plan biologique, ni sur les plans psychologique, social, culturel, spirituel. La preuve en est que pour les « espèces spirituelles » qui nous concernent ici, leurs exemplaires les plus hautement représentatifs, les *saints*, sont tous différents : chacun a sa propre histoire, son aventure humaine, ses charismes, au point qu'on a pu dire à leur sujet que Dieu ne se répète jamais...

Il est au demeurant tout aussi difficile de préciser avec exactitude les frontières d'une espèce biologique que de dessiner celles d'une espèce « spirituelle » ; car on les voit l'une et l'autre, par le jeu simultané de mécanismes que nous allons décrire, manifester une tendance permanente à la fluctuation, menant tôt ou tard à la naissance de nouvelles espèces, selon des lignées que l'histoire de la vie comme celle des sociétés nous permettent aujourd'hui de reconstituer.

Une mutation fondatrice

Si, comme les définissait le botaniste hollandais De Vries, les mutations sont des phénomènes « brutaux, transmissibles à la descendance et à la base de la formation de nouvelles espèces », c'est bien par un phénomène répondant à ces critères que débute le judéo-christianisme : l'appel de Dieu à Abraham, son départ d'Ur en Chaldée, son installation au pays de Canaan marquent le point de départ d'une nouvelle espèce dont, selon la promesse, les fils sont aussi innombrables que les étoiles du ciel ou les grains de sable au bord de la mer. Voilà bien une « mutation » dont la descendance s'avéra extraordinairement féconde, puisque la postérité d'Abraham compte aujourd'hui plus de deux milliards d'hommes répartis entre les trois grands courants du monothéisme : judaïsme, christianisme et islam. Le judaïsme s'établit d'abord, et avec une force surprenante, en ce Moyen-Orient agité, à travers les multiples vicissitudes de son histoire que nous relatent les chroniqueurs de l'Ancien Testament ; l'on voit le peuple juif défendre avec foi et acharnement, persévérance et obstination son patrimoine spirituel, que finalement rien ne put atteindre. Les séductions de Baal ou du Veau d'or, les déportations et les captivités, les incessantes menaces des nations païennes qui l'environnaient : rien ne put détourner le peuple juif de sa fidélité à l'alliance conclue avec Yaveh. Ce fut l'honneur du judaïsme d'avoir su maintenir envers et contre tout, à travers près de quatre mille ans d'histoire, l'intégrité de son patrimoine, aussi invariant et immuable que s'il avait été biologiquement programmé par des gènes. D'ailleurs, pour un Juif croyant, la loi mosaïque est bien le *code*, le référent fondamental auquel il adhère, qui détermine tous ses comportements et tous ses actes aussi bien dans sa conduite personnelle que dans sa vie collective. Comme chaque espèce animale ou végétale est déterminée par son code génétique, le judaïsme est régi par un code éthique et juridique rigoureux, dont on pourrait dire que chaque canon, chaque article correspond à un gène... à un gène susceptible de subir, car la comparaison se poursuit, une mutation.

Le judaïsme : une espèce endémique et panchronique

Implanté jusqu'au début de notre ère sur ce modeste lambeau de terre parallèle à la Méditerranée : la Palestine, le peuple juif présente toutes les caractéristiques d'une espèce endémique, c'est-à-dire étroitement localisée dans un espace réduit, sans réelle possibilité de diffusion et d'expansion. Mais, après la chute de Jérusalem en 70, commence le temps de la diaspora où les Juifs sont dispersés, sans perdre pour autant le sens de leur appartenance et de leur identité nationale. Après une phase endémique en Palestine, c'est une phase « panchronique » qui la relaie.

La nature, avec le palmier des Seychelles d'abord et le Ginkgo ensuite, nous donne deux modèles démonstratifs de ces deux phases. Il s'agit de deux espèces archaïques, aux possibilités évolutives quasi nulles, mais largement susceptibles d'acclimatation par suite d'interventions humaines, comme le judaïsme lui-même. La première représente une espèce typiquement endémique, exclusivement reléguée sur deux îlots de l'archipel des Seychelles, et dont nous verrons que le pouvoir de dissémination spontané est presque inexistant : le « prosélytisme » de ce palmier est aussi faible que celui de la nation juive, qui n'a jamais cherché à se propager par d'autres voies que les plus naturelles : la descendance selon la parenté. Car un juif ne cherche pas à convertir. Nombreuses sont aujourd'hui encore les ethnies anciennes, localisées sur des territoires exactement délimités et dont les traditions se transmettent de génération en génération, le plus souvent par voie orale, pratiquement inchangées depuis des millénaires. Tel fut le sort du judaïsme rivé à la terre promise malgré l'exode en Égypte et la déportation à Babylone, pendant les deux premiers millénaires de son histoire.

Plus étrange est le fait que l'éclatement de l'État hébreu et la constitution de la diaspora n'aient pas déclenché un phénomène de « radiation évolutive », c'est-à-dire un éclatement en espèces multiples, et que la foi des fils d'Israël n'ait pas dévié d'un iota, quelle qu'ait été la terre sur laquelle ils émigrèrent. On songe alors à ces rares espèces qui semblent défier l'évolution en demeurant infiniment et indéfiniment identiques à elles-mêmes, tandis qu'ailleurs tout change et que la vie va son chemin : les pan-chroniques, précisément, ces intégristes du monde vivant qui, tels ceux du jadis célèbre Mgr Lefèvre, refusent obstinément toute évolution.

Tel est le cas, par exemple, du fameux Ginkgo, dont le destin évoque curieusement celui du peuple juif ; strictement localisé aujourd'hui encore – tout au moins le dit-on – sur une infime portion du territoire chinois où il formerait ses dernières populations naturelles, le Ginkgo a ensuite été artificiellement disséminé par l'homme dans le monde entier. Cet arbre aux magnifiques feuilles en forme d'éventail d'un beau jaune d'or est le plus ancien de tous les arbres, puisqu'on le trouve déjà dans les fossiles de l'ère primaire. Il est resté inchangé depuis lors, hermétique à toute évolution, mais sans perdre pour autant une assez forte capacité compétitive, étant sans doute l'un des arbres les plus résistants à la pollution, donc l'un des mieux adaptés aux perturbations de l'ère industrielle ! Aussi le plante-t-on actuellement comme arbre d'alignement dans les villes et l'on peut admirer de superbes Ginkgos dans les artères les plus passantes de Manhattan.

New York... Ville du Ginkgo et première ville juive du monde... New York où le Ginkgo tient la rue et la communauté juive le haut du pavé ! Espèce à l'origine strictement et étroitement localisée, disséminée ultérieurement par l'homme sous les cieux les plus divers, conservant un fort pouvoir de compétitivité malgré son extrême ancienneté, et de bonnes facultés d'adaptation en milieu artificiel, c'est-à-dire en « culture », rebelle enfin depuis plus de trois cents millions d'années à toute évolution biologique, ce qui lui vaut le nom de panchronique : l'arbre aux cent écus – c'est le nom populaire du Ginkgo – symbolise assez étrangement, avouons-le, les traits attribués au judaïsme au fil de sa vieille et douloureuse histoire.

Et puis, subitement, au sein de ce judaïsme au caractère fixé, une nouvelle mutation se produit, et de taille : l'apparition du Christ.

La mutation chrétienne

La biologie nous enseigne qu'une mutation atteignant le patrimoine héréditaire d'une cellule ne peut se transmettre à la descendance que si la cellule mutée est capable de se diviser, donc de transmettre la mutation à d'autres cellules, et notamment aux cellules sexuelles qui assureront sa transmission aux générations suivantes. Nous voici fort loin, semble-t-il, de Jésus-Christ ! Si tant est que l'on puisse se permettre de le considérer comme un « mutant », notons d'abord que la transmission de la mutation faillit bien échouer ; car il est clair que si le monstrueux infanticide d'Hérode le Grand avait réussi, le christianisme n'aurait jamais vu le jour. Mais Jésus échappa au tyran. Notons ensuite que la mutation étant de l'ordre de l'esprit, il convient de prendre ici le mot dans son sens social, le plus courant à vrai dire, celui que nous employons chaque jour en dégoisant sur nos sociétés « en mutation » ! Or, la mutation chrétienne fut transmise par la parole, le Verbe, dont le prologue de l'Évangile de Jean nous rappelle qu'il était dès le commencement auprès de Dieu... avant d'être chair, et de *se faire chair.*

Pourquoi les mécanismes de sélection naturelle, qui tendent sans cesse à conserver les individus et les espèces les plus compétitifs ou les mieux adaptés au détriment des autres, favorisèrent-ils à ce point le jeune christianisme : qui le dira jamais ? Le croyant verra là le secret de Dieu. Car on a trop oublié que le Christ n'était que l'un de ces innombrables prophètes qui faisaient florès à cette époque, surgissant au sein du peuple juif, s'entourant de disciples, attirant les foules et les exhortant, dans un climat de fermentation et de ferveur politico-religieuse particulièrement virulent et fécond. L'histoire a oublié leurs noms et leurs œuvres, qui ne s'inscrivent plus que dans les études savantes de quelques spécialistes. L'effervescence du peuple juif humilié dans sa dignité nationale par la toute-puissance de Rome suscitait en effet de multiples groupes, d'innombrables sectes à vocation politique ou religieuse. Bref, nombreuses étaient potentiellement les nouvelles « espèces » en germe sur les marges de l'Empire !

Ce processus d'élaboration de nouvelles espèces se produisait conformément à la fameuse théorie de l'« évolution par les marges » : c'est là, en effet, que se forment des « isolats » actifs, de petits groupes de population se détachant de la population dominante et formant des minorités agissantes, dont l'une finit par l'emporter, éliminant les formes nouvelles apparues simultanément, et finissant par remplacer les formes anciennes au sein desquelles elles virent le jour. Tel fut bien le cas du christianisme. Car seul demeure, dure et perdure, sans que nul n'ose vraiment le critiquer au fond, le message du Christ. N'est-il point le seul homme à avoir réussi, à travers l'histoire de toute l'humanité, cette performance unique d'avoir, quelques décennies après une mort ignominieuse qui parut sanctionner un échec total, suscité des disciples innombrables, voyant en Lui non plus seulement un homme, mais un Dieu, bien qu'il ne se soit pourtant jamais explicitement proclamé tel, bien qu'il se fût affirmé « le fils de Dieu ». Certes, la Rome antique déifiait l'Empereur après sa mort : mais il était le chef, et non un gueux crucifié... Et, de surcroît, personne n'y croyait trop !

On peut imaginer pourquoi la sélection favorisa à ce point le christianisme au détriment des religions antiques : celles-ci ne pouvaient donner de la condition humaine qu'une interprétation profondément pessimiste, qui s'incarne au mieux dans la tradition stoïcienne, au pire dans le spectacle de la décadence romaine. On se souvient du propos désabusé d'Aristote, disant de l'homme qu'il eût mieux valu, pour chacun, de n'être point né ; et, dès lors que cet événement se produit, que sa vie soit la plus brève possible ! En vérité, les Anciens grecs ou romains ne croyaient guère aux dieux anthropomorphiques de leur mythologie, dieux créés à leur image et ressemblance, à l'inverse du Dieu d'Israël dont les Juifs assuraient qu'Il avait, au contraire, créé l'homme à sa propre image.

Le christianisme, comme toute espèce nouvelle, commença à s'implanter aux franges de l'Empire. Son influence s'exerça d'abord sur les couches les plus défavorisées de la société, allégeant le statut moral des esclaves et des femmes, convertissant les barbares et minant les bases de l'Empire jusqu'à provoquer son effondrement. Le message nouveau répondait à l'attente peut-être inconsciente d'un monde dans lequel il connut une expansion quasi épidémique, dont aucune des grandes vagues de persécution ne put venir à bout : car il était, au sens exact du terme, une « Bonne Nouvelle ».

Où l'on compare la diffusion du christianisme à celle des noix de coco !

En quelques siècles, le christianisme se répand dans tout l'Empire, et si le judaïsme, par sa faible compétitivité et son fort conservatisme, évoque le cocotier des Seychelles, c'est au cocotier tout court, toute révérence gardée, que fait songer la nouvelle religion. L'arbre, originaire des îles du Pacifique, a en effet conquis les littoraux de toute la ceinture intertropicale. Car ses noix, à l'inverse de celles de son cousin des Seychelles, ont, grâce à leur revêtement fibreux, la capacité de nager et de parcourir les océans. Ainsi va le cocotier d'îlot en îlot et de plage en plage : la propagation par voie maritime de cet arbre extraordinairement cosmo-polite ne fait aucun doute, puisqu'on a pu le repérer sur tel ou tel îlot totalement isolé, depuis toujours inhabité, sur lequel de surcroît ne pousse parfois qu'un seul palmier isolé dont il fallait bien que la graine vînt de quelque part ! La noix de coco véhicule ainsi le cocotier avec un zèle comparable à celui de Saint Paul, navigateur audacieux et zélateur convaincu de la foi chrétienne.

Sous Constantin, la nouvelle espèce a déjà gagné tout le monde romain. Mais elle a subi aussi de multiples influences ; débordant largement le cadre étroit du judaïsme au sein duquel elle avait pris naissance, elle rencontre la pensée grecque et « s'hybride » plus ou moins avec elle, en ce sens qu'elle la « baptise », mais qu'elle intègre aussi certaines de ses valeurs : le message évangélique subit l'influence de l'idéalisme platonicien et du dualisme, contenant en germe le manichéisme, cette fameuse opposition de la chair et de l'esprit, si profondément étrangère à la pensée juive et à ses toutes premières sources. En même temps, la nouvelle religion se coule dans le cadre juridique et administratif du droit romain et l'on voit les Pères de l'Église s'évertuer à préciser, à définir et à tenter de délimiter les contours de l'espèce, tant sont nombreux et menaçants les risques de contamination et d'hybridation susceptibles de corrompre la pureté initiale du message. Les conciles se succèdent, chacun précisant davantage les caractères de l'espèce nouvelle, tout comme le font les botanistes quand ils décrivent une espèce et délimitent les « frontières » qui la séparent de ses voisines. La sélection joue alors à plein : les hybrides que la nouvelle foi produit avec d'autres croyances, les mutants qui surgissent çà et là en son sein sous l'influence de zélateurs inspirés, ici qualifiés d'hérésies, sont systématiquement éradiqués. Les conciles se livrent à un épuisant travail de désherbage pour préserver de tous gènes étrangers la nouvelle espèce. Pendant la longue histoire du catholicisme romain, les conciles jouèrent ainsi le rôle d'un horticulteur à qui eût été confié la mission de prémunir contre tout risque de contamination génétique les caractéristiques de l'espèce, afin d'éviter que des pollens étrangers ne viennent en altérer, par quelque fâcheuse et illégitime hybridation, la pureté initiale.

L'islam, premier compétiteur sérieux

Mais voici que la nouvelle religion connaît brusquement, sur son flanc sud, l'irruption d'un compétiteur extraordinairement dynamique : l'islam. En moins d'un siècle, celui-ci remplace les communautés chrétiennes du Nord de l'Afrique et de l'Espagne, avec la rage compétitive de la jacinthe d'eau, la reine des envahisseuses dont il fut longuement question plus haut ; celle-ci ne mit guère plus de temps pour envahir, venant de l'Amazone, les rivières, lacs et plans d'eau de toutes les zones intertropicales du monde, ne laissant jamais la moindre chance à une autre espèce aquatique de se maintenir à ses côtés. L'islam se répand de manière analogue : au galop de ses cavaliers, hardis et fiers conquérants, qui n'hésitent pas à passer au fil de l'épée quiconque a le front de vouloir contenir sa poussée historique. Si le christianisme à ses débuts s'était imposé par la non-violence, à la manière des noix de coco paisiblement disséminées à la surface des eaux, et en n'engageant de lutte avec personne, l'islam, au contraire, eut l'efficacité brutale et cruelle de la jacinthe d'eau, incroyablement prolifique et conquérante, à laquelle aucune espèce jamais n'a pu résister ; d'où les populations pures dont elle offre généralement le spectacle, après élimination de tous ses compétiteurs, à la manière des ayatollahs !.

Ainsi l'Islam reste-t-il, aujourd'hui encore, une espèce en pleine expansion et de grande vitalité, d'où surgissent ici et là des foyers épidémiques virulents produisant de vastes turbulences : une espèce puissante et conquérante solidemment implantée dans le vieux monde.

Le grand schisme, ou la naissance de deux espèces de christianisme

Voici donc le christianisme éliminé d'Afrique, à l'exclusion de quelques îlots miraculeusement préservés de l'invasion des cavaliers arabes [1]. Sa position n'est guère meilleure en Europe où les grandes invasions venues du Nord et de L'Est menacent son unité, en même temps qu'elles achèvent de disloquer la cohésion territoriale de l'Empire romain, éclaté depuis le IVe siècle entre deux pôles : Rome et Byzance. La déliquescence de l'empire d'Occident, l'insécurité, l'isolement réduisent et limitent les contacts entre Orient et Occident : les liens se relâchent, les rapports se

1. Ces îlots relictuels évoquent la flore des tourbières, vestige en Europe tempérée, de l'époque glaciaire, et dont l'habitat naturel se situe aujourd'hui bien plus au Nord.

distendent. Entre le pape et le patriarche de Constantinople, des querelles éclatent, car le brassage des hommes et des idées se fait mal et ne permet plus une diffusion homogène des informations ; bref, Rome et Byzance évoluent désormais chacune pour son propre compte et dans son propre environnement culturel. Il est dès lors inévitable que les divergences s'aggravent, et, à la fin du premier millénaire, la différence constatée dans l'expression de la foi, son contenu, ses rites, ses pratiques, est telle que le schisme est consommé en 1054. Le christianisme a éclaté en deux espèces : la catholique à Rome et l'orthodoxe à Byzance.

Le mécanisme de l'isolement, si caractéristique de la formation des espèces, a joué ici à plein, formant un couple d'espèces voisines qui s'excluent mutuellement, chacune sur son territoire propre, et qui possèdent chacune leur patrimoine, en l'occurrence leurs rites, leur culture, leurs croyances, leurs traditions. Si l'interfécondité reste bien, en biologie, le critère ultime d'appartenance de deux individus à une même espèce, l'excommunication du patriarche de Constantinople par le pape fit tomber entre Rome et Byzance – entre le catholicisme romain et l'orthodoxie – une barrière désormais infranchissable, aussi stricte que les barrières génétiques qui empêchent des individus d'espèces voisines de s'interféconder.

L'importance des phénomènes d'isolement

L'histoire de l'évolution nous fournit de nombreux exemples de ces phénomènes d'isolement qui séparent des espèces initialement uniques en deux espèces voisines, mais distinctes l'une de l'autre. Ce processus a joué pour la plupart des espèces qui peuplaient l'Ancien Monde, lorsque commença à se creuser, il y a en gros trente millions d'années, l'océan Atlantique. La plupart de nos arbres familiers, les hêtres, les chênes, les platanes virent alors leur aire de répartition séparée en deux par un fossé marin de plus en plus large. Ces arbres se mirent donc à évoluer séparément de part et d'autre de cette barrière d'isolement, et finirent par donner des espèces différentes, formant des « couples séparés » tels qu'on en rencontre entre l'Europe et l'Amérique du Nord. Le cas du platane est particulièrement significatif, puisque l'on décrit traditionnellement un couple formé du platane d'Orient, répandu à l'état naturel de l'Asie Mineure à l'Himalaya, et du platane d'Occident, répandu spontanément du Mexique au Canada. Tandis que le premier correspondrait à l'orthodoxie, le second serait plutôt d'obédience catholique ! Mais ils ont été réhybridés entre eux et abondamment plantés dans de nombreuses régions, l'homme venant en quelque sorte brouiller les pistes de la nature...

Ces deux platanes forment ce que les biologistes appellent un couple de « vicariants » ; vicariant dérive de *vicarius,* le remplaçant (le vicaire). Les deux espèces du couple se remplacent en effet mutuellement sur leurs territoires respectifs, occupant des niches écologiques équivalentes. On trouve de même, dans les deux espèces de christianisme désormais séparées, de tels vicariants : un saint François d'Assise trouve par exemple son équivalent, son « vicariant » dans l'orthodoxie en la personne d'un saint Séraphin de Sarov ; bien qu'ayant vécu plus vieux, ce dernier fut aussi un moine célèbre et un saint ermite aux charismes multiples, y compris celui de parler aux plantes et aux animaux et d'apprivoiser les ours de la forêt de Sarov comme saint François apprivoisa le loup de Gubbio...

On sous-estime généralement, dans l'étude des mécanismes évolutifs, qu'ils s'appliquent à la nature ou à l'humanité, l'importance des barrières d'isolement. Pourtant, des systèmes politiques très puissants ne fondent leur pérennité que sur le maintien systématique de telles barrières. Le rideau de fer ou le mur de Berlin aujourd'hui, le rideau de bambou hier, matérialisent de manière fort suggestive ces barrières derrière lesquelles des peuples et des idéologies se referment, formant des systèmes clos, refusant toute influence extérieure suspectée de mettre en péril leur propre équilibre. Ces barrières idéologiques et politiques interdisent aux cultures et aux idéologies ainsi « préservées » de s'hybrider par échange d'idées et d'informations : elles sont aussi hermétiques que les barrières sexuelles qui interdisent à des espèces dont les patrimoines héréditaires sont trop différents de s'interféconder. Dans les deux cas, la stérilité ne tarde pas à sanctionner l'absence d'échanges et de communications.

Mais les barrières ne sont pas toujours identifiables par leurs effets de frontière ni par la brutalité avec laquelle elles s'inscrivent sur le terrain ; elles peuvent également traverser le maillage subtil qui découpe en tous sens les sociétés démocratiques les plus évoluées : les classes sociales, les disciplines scientifiques, les spécialisations professionnelles à plus ou moins haut niveau de technicité sont autant de barrières isolant et différenciant, au sein d'une même société, des groupes humains selon des mécanismes qui évoquent tout à fait ceux de la formation des espèces.

Océans et montagnes sont des rideaux de fer ou de bambou qui fractionnent les populations et séparent les hommes et leurs civilisations, comme les animaux et les plantes. Il arrive que l'évolution de part et d'autre de l'obstacle soit fort lente. Les platanes d'Orient et d'Occident ont évolué, chacun pour son propre compte, depuis la formation de l'Atlantique, mais avec une lenteur telle que les deux espèces sont encore interfertiles, ce qui est tout à fait surprenant. Le français parlé au Canada s'est différencié plus vite et n'est déjà plus tout à fait le nôtre, comme d'ailleurs les hêtres qui y poussent et qui ne s'apparentent guère plus à ceux de France.

La Réforme

Après le schisme, la Réforme : voici le catholicisme romain à son tour menacé, puis victime d'une nouvelle scission. Les Luther, Les Calvin, nouveaux mutants, se séparent de l'espèce à laquelle ils appartiennent et engagent un processus évolutif qui ne va pas sans évoquer, par certains aspects, l'histoire de la Spartine d'Angleterre. Cette herbe vivace des vases littorales, dont il a été question plus haut, est la seule espèce sauvage née à l'époque moderne, sous nos yeux, et dont on a pu parfaitement reconstituer l'origine ; elle a pratiquement réussi à éliminer, en moins d'un siècle, les deux autres espèces de Spartine qui colonisaient avant elle les vases littorales de l'Atlantique et de la Manche, et dont elle est un hybride. Or, cet hybride élimine avec une ardeur particulière et sur de vastes territoires les deux Spartines dont il dérive, comme le firent Calvin ou Luther du catholicisme, évacué lui aussi d'amples zones, notamment anglo-saxonnes où la religion réformée le supplante parfois complètement. On songe aussi à Henri VIII qui n'hésita pas à fonder l'anglicanisme en se séparant de Rome. Toujours en Europe du Nord, la manière dont les bouleaux et les pins remplacent les landes à Callune, sorte de bruyère, illustre ces phénomènes de remplacement par compétition qui jouèrent aux grandes heures de la Réforme et modifièrent si radicalement la carte religieuse de l'Europe. Mais faute d'une instance sélective et conservatrice comparable à celle de Rome, les Églises issues de la Réforme connurent un foisonnement et un bourgeonnement – on dirait en biologie une « radiation évolutive » – particulièrement intenses. D'innombrables espèces diverses de protestantisme virent alors le jour, chacune représentant une forme nouvelle d'un christianisme devenu désormais aussi riche en espèces séparées que peut l'être une grande famille botanique !

Les hybridations de la Renaissance

Mais l'histoire ne devait pas s'arrêter là. La Renaissance, en ouvrant l'ère des grandes découvertes, parmi lesquelles celle de la route maritime des Indes et de l'Amérique ne fut point la moindre, allait marquer le début de nouvelles vagues d'expansion. Le christianisme entrait en contact avec des civilisations ou des formes de pensée radicalement différentes, avec lesquelles il finit par s'hybrider avec plus ou moins de bonheur. On connaît les aléas de l'évangélisation de la Chine par les jésuites au XVIIᵉ siècle, et le coup d'arrêt brutal que Rome donna aux initiatives des disciples de saint François Xavier, dans le but de conserver intact, dans son fond mais aussi dans sa forme, le patrimoine de l'Église romaine. Les papes réprimèrent avec obstination toute tentative qui aurait pu introduire au sein du catholicisme des « gènes » venus d'ailleurs, risquant de compromettre la pureté du dogme.

Et pourtant, l'extension du catholicisme en Amérique latine aboutit à des « hybridations » spectaculaires entre les apports des missionnaires et les traditions des populations qu'ils entendaient convertir à la religion nouvelle. Le Mexique donne l'exemple de multiples cas de ce genre où la nouvelle religion, n'ayant pas réussi à éradiquer l'ancienne, a fini par faire bon ménage avec elle. C'est ainsi que s'organisèrent et que se pratiquent toujours, autour de cactus hallucinogènes comme le peyotl, ou de champignons hallucinogènes comme les Psilocybes, des cultes typiquement syncrétiques, où l'on relève des croyances suggestives et naïves comme celles-ci : « Là où une goutte du sang du Christ pendant la Passion est tombée, il poussait un champignon [1] ». Ce qui prouve bien que, malgré la vigilance du puissant appareil hiérarchique du catholicisme, l'obstination

---

1 Voir, sur ce thème, mon ouvrage, *Drogues et Plantes magiques*, Fayard 1983, 3ᵉ éd.

de la vie à compliquer les choses, à combiner et à recombiner les croyances comme les gènes, finit toujours par persister. Et les missionnaires de déployer tous leurs efforts pour éradiquer ces pratiques odieuses, souvent qualifiées de diaboliques. C'est l'époque de l'Église des missions, d'une progression quasi épidémique et conquérante de la foi dans le Nouveau Monde, faisant reculer devant elle les animismes et les « vieux paganismes ». Des confrontations analogues avaient d'ailleurs eu lieu beaucoup plus tôt en Europe, où le christianisme rebaptisa et reprit à son compte hauts lieux et fêtes populaires, calquant le calendrier des fêtes liturgiques sur celui des fêtes païennes, et construisant ses églises sur les ruines de temples dédiés aux divinités antiques.

« Echanges de gènes » et introgressions

Vient le XIXᵉ siècle et, avec lui, de Hegel à Feuerbach, Nietzsche, Engels et Marx, les philosophes de la mort de Dieu. Une nouvelle barrière d'isolement s'érige brutalement entre le christianisme et la pensée moderne. Pour la première fois depuis plus de quinze siècles, les églises se vident, la pratique religieuse recule et le christianisme devient minoritaire, faisant figure d'isolat culturel, d'espèce relictuelle ! Pourtant, tout au long de son histoire, il n'avait cessé d'être traversé de courants divers : il en fut ainsi de l'épisode tragique du jansénisme, du gallicanisme et, plus proche de nous, du modernisme. Aucune de ces déviations, de ces « petites espèces », ne réussit cependant à s'imposer et à mettre en péril le christianisme tout entier, dans son essence et dans son existence, comme le firent les philosophies dites de la mort de Dieu, et en particulier le marxisme. Celui-ci est d'ailleurs un saisissant décalque de la tradition judéo-chrétienne qui avait si puissamment influencé Marx dans sa jeunesse.

Profitant de l'occasion offerte par la première révolution industrielle et par le bouleversement des conditions de vie et de travail qu'elle entraîna en quelques décennies, Marx développa ses idées sur la lutte des classes, expression sociale de la compétition biologique telle qu'elle est à l'œuvre aussi bien chez les plantes que chez les animaux. Il insiste sur le sens de l'histoire, elle aussi désormais « travaillée » par l'évolution au même titre que la nature. Mais les processus sociaux amplifient et accélèrent les phénomènes biologiques. Ainsi, tout « naturellement », l'évolution débouche sur la révolution. La dictature du prolétariat, présentée comme inéluctable par l'auteur du *Capital,* annonce la dominance prochaine d'un nouveau groupe : comme les plantes à fleurs ont succédé aux fougères, ou les mammifères aux reptiles, le prolétariat succédera à la bourgeoisie qui détrôna jadis la féodalité ; et c'est en ce grand soir que se manifestera à ses yeux le sens de l'histoire, son accomplissement. Bref, Marx « politise la nature » et applique à l'évolution sociale, plus ou moins consciemment, les idées nouvelles qui, grâce à l'œuvre de Darwin, avaient bouleversé de fond en comble la biologie quelques années plus tôt.

On retrouve cependant en filigrane, dans ce schéma, l'essentiel de la tradition judéo-chrétienne, transposée en quelque sorte « du ciel à la terre » : le sens de l'histoire, c'est l'idée du peuple en marche ; la lutte des classes vise à faire régner enfin la justice et l'égalité au sein d'une société sans classe ; et le grand soir est l'avènement de cette société, l'équivalent de l'instauration de la Terre nouvelle et des Cieux nouveaux dont parle l'Apocalypse...

Bref, le communisme est un nouveau messianisme [1]. Comme une religion, il saisit l'homme

---

1 Comme le constatait si pertinemment le pasteur Wilfried Monod : « d'un côté un messie sans messianisme (les églises), de l'autre un messianisme sans messie (le socialisme) – Communication personnelle –

dans sa totalité, réconciliant foi et politique, science et philosophie, pensée et action. Et comme tout système, il sécrète aussi ses clercs, sa hiérarchie, ses notables, sa morale, ses valeurs normatives : de nouvelles Églises naissent sous nos yeux, plus intransigeantes encore que celles d'hier.

Ainsi conçu, le marxisme est le type même d'un hybride fécond entre le judéo-christianisme et la pensée scientifique du XIXe siècle. C'est là un mode classique de formation des espèces : on connaît un iris, une rose, un chiendent [1] qui se formèrent de cette manière, par hybridation de deux espèces voisines ayant suffisamment d'affinités génétiques pour se croiser.

Et l'on connaît aussi de telles espèces qui se rehybridèrent à leur tour avec l'un de leurs parents. C'est ce que ne manqua pas de faire le marxisme. Aussi vit-on bientôt fleurir, entre le christianisme et le marxisme, toutes les variétés de progressismes comme autant d'hybrides résultant d'un « échange de gènes ». Car c'est aussi un fait d'expérience courante en biologie que des espèces peuvent échanger, sur leur frontière et par voie sexuée, des gènes avec des espèces voisines, une certaine zone d'interfertilité subsistant entre elles. La pénétration, par ce biais, des gènes d'une espèce dans une autre est qualifiée d'*introgression*, et le moins que l'on puisse dire, c'est que l'introgression marxiste dans le catholicisme, voici une vingtaine d'années, fut d'une surprenante efficacité, au point que l'on pouvait superposer les modèles d'organisation des deux grandes institutions, sinon le contenu de leur foi : modèles ultracentralisés dans les deux cas, avec militants, cellules de base, pénétration de chaque milieu par des mouvements *ad hoc*, etc. et, naturellement, les inévitables couples de vicariants : Union des femmes françaises et Action catholique féminine, Secours catholique et Secours

---

1. *Iris versicolor, Rosa wilsonii, Agropyrum junceum.*

populaire français, et, tout au sommet de la hiérarchie, sauf le respect que méritent ces vénérables institutions, le synode des évêques et le comité central... Sans oublier, à l'autre bout, les Cœurs vaillants, mouvement de l'enfance, pendant des francs et franches camarades. Avec en arrière-plan, tout au sommet de la pyramide, Rome et Moscou ; et, dans les deux cas, l'immense dévouement des « militants ». Des études fines, comme celles que firent les botanistes à grand renfort d'ordinateurs sur une plante américaine : *Oxytropis albiflora*, espèce fortement introgressée, auraient à la limite permis, à des sociologues qui eussent ignoré l'existence même du marxisme, d'en établir le « portrait-robot » par la seule étude des caractères introgressés dans le catholicisme !

En revanche, le catholicisme n'introgressait point le marxisme que sa jeunesse protégeait encore de toute contamination. Bien plus, ce dernier remplaçait le catholicisme sur son aire, c'est-à-dire dans les pays latins – France, Italie, Espagne, etc. – où il avait prospéré. Les deux religions continuent d'ailleurs de s'y livrer une guerre sans merci, perdant l'une et l'autre du terrain au profit d'un troisième larron, en passe de les supplanter : le parti « attrape-tout » de l'indifférence et de l'égoïsme.

Mais au rythme où vont les choses dans les sociétés de médias, la jeunesse n'est plus garante de pérennité. Aussi voit-on le communisme subir depuis quelques décennies une évolution comparable à celle du christianisme, mais à un rythme accéléré. Moscou, la deuxième Rome, n'a pas su, mieux que la première, demeurer le centre unique du mouvement. A l'Est, Pékin est une nouvelle Constantinople scandaleusement schismatique, tandis qu'à l'Ouest, les tendances centrifuges s'affirment avec vigueur : le jeu subtil des réformes et des contre-réformes se développe sous nos yeux, avec les excommunications mutuelles qu'elles appellent.

Ainsi la vie combine, hybride, échange, sélectionne, isole... Et ces lois s'imposent à ce point qu'elles finissent paradoxalement par infliger aux espèces « culturelles » un déterminisme aussi rigoureux que celui qui pèse sur les espèces biologiques. Tel est le cas, on l'a vu, du judaïsme. Tel est aussi le cas du catholicisme dont un pape venu de l'Est, doué d'une énergie peu commune, renforce néanmoins certaines rigidités historiques qu'un autre pape aux allures bon enfant, mais mystique, avait ébranlées vingt ans plus tôt. Car les hommes ne cessent d'ériger des lignes de démarcation, des frontières, des barrières, comme la nature le fait avec les espèces, afin de séparer le plus hermétiquement possible des groupes humains ou des entités intellectuelles dont on entend bien qu'elles ne subissent aucune contamination extérieure. Le juridisme, le nationalisme, le dogmatisme illustrent cette manière de faire : l'homme reproduit inconsciemment le modèle biologique ancestral qui suppose la séparation et conduit à la ségrégation de la vie en espèces autonomes distinctes.

Le poids du fardeau génétique

Ainsi le mouvement œcuménique est-il bloqué par l'histoire propre à chaque religion, qui équivaut en fait à une accumulation de gènes hérités du passé ; chaque religion porte le poids de son pesant passé ; elle accumule les lourds déterminismes culturels qui ont stratifié d'âge en âge ; dans le cas du catholicisme romain, la structure et les règles canoniques régissant la discipline et les mœurs correspondent de manière surprenante à un puissant déterminisme génétique, puisqu'elles paraissent immuables au point que les conciles eux-mêmes ne paraissent point aptes à leur faire subir de sensibles mutations. Ainsi le maintien obstiné de la règle du célibat des prêtres n'a pas grand-chose à voir avec le message révélé, et l'interdiction faite aux divorcés de se remarier, si elle découle d'une très haute idée du mariage, illustre néanmoins cette attitude très catholique de réglementer en fonction du souhaitable, sans suffisamment prendre en compte l'humble réalité de la vie.

Mais on découvre ici une autre loi, tout à fait classique de la biologie : c'est la lenteur avec laquelle évolue tout ce qui a trait à la sexualité. Chez les animaux comme chez les plantes, l'appareil sexuel évolue beaucoup moins vite que les autres organes, infiniment plus souples, plus adaptables... comme si la vie craignait de prendre des risques en un domaine où, plus qu'en tout autre, la moindre erreur est fatale. Dans l'Église, les tabous touchant aux mœurs sont restés inébranlables, alors que la liturgie, le culte, l'organisation s'adaptaient à l'air du temps. Cette incapacité presque atavique d'évoluer sur des questions concernant aussi directement le vécu quotidien des fidèles est d'autant plus curieuse que le judéo-christianisme est sans doute la seule tradition religieuse au monde fondée sur l'idée d'un peuple en marche, d'une histoire en devenir, d'une aventure collective dirigée vers une fin. Bref, il intègre l'idée d'évolution, même si le poids de son passé historique finit par freiner cette dynamique. Aussi assiste-t-on à une bien curieuse distorsion entre les discours officiels et les réalités de la vie, entre les discours des pontifes et les humbles conseils des confesseurs, cette humilité faisant peut-être, bien plus que tout autre discours, la réelle grandeur du christianisme. Ici apparaît la tragique incapacité des hommes à se libérer des pièges dans lesquels ils s'emprisonnent eux-mêmes et dont ils ne se libèrent généralement qu'à travers des conflits, des crises et des guerres. Le fameux « Tout est possible à Dieu » impliquerait-il que tout ne le soit pas aux hommes ? On sait le sort que ceux-ci réservèrent au Christ et à Socrate qui avaient osé défier les déterminismes sociaux ou religieux de leur temps ! Comment faire pour songer enfin à éduquer les consciences, dans ce monde païen et décadent, autrement que par la sempiternelle répétition des interdits ?

Quel avenir ?

Pourtant, parce qu'il est une société humaine, donc un organisme vivant, le christianisme évoluera. Les croyants ajouteront que la promesse de salut qui est son legs est une raison supplémentaire de miser sur son avenir en toute confiance. Mais comment se feront ces évolutions nécessaires ? Une espèce, un système n'évolue jamais en son centre. Telle est la loi biologique. Telle est aussi l'image que donne le Vatican, qu'on ne saurait assimiler à un pôle de haute évolution. Or, ce sont souvent des groupes marginaux qui conservent dans la nature les possibilités évolutives les plus vastes : aussi cherchera-t-on là les potentialités évolutives susceptibles de permettre de nouvelles poussées de la vie. Là, c'est-à-dire « à la base », au sein de petits groupes novateurs, relativement libérés du poids des structures et des hiérarchies, et qui sauront peut-être mieux discerner entre la paille et le grain, entre l'originalité unique du message et les adjonctions contingentes d'une longue et lourde histoire. De tels groupes s'intitulent d'ailleurs parfois eux-mêmes « Le Renouveau »... D'autres, inorganisés, naissent de cette base et suscitent çà et là de nouvelles expériences, de nouvelles espérances...

Mais il y aura aussi les rejets de souche, comme en fait l'olivier, de nouveaux jaillissements s'accomplissant par un retour aux sources auquel aspirent de plus en plus d'hommes. Les spécialistes de l'histoire des religions affirment que toute grande religion a tendance à se fossiliser à l'âge de deux mille ans ; pour survivre, un seul remède : repartir des origines, renouer avec la tradition des premiers siècles, autre loi en tout point conforme avec ce que l'on sait de l'évolution biologique où les grandes nouveautés n'apparaissent jamais dans les groupes très évolués, au sommet d'un axe évolutif, mais toujours au contraire à la base, parmi des groupes archaïques, stables, mais gonflés de sève évolutive. N'est-ce pas dans une famille aux caractères très archaïques qu'apparaît déjà l'organe qui, dans l'histoire de l'évolution végétale, succédera un jour au fruit, alors que cette nouveauté ne se dessine nulle part ailleurs dans les autres familles évoluées du même groupe [1] ? Ainsi, l'avenir du christianisme est dans ses origines, l'Évangile et les Pères de l'Église.

Il en est sans doute de même de l'avenir des sociétés industrielles, dont il paraît peu probable qu'il s'inscrive dans l'axe ou la « flèche » de quelque évolution glorieusement linéaire de l'humanité, telle que la célébraient au siècle dernier les pères du marxisme. Tout laisse penser au contraire que les progrès de la science et de la technique occidentales aboutiront à un cul-de-sac géopolitique plus ou moins dramatique. L'évolution repartira alors de la base, car tout ce qui est surévolué n'évolue plus, sinon en apparence. Tel est le cas en botanique des familles de fin de lignée, les plus sophistiquées, les plus perfectionnées, comme les Orchidées par exemple, au sujet desquelles il convient de se rappeler le mot célèbre de Goethe : « L'extrême perfectionnement de la forme entraîne aussi une extrême fragilité. » Tel sera sans doute le cas des sociétés de la communication, ultime invention et ultime avatar des sociétés industrielles, qui cachent de plus en plus mal leur fragilité derrière le ronron quotidien de l'hymne au progrès.

1. On se reportera sur ce thème à *Les Plantes : Amours et Civilisations végétales*, Fayard, 2ᵉ éd., 1981.

Éloge de la différence

Ainsi, à l'issue de cette longue histoire en forme de métaphore où se mélangent et s'entrecroisent analogies et homologies, comparaisons critiques et parallèles audacieux entre évolution biologique et évolution sociale, une première constatation s'impose : si les religions visent toutes au salut des hommes, elles n'échappent pas pour autant aux lois qui les régissent ; leur diversité est à l'image même de celle des groupes humains, eux-mêmes à l'image de la diversité des groupes biologiques et des espèces naturelles. Le christianisme n'échappe pas à cette loi. L'histoire du salut se développe selon les lois mêmes de l'histoire naturelle, à savoir celles de la diversification, de la mobilité et du changement.

Dès son origine, le christianisme s'est édifié sur un modèle proprement biologique et écologique. C'est en effet aux Églises locales que saint Paul adresse ses épîtres lorsqu'il écrit aux Galates, aux Corinthiens, aux Éphésiens, aux Colossiens, aux Romains, etc. Chacune de ces Églises locales était traitée comme telle, en fonction des données qui lui étaient propres : communion dans une même foi, certes, mais respect des particularismes. Ce type d'organisation s'est maintenu durant des siècles et se maintient encore dans l'orthodoxie qui regroupe dans une même communauté de foi une douzaine d'églises « autocéphales », c'est-à-dire autonomes. Le modèle unitaire, hiérarchique et centralisé du catholicisme romain, version occidentale du christianisme, a été calqué sur le modèle de la centralisation impériale imposée par les empereurs du Saint-Empire, et par Charlemagne en premier. A partir de là s'est élaboré un système hiérarchiquement centralisé et unitaire, étendant le même modèle d'organisation à l'échelon planétaire, sans prendre en compte la diversité des peuples et des cultures : d'où cette étrangeté que le plus petit État du monde, enclavé dans la ville de Rome, légifère pour la planète entière et réglemente jusque dans ce qu'elle a de plus intime la vie des clercs et des laïcs, qu'ils soient peuls ou chinois, américains ou africains... L'islam, il est vrai, en fait autant, mais avec une organisation moins pyramidale. Étrange et fâcheuse tendance à l'alignement et à l'unification qui contrarie la tendance naturelle à la diversité et évoque l'envahissement de toute la planète par les champs de maïs, ou encore par les forêts d'épicéas à l'alignement quasi militaire, gérées par des ingénieurs ayant pour critère la rentabilité plus que l'adaptation écologique de l'arbre à sa terre. En l'occurrence, cette rentabilité n'est pas discutable ; par ses missions, le catholicisme apparaît bien comme une version conquérante du christianisme, fondée sur une organisation efficace évoquant celle de l'Empire romain, puis du Saint-Empire romain germanique sur laquelle d'ailleurs elle s'est calquée. Version épidémique et contagieuse à laquelle s'oppose l'endémisme de l'orthodoxie, Église peu missionnaire, rivée à ses terroirs et à ses sources, attentive à conserver intacte la tradition des tout premiers siècles et fort méfiante vis-à-vis de toute évolution, organisant ses églises de façon moins rationnelle, moins planifiée, plus intuitive, plus affective, ... voire dans le plus parfait désordre, comme l'illustrent bien les fameuses querelles byzantines...

L'Église catholique est au contraire une institution typiquement occidentale, où l'on voit s'exercer la puissance organisatrice qui structure et contrebat la diversité naturelle. Cette même attitude face à la nature et à la vie a sous-tendu les sociétés industrielles dans leur puissant élan, mais également dans le conflit qui les oppose à la création et que les mouvements écologiques ont contribué à mettre en lumière. La vie pourtant ne cesse de reprendre ses droits : ne voit-on pas, au sein de l'Église la plus centralisée du monde, fleurir les ordres religieux, siècle après siècle, chacun jaloux d'affirmer son identité et de se différencier, ne serait-ce que par sa règle, la coupe et la couleur de sa bure ou de sa soutane...

Il est surprenant que l'on puisse s'étonner de la diversification du christianisme à travers le temps et l'espace. L'inverse eût en vérité été bien plus surprenant ! Car la vie crée la diversité à sa propre image. Aussi n'y a-t-il aucun scandale, ni pour les croyants, ni pour les incroyants, à ce que l'Église du Christ nous apparaisse sous divers visages. Le seul véritable scandale en la matière serait de trouver la diversité scandaleuse ! Et s'il devait y en avoir un second, ce serait de ne point considérer cette diversité comme une richesse et de vouloir à tout prix la nier ou la réduire au nom d'un principe d'ordre et d'unité ; l'œcuménisme est la réponse logique de l'esprit humain à la diversité naturelle des courants historiques : son but n'est point de nier la diversité, mais bien plutôt de la servir dans un profond respect des différences. Le seul véritable scandale, ce sont les guerres ouvertes ou larvées que se sont faites les Églises au fil des siècles.

Le concept de diversité est si fondamental qu'on le trouve même au sein du seul concept exprimant par des mots humains l'absolu : Dieu ; car le Dieu judéo-chrétien est unique et trinitaire, illustration parfaite de l'unité dans la diversité qui est l'image même de la vie. La trinité hindoue illustre cette même idée dans sa version orientale. La diversité postule l'identité de chaque individu en tant que personne – il y en a trois en Dieu – et l'unité exprime les forces associatives qui les poussent à se reconnaître et à s'aimer. De ce point de vue, l'unité dans la diversité est une belle illustration du couple dialectique confrontant le « moi » qui se pose et le « moi » qui va vers autrui, autrement dit la compétition et la coopération. Car comme l'écrivait si justement Teilhard de Chardin, « l'union différencie ».

Vers une plus grande « liberté »

Reste à savoir s'il était légitime, à travers tout ce livre, de passer sans cesse et aussi allégrement de faits de nature à des faits de culture. N'y a-t-il tout de même pas quelque différence fondamentale entre l'histoire naturelle et l'histoire humaine ? Certes, et le moment est venu maintenant de marquer les limites du raisonnement analogique et des homologies que nous venons de développer.

Il n'est pas douteux, on l'a vu, que des mécanismes comme les mutations, les hybridations, les sélections, les compétitions et l'isolement brassent et rebrassent sans cesse les potentiels génétiques des espèces animales ou végétales, comme les caractéristiques des « espèces intellectuelles ou sociales ». Mais si les déterminismes biologiques trouvent leur équivalence dans le déroulement des déterminismes historiques, les premiers sont infiniment plus rigoureux, plus rigidement fixés que les seconds. Ainsi en est-il par exemple des mutations qui, lorsqu'elles s'exercent dans le domaine des idées, peuvent modifier totalement un être : à la limite, un phénomène de conversion comme celui, historique, de saint Paul, ou, plus récent, de Claudel, correspond à un changement brutal et durable qui modifie radicalement l'échelle des valeurs d'un individu au point de le faire, si l'on peut dire, *changer d'espèce*. En biologie, les bouleversements ne vont jamais aussi loin : une plante mutée continue à appartenir à la même espèce, et il faut le jeu complexe de toute une série de mécanismes – hybridation, isolement, sélection –, pour que naisse, à partir d'elle, une nouvelle espèce, au demeurant encore toute proche de la précédente.

Il en est de même des hybridations qui, en biologie, ne peuvent s'exercer qu'entre individus interféconds et appartenant par conséquent à la même espèce ou à deux espèces très voisines, dont le patrimoine génétique est suffisamment proche pour être rassemblé dans un œuf ; en revanche, l'expérience de la vie intellectuelle prouve assez que des courants de pensée très divers peuvent s'autoféconder ; encore faut-il naturellement, pour ce faire, qu'ils puissent entrer en contact. Ainsi parfois du marxisme et du christianisme. Mais une vérité fondamentale reste vraie dans les deux cas : pour qu'il y ait hybridation, il faut éliminer toute barrière d'isolement, toute séparation, laisser ouvert un espace de rencontre et de contact.

La rapidité accrue de l'évolution sociale

Autre constatation : l'évolution sociale est infiniment plus rapide que l'évolution biologique et ne s'inscrit pas dans les mêmes échelles de temps. En trente millions d'années, les platanes de l'Est et de l'Ouest n'ont pas réussi à former des espèces réellement distinctes, puisqu'elles restent interfécondes ; mais il a fallu moins de mille ans pour que deux espèces de christianisme nettement différenciées voient le jour. L'évolution sociale acquiert une vitesse proprement vertigineuse dans les sociétés contemporaines, radicalement différentes en cela des sociétés traditionnelles où le principe d'invariance, de stabilité sociale s'applique avec une rigueur quasi biologique. Ces sociétés transmettent oralement leur savoir et leurs coutumes, de génération en génération, avec autant de précision et de rigueur que les individus se transmettent leur patrimoine génétique. Les sociétés modernes évoluent en revanche si rapidement qu'on finit par changer d'espèce d'une génération à l'autre : comme les programmes culturels ne sont pas héréditaires, mais évoluent avec le milieu, les barrières qui séparent les générations ne sont plus alors seulement dues à l'âge, comme elles l'ont toujours été, mais bien davantage à des ruptures culturelles radicales, véritables mutations collectives qui entraînent la naissance de nouvelles espèces possédant des systèmes de valeurs différents et coexistant pourtant au sein d'une même société. Bref, si les lois de l'évolution s'appliquent aussi au culturel et au social, elles y agissent avec plus de souplesse, et moins de rigidité.

Les sociétés humaines et les idéologies, les croyances et les mœurs qu'elles sécrètent et qui font leur originalité, s'apparentent davantage en définitive aux systèmes biologiques des bactéries, décrits dans le premier chapitre de ce livre, qu'à celui des plantes et des animaux. L'extraordinaire possibilité d'échange de gènes propre aux bactéries permet à chacune d'elles d'hériter de sa voisine des informations nouvelles débouchant sur de nouveaux comportements, et ceci avec une rapidité qui permet les plus larges capacités adaptatives. Il en est de même en ce qui concerne l'échange des idées entre les hommes, domaine où la mobilité est sans limites ! En revanche, les possibilités d'échanges de gènes par voie sexuée entre plantes ou entre animaux n'existent que dans le cadre strict de l'espèce, de sorte que l'adaptation biologique est plus aléatoire, moins ouverte que l'adaptation sociale. Si les mécanismes fondamentaux de la vie sont les mêmes à tous les niveaux, ils s'appliquent avec un déterminisme très inégal. L'évolution sociale possède une fluidité, une marge de liberté tout à fait étrangère à l'évolution biologique. L'histoire du judéo-christianisme – et l'on aurait pu développer d'autres exemples – montre cependant la validité de ces parallèles ! Elle témoigne en tout cas de l'extraordinaire unicité des processus fondamentaux de la vie.

L'hommage aux démocraties

On retrouve là la hiérarchie classique de l'organisation du cosmos : la matière, la vie, l'esprit ; au fur et à mesure que l'on en gravit les échelons, la marge des déterminismes se réduit, tandis que s'accentue celle de la liberté : l'esprit est plus autonome, moins strictement aliéné à des automatismes rigoureux que la vie biologique, elle-même plus souple que le strict déterminisme qui meut les planètes, les étoiles et les galaxies. La vie de l'esprit constitue un palier supérieur de l'échelle des lois universelles du monde. Certes, les lois fondamentales de la vie restent à la base de son conditionnement : mais si la compétition entre les idées et les idéologies est aussi vive qu'entre les espèces biologiques, par exemple, l'esprit n'en possède pas moins une capacité – au moins potentielle – d'autonomie et de liberté plus grande, qui favorise leur libre circulation. Le poids des déterminismes biologiques continue cependant à peser sur l'univers spirituel, parfois de manière très lourde. Ce poids du biologique, dont l'ombre portée obère si souvent la liberté de l'esprit, est notre pesant fardeau ; il continue à nous maintenir dans cet état de pauvreté et de misère où se poursuivent médiocrement nos aventures individuelles et collectives, consciemment ou inconsciemment, en tout cas toujours très en deçà d'un certain projet d'accomplissement humain que nous portons en nous et qui est notre projet d'avenir. Accomplissement où le corps, l'âme, l'esprit, conformément à la plus ancienne tradition, émergeront ensemble vers l'Unité de l'Unique.

Reconnaissons aux démocraties, dont on n'apprécie les mérites qu'après les avoir perdues, l'immense avantage de faire coexister toutes les espèces intellectuelles en relativement bonne intelligence, et d'éviter entre elles tout processus d'élimination mutuelle. Certes, cette coexistence, comme l'attestent les campagnes électorales, n'exclut pas les affrontements bruyants. Il n'en reste pas moins qu'une démocratie représente une collection « d'espèces » que les lois, les institutions et les constitutions protègent, tout comme sont protégées les espèces cultivées que l'homme maintient à un niveau raisonnable de compétition. Cela n'empêche ni les excès du verbe, ni ceux de la pensée. Les démocraties n'en demeurent pas moins les toutes premières expériences de l'apprentissage de la liberté collective, après des millénaires marqués par les totalitarismes les plus divers. Elles sont les laboratoires où s'élaborent, dans les douleurs de l'enfantement, de nouvelles manières d'être et de vivre ensemble.

Ces toutes premières expériences de liberté sont les toutes dernières venues dans l'histoire de la vie. Car l'hominisation n'en est qu'à ses premiers balbutiements ; et à les suivre, on comprend aisément que nous sommes loin, bien loin encore de parler le vrai « langage des hommes », qui seul pourrait leur assurer équilibre et pérennité en ce monde : celui de la responsabilité, de la sagesse et de l'amour.

Conclusion

Que conclure ? Les faits parlent d'eux-mêmes et s'imposent : le monde est UN, dans son ordre, sa cohérence, sa plénitude. C'est ce que cet ouvrage voulait montrer en nous rendant les plantes plus proches et familières.

Son ordre, qui est alternance d'harmonie et de bouleversement ; sa cohérence, qui est alternance de conflit et de solidarité ; sa plénitude, qui est alternance de mort et de résurrection. Affirmations gratuites, dénuées de sens ?

Par-delà ces contraires, l'ordre éternel persiste et demeure. Les lois qui animent la matière et l'esprit, en apparence pétries de contradictions, à l'image même de la Vie, y trouvent leur ultime fondement. Chaque époque, chaque ethnie, chaque culture ont poursuivi, chacune à sa manière, leur quête de sagesse ; elles ont exprimé, au gré de leurs mythes et de leurs symboles, leur manière de voir le monde ; elles ont chanté son unité par-delà des apparences trompeuses ; elles l'ont exprimé avec un cerveau humain, un cerveau à l'image même de l'univers qui l'a produit et dont chaque hémisphère a sa propre spécificité : l'hémisphère gauche, plus analytique, produit la pensée cartésienne, celle qui guide la plume de tout scientifique qui raisonne, analyse, sépare, classe, trie, résout le complexe en ses éléments ; et l'hémisphère droit d'où émane une pensée plus synthétique, intuitive, concrète, globale, symbolique, qui associe, recherche les cohérences, les conjonctions, les concomitances ; il ne s'exprime pas comme le premier par le signe, le chiffre ou la lettre, mais par le mythe, le symbole, la légende, le proverbe, la parabole ; et parce qu'il est intemporel, ce langage-là ne vieillit pas.

Remontons donc le flux de l'histoire pour donner, en conclusion, la parole à trois auteurs qui sont des chantres de l'Unité.

C'est sans doute avec son cerveau gauche, c'est-à-dire après maintes observations et réflexions, mais éclairées par l'intuition d'un cerveau droit vigilant, que Maeterlinck, aujourd'hui complètement démodé, nous propose ce texte pourtant étrangement actuel :

« Nous avons mis longtemps un assez sot orgueil à nous croire des êtres miraculeux, uniques et merveilleusement fortuits, probablement tombés d'un autre monde, sans attaches certaines avec le reste de la vie, et, en tout cas, doués d'une faculté insolite, incomparable, monstrueuse. Il est bien préférable de n'être point si prodigieux, car nous avons appris que les prodiges ne tardent pas à disparaître dans l'évolution normale de la nature. Il est bien consolant d'observer que nous suivons la même route que l'âme de ce grand monde, que nous avons mêmes idées, mêmes espérances, mêmes épreuves et presque – n'était notre rêve spécifique de justice et de pitié – mêmes sentiments. Il est bien plus tranquillisant de s'assurer que nous employons, pour améliorer notre sort, pour utiliser les forces, les occasions, les lois de la matière, des moyens exactement pareils à ceux dont elle use pour éclairer et ordonner ses régions insoumises et inconscientes ; qu'il n'y en a pas d'autres : que nous sommes dans la vérité, que nous sommes bien à notre place et chez nous dans cet univers pétri de substances inconnues, mais dont la pensée est non pas impénétrable et hostile, mais analogue ou conforme à la nôtre... Il ne serait pas, j'imagine, très téméraire de soutenir qu'il n'y a pas d'êtres plus ou moins intelligents, mais une intelligence éparse, générale, une sorte de fluide universel qui pénètre diversement, selon qu'ils sont bons ou mauvais conducteurs de l'esprit, les organismes qu'il rencontre. L'homme serait, jusqu'ici, sur cette terre, le mode de vie qui offrirait la moindre résistance à ce fluide que les religions appelèrent divin. Nos nerfs seraient les fils où se répandrait cette électricité plus subtile. Les circonvolutions de notre cerveau formeraient en quelque sorte la bobine d'induction où se multiplierait la force du courant, mais ce courant ne serait pas d'une autre nature, ne proviendrait pas d'une autre source que celui qui passe dans la pierre, dans l'astre, dans la fleur ou l'animal ».

Maeterlinck fait écho à la pensée de Goethe, si puissamment exprimée dans *La métamorphose des plantes* : substituant à l'approche analytique, déjà de mise en son temps, une vision toute différente associant, dans l'harmonie d'un génie exceptionnel et avec un bonheur inégalé, les réflexions du cerveau gauche et les intuitions du cerveau droit, Goethe écrivait :

« Qualité fondamentale de l'unité vivante : se diviser, se réunir, se développer dans l'universel, persister dans le particulier, se transformer, devenir espèce et (comme la vie aime à se manifester dans mille conditions !) paraître puis disparaître,... se dilater, se contracter. Or, tous ces effets se produisent au même instant, toutes les choses et chacune peuvent se produire en même temps ; formation-dépérissement, création-destruction, naissance-mort, plaisir-peine, tout agit pêle-mêle, dans le même esprit, dans la même nature :

aussi tout ce qui arrive de particulier se présente-t-il toujours comme l'image, comme le symbole de l'universel ».

Et il ajoutait plus tard :

« Que signifie commercer avec la nature si nous n'avons à faire, par la voie analytique, qu'à ses parties matérielles, si nous ne percevons pas la respiration de l'esprit qui donne un sens à chaque partie et corrige ou sanctionne chaque écart par une loi tout intérieure ?

Ainsi passe-t-on de la vision commune de la nature en Occident à la vision contemplative, hélas si étrangère à notre époque. Et puisque nous avons ouvert cet ouvrage par la citation d'un chef indien, nous le refermerons par une autre citation puisée à la même source. Parlant certes avec l'hémisphère droit de son cerveau, elle fait dire à Smohalla, vieux sage indien, ces phrases émouvantes où la terre mérite le respect dû à la mère aimée qu'elle symbolise :

« Vous me demandez de labourer la terre. Dois-je prendre un couteau et déchirer le sein de ma mère ? Mais, quand je mourrai, qui me prendra dans son sein pour reposer ?

« Vous me demandez de creuser pour chercher la pierre. Dois-je aller sous sa peau chercher ses os ? Mais, quand je mourrai, dans quel corps pourrai-je entrer pour renaître ?

« Vous me demandez de couper l'herbe, de la faner, de la revendre et de devenir riche comme les hommes blancs. Allons ! Comment oserais-je couper les cheveux de ma mère ? »

Cet ouvrage est dédié aux longs cheveux tressés de ma mère, mise en terre comme une graine et dont la tombe refleurit au printemps.

Bibliographie

La diversité des thèmes abordés dans ce livre ne permet pas de les « couvrir » par une bibliographie exhaustive.

Aussi se contentera-t-on de signaler quelques ouvrages fondamentaux de langue française les recoupant plus ou moins :

BOULARD B., *Vie intense et cachée du sol,* Flammarion, 1967.

CORNER E.J.H., *La vie des plantes,* Bordas, 1971.

DUVIGNEAUD P., *La synthèse écologique,* Doin, 1980.

FISCHESSER B., *La vie de la forêt,* Horizons de France, 1970.

GOETHE, *La métamorphose des plantes,* Triades, 1975.

GUINOCHET M., *Phytosociologie,* Masson, 1973.

LEMÉE G., *Précis d'écologie végétale,* Masson, 1978.

LIEUTAGHI P., *L'environnement végétal,* Delachaux et Niestlé, 1972.

MANGENOT G., *Données élémentaires sur l'angiospermie,* Annales de l'université d'Abidjan, 1973.

ROSNAY J. de, *Les origines de la vie, de l'atome à la cellule,* Seuil, 1966.

ROWLEY G., *Encyclopédie des cactus et autres plantes grasses,* Elsevier-Séquoia, Bruxelles, 1978.

RUFFIÉ J., *Traité du vivant,* Fayard, 1982.

Les citations des chefs indiens sont extraites de *Pieds nus sur la terre sacrée,* textes réunis par T.C. McLuhan, Denoël-Gonthier, 1974.

Table des matières

Imprimé en France
FRHW011813031225
46111FR00019B/406